国家出版基金项目
NATIONAL PUBLICATION FOUNDATION

"十二五"国家重点图书出版规划项目

绿色经济与绿色发展丛书 / 刘思华·主编

绿色低碳文明

GREEN AND LOW-CARBON CIVILIZATION

杨雪锋　编著

中国环境出版社·北京

图书在版编目（CIP）数据

绿色低碳文明/杨雪锋编著. —北京：中国环境出版社，
2015.11

（绿色经济与绿色发展丛书/刘思华主编）

ISBN 978-7-5111-2543-9

Ⅰ. ①绿…　Ⅱ. ①杨…　Ⅲ. ①环境保护—研究
Ⅳ. ①X

中国版本图书馆 CIP 数据核字（2015）第 218734 号

出 版 人	王新程
策　　划	沈　建　陈金华
责任编辑	陈金华
助理编辑	宾银平
责任校对	尹　芳
封面设计	耀午设计

出版发行 中国环境出版社

（100062　北京市东城区广渠门内大街 16 号）

网　　　址：http://www.cesp.com.cn

电子邮箱：bjgl@cesp.com.cn

联系电话：010-67112765（编辑管理部）

010-67113412（教材图书出版中心）

发行热线：010-67125803，010-67113405（传真）

印　　刷	北京中科印刷有限公司
经　　销	各地新华书店
版　　次	2015 年 11 月第 1 版
印　　次	2015 年 11 月第 1 次印刷
开　　本	787×960　1/16
印　　张	16.5
字　　数	280 千字
定　　价	45.00 元

总 序

迈向生态文明绿色经济发展新时代

在党的十七大提出的"建设生态文明"的基础上，党的十八大进一步确立了社会主义生态文明的创新理论，构建了建设社会主义生态文明的宏伟蓝图，制定了社会主义生态文明建设的基本任务、战略目标、总体要求、着力点和行动方案；并向全党全国人民发出了"努力走向社会主义生态文明新时代"的伟大号召。按照生态马克思主义经济学观点，走向社会主义生态文明新时代，就是迈向生态文明与绿色经济发展新时代。这既是中华文明演进和中国特色社会主义经济社会发展规律与演化逻辑的必然走向和内在要求，又是人类文明演进和世界经济社会发展规律与演化逻辑的必然走向和内在要求。因此，绿色经济与绿色发展是 21 世纪人类文明演进与世界经济社会发展的大趋势、大方向，集中表达了当今人类努力超越工业文明黑色经济发展的旧时代而迈进生态文明绿色经济发展新时代的意愿和价值期盼，已成为人类文明演进和世界经济社会发展的必然选择和时代潮流。据此，建设绿色文明、发展绿色经济、实现绿色发展，是全人类的共同道路、共同战略、共同目标，是生态文明绿色经济及新时代赋予我们的神圣使命与历史任务。毫无疑问，当今世界和当代中国一个生态文明绿色经济发展时代正在到来。为了响应党的十八大提出的"努力走向社会主义生态文明新时代"的伟大号召，迎接生态文明绿色经济发展新时代的来临，中国环境出版社特意推出"十二五"国家重点图书出版规划项目"绿色经济与绿色发展丛书"（以下简称"丛书"）。笔者作为"丛书"主编，并鉴于目前"半绿色经济论""伪绿色经济发展论"日渐盛行，故就"中国智慧"创立的绿色经济理论与绿色发展学说的几个重大问题添列数语，是为序。

一、关于绿色经济的理论本质问题

绿色经济的本质属性即理论本质：不是环境经济学的范畴，而是生态经济学与可持续发展经济学的范畴。西方绿色思想史表明，"绿色经济"这个词汇最早见于英国环境经济学家大卫·皮尔斯 1989 年出版的第一本小册子《绿色经济的蓝图》（后称"蓝图 1"）的书名中。其后"蓝图 2"的第二章的第一节两次使用了"绿色经济"这个名词，直到 1995 年出版"蓝图 4"，也没有对绿色经济做出界定，这就是说 4 本小册子都没有明确定义绿色经济及诠释其本质内涵。对此，方时姣教授从世界绿色经济思想发展史的视角进行了全面评述：① "蓝图 1"主要介绍英国的环境问题和环境政策制定，正如作者指出的 "我们的整个讨论都是环境政策的问题，尤其是英国的环境政策"。"蓝图 2"1991 年出版，是把"蓝图 1"的环境政策思想拓展到世界及全球性环境问题和环境政策。"蓝图 3"1993 年出版，又回到"蓝图 1"的主题，即英国的环境经济与可持续发展问题的综合。"蓝图 4"又回到"蓝图 2"讨论的主题，正如作者在前言中所指出的 "绿色经济的蓝图从环境的角度，阐述了环境保护及改善问题"。因此，从"蓝图 1"到"蓝图 4"，对绿色经济的新概念、新思想、新理论，没有作任何诠释的论述，仅仅只是借用了绿色经济这个名词，来表达过去的 25 年环境经济学流派发展的新综合，确实是"有关环境问题的严肃书籍"。

皮尔斯等人在当今世界率先使用"绿色经济"这一词汇并得到了广泛传播；但基本上只是提及了这个概念，没有深入研究，尤其是理论研究。因此，在西方世界的整个 20 世纪 90 年代至 2008 年爆发国际金融危机的这一时期，仍然主要是环境经济学界的学者使用绿色经济概念，从环境经济学的视角阐述环境保护、治理与改善等绿色议题，其核心问题是讨论经济与环境相互作用、相互影响的环境经济政策问题，而关注点集中于环境污染治理的经济手段。在我国首先使用皮尔斯等人的绿色经济概念的是环境污染与保护工作者，并对其进行界定。例如，原国家环境保护局首任局长曲格平先生在 1992 年出版的《中国的环境与发展》一书中指出："绿色经济是指以环境保护为基础的经济，主要表现在：一是以治理污染和改善生态为特征的环保产业的兴起；二是因环境保护而引起的工业和农业生产方式的变

---

① 方时姣：《绿色经济思想的历史与现实纵深论》，载《马克思主义研究》2010 年第 6 期，第 55～62 页。

革，从而带动了绿色产业的勃发。"①在这里，十分清楚地表明了曲格平先生同皮尔斯等人一样，是借用绿色经济的概念来诠释环境保护、治理和改善的问题。其后，我国学界有一些学者把绿色经济当做环境经济的代名词，借用绿色经济之名，表达环境经济之实。总之，长期以来，国内外不少学者按照皮尔斯等人的学术路径，对绿色经济作了狭隘的理解而看作是环境经济学的新概括，把它纳入环境经济学的理论框架之中，成为环境经济学的理论范畴。这就必然遮盖了绿色经济的本来面目，极大地扭曲了它的本质内容与基本特征，不仅产生了一些不良的学术影响，而且会误导人们的生态与经济实践。正如方时姣教授指出的："把绿色经济纳入环境经济学的理论框架来指导实践，最多只能缓解生态环境危机，是不可能从根本上解决生态环境问题的，也不可能克服生态环境危机，也就谈不上实现生态经济可持续发展。"②

20 世纪 90 年代，我国生态经济学界就有学者用绿色经济这一术语概括生态环境建设绿色议题和生态经济协调发展研究的新进展，论述重点是"一切都将围绕改善生态环境而发展，核心问题是要实现人和自然的和谐、经济与生态环境的协调发展。"③为此，笔者针对皮尔斯等国内外学者以环境经济学理论范式来回应绿色经济议题，在 1994 年出版了《当代中国的绿色道路》一书，以生态经济学新范式来回应绿色经济议题，以生态经济协调发展理论平台在深层次上阐述"发展经济必须与发展生态同时并举，经济建设必须与生态建设同步进行，国民经济现代化必须与国民经济生态化协调发展"的绿色发展道路。这就在国内外首次拉开了从学科属性上把绿色经济从环境经济学理论框架中解放出来的序幕。在此基础上，笔者于 2000 年 1 月出版了《绿色经济论——经济发展理论变革与中国经济再造》一书，深刻地论述了一系列重大的绿色经济理论前沿和现实前沿问题，科学地揭示了生态经济与知识经济同可持续发展经济之间的本质联系及其发展规律，破解了三者之间相互渗透于融合发展的绿色经济与绿色发展的内在奥秘，成为中国绿色经济理论与绿色发展学说形成的重要标志。尤其是本书把绿色经济看作是生态经济与可持续经济的新概括与代名词，并从这个新高度的最高层次对绿色经济提出了新命题："绿色经济

---

① 转引自刘学谦、杨多贵、周志强等：《可持续发展前沿问题研究》，北京：科学出版社，2010 年版，第 126 页。

② 方时姣：《绿色经济思想的历史与现实纵深论》，载《马克思主义研究》2010 年第 6 期，第 55～62 页。

③ 郑明焕：《把握机遇，在大转变中求发展》，1992 年 3 月 28 日《中国环境报》。

是可持续经济的实现形态和形象概况。它的本质是以生态经济协调发展为核心的可持续发展经济。"①这个界定肯定了绿色经济的生态经济属性,揭示了它的可持续经济的本质特征,从学科属性上把它从环境经济学理论框架中彻底解放出来了,真正纳入生态经济学与可持续发展经济学的理论体系,成为生态经济学与可持续发展经济学的理论范畴,恢复了绿色经济的本来面目。虽然这个绿色经济的定义十分抽象,却反映了它的本质属性与科学内涵理论本质,得到多数绿色经济研究者的认同和广泛使用。然而时至今日,在我国学者中仍有少数学者尤其在实际工作中也有不少人还在用环境经济学范畴中的绿色经济理念来指导经济实践,这种现象不能继续下去了。

二、关于绿色经济的文明属性问题

绿色经济的文明属性不是工业文明的经济范畴,而是生态文明的经济范畴。世界绿色经济思想史告诉我们,在学科属性上把绿色经济当做环境经济学的新观念与代名词,纳入环境经济学的理论框架,就必然在文明属性上把它纳入工业文明的基本框架,成为工业文明的经济范畴,即发展工业文明的经济模式。这是因为,环境经济学是调整、修补、缓解人与自然的尖锐对立、环境与经济的互损关系的工业文明时代的产物,是工业文明"先污染后治理"经济发展道路的理论概括与学理表现。自皮尔斯等人指出环境经济学范畴的绿色经济概念以来,国内外一个主流绿色经济观点就是对绿色经济的狭隘的认识与把握,只是把它看成是解决工业文明经济发展过程中出现的生态环境问题的新经济观念,是能够克服工业文明的褐色经济或黑色经济弊端的经济模式。在我国这种观点比较流行。例如,有的学者认为:"绿色经济是以市场为导向、以传统产业经济为基础、以经济与环境的和谐为目标而发展起来的一种新型的经济形式即发展模式","是现代工业化过程中针对经济发展对环境造成负面影响而产生的新经济概念"。时至今日,这种工业文明经济范畴的绿色经济概念仍被人引用来论证自己的绿色经济观念。因此,在此我要再次强调:工业文明经济范畴的绿色经济观念,在本质上仍是人与自然对立的文明观,并没有从根本上消除工业文明及黑色经济反生态和反人性的黑色基因,丢弃了绿色经济是生态经济协调发展的核心内容和超越工业文明黑色经济、铸造生态文明生态经济的本质属

---

① 刘思华:《绿色经济论》,北京:中国财政经济出版社,2001年版,第3页。

性，从而否定了绿色经济是生态文明生态经济形态的理论内涵与实践价值。因此，以工业文明经济范式或理论平台来回应绿色经济议题，是不可能从根本上触动工业文明黑色经济形态的，是难以走出工业文明黑色经济发展道路的；最多是缓解局部自然环境恶化，是不可能解决当今人类面对的生态经济社会全面危机的。因此，决定了我们必须也应当以生态文明新范式或理论平台在深层次回应绿色经济与发展绿色经济议题，才能顺应 21 世纪生态文明与绿色经济时代的历史潮流。

生态马克思主义经济学哲学告诉我们：彻底的生态唯物主义者，不仅要在学科属性上把绿色经济从环境经济学的理论框架中解放出来，成为生态经济与可持续发展经济的理论范畴，而且在文明属性上，要把它从工业文明的基本框架中解放出来，作为生态文明的经济范畴。前面提到的笔者所著的《当代中国的绿色道路》《绿色经济论》这两部著作，是实现绿色经济这两个生态解放的成功探索。早在 1998 年笔者在《发展绿色经济，推进三重转变》一文中就明确提出了发展绿色经济的新的经济文明观，明确指出："人类正在进入生态时代，人类文明形态正在由工业文明向生态文明转变，这是人类发展绿色经济，建设生态文明的一个伟大实践。"①邹进泰、熊维明的《绿色经济》一书中指出：绿色经济发展"是从单一的物质文明目标向物质文明、精神文明和生态文明多元目标的转变。发展绿色经济，尤其要避免'石油工业''石油农业'造成的高消耗、高消费、高生态影响的物质文明，而要造就高效率、低消耗、高活力的生态文明。"②可见"中国智慧"在世界上最早实现绿色经济的两个生态解放、纳入生态文明的基本框架，是人与自然和谐统一、生态与经济协调发展的建设生态文明的必然产物。下面还要作几点说明：

（1）按照人类文明形态演进和经济社会形态演进一致性的历史唯物主义社会历史观的理论思路，生态文明是继原始文明、农业文明、工业文明（包括后工业文明）之后的全新的人类社会文明形态，它不仅延续了它们的历史血脉，而且创新发展了它们尤其是工业文明的经济社会形态，使工业文明从人与自然相互对立、生态与经济相分裂的工业经济社会形态，朝着生态文明以人与自然和谐统一、生态与经济协调发展的生态经济社会形态演进。这是人类文明经济社会的全方位、最深刻的生态变革与绿色经济转型，可以说是人类文明历史发展以来最伟大的生态经济社会变革运动。

① 刘思华：《刘思华文集》，武汉：湖北人民出版社，2003 年版，第 403 页。
② 邹进泰、熊维明等：《绿色经济》，太原：山西经济出版社，2003 年版，第 12 页。

（2）我们要深刻认识和正确把握绿色经济的概念属性与本质内涵，正是这个属性和内涵决定了它是生态文明生态经济形态的实现形式与形象概括。世界工业文明发展的历史表明，无论是资本主义工业化，还是社会主义工业化；无论是发达国家工业化，还是发展中国家工业化，都走了一条工业经济黑色化的黑色发展道路，形成了工业文明黑色经济形态。据此，工业文明主导经济形态的工业经济形态的实现形态与形象概括就是黑色经济形态。而生态文明开辟了经济社会发展绿色化即生态化的绿色发展道路，最终形成生态文明绿色经济形态。它是对工业文明及其黑色经济形态的批判、否定和扬弃，是在此基础上的生态变革和绿色创新。这就是说，绿色经济的根本属性与本质内涵是生态经济与可持续发展经济，使它必然在本质上取代工业经济并融合知识经济的一种全新的经济形态，是生态文明新时代的主导经济形态的现实形态。所以，笔者反复指出："绿色经济作为生态文明时代的经济形态，是生态经济形态的现实象征与生动概括。"①这不仅肯定了绿色经济是生态经济学与可持续发展经济学的理论范畴，而且界定了绿色经济是生态文明的经济范畴，恢复了绿色经济的本来面目。

（3）绿色经济实现"两个生态解放"之后，就应当对它重新定位。现在我们可以将绿色经济的科学内涵和外延表述为：以生态文明为价值取向，以自然生态健康和人体生态健康为终极目的，以提高经济社会福祉和自然生态福祉为本质特征，以绿色创新为主要驱动力，促进人与自然和谐发展和生态与经济协调发展为根本宗旨，实现生态经济社会发展相统一并取得生态经济社会效益相统一的可持续经济。因此，发展绿色经济是广义的，不仅是指广义的生态产业即绿色产业，而且包括低碳经济、循环经济、清洁能源和可再生能源、碳汇经济以及其他节约能源资源与保护环境、建设生态的经济等。②这个新界定正确地揭示了绿色经济的本质属性、科学内涵、概念特征与实践主旨，准确地体现了绿色经济历史趋势与时代潮流；绿色经济观念、理论是人与自然和谐统一、生态与经济协调发展的生态文明新时代的理论概括与学理表现。只有这样认识和把握绿色经济，才能真正符合生态文明与绿色经济发展的客观进程与内在逻辑。

（4）生态文明经济范畴的绿色经济包含两层经济含义：一是它作为理论形态是

---

① 中国社会科学院马克思主义学部：《36 位著名学者纵论中国共产党建党 90 周年》，北京：中国社会科学出版社，2011 年版，第 409 页。

② 刘思华：《生态文明与绿色低碳经济发展总论》，北京：中国财政经济出版社，2000 年版，第 1 页。

生态文明的经济社会形态范畴，是生态文明时代崭新的主导经济，我们称之为绿色经济形态。二是它作为实践形态是生态文明的经济发展模式，是生态文明崭新时代的经济发展模式，我们称之为绿色经济发展模式。这就决定了建设生态文明、发展绿色经济的双重战略任务，既要形成生态和谐、经济和谐、社会和谐一体化的绿色经济形态，又要形成生态效益、经济效益、社会效益最佳统一的绿色经济发展模式。据此，建设生态文明、发展绿色经济应当是经济社会形态和经济社会发展模式的双重绿色创新转型发展过程，这是革工业文明的黑色经济形态和经济发展模式之故、鼎生态文明的绿色经济形态和经济发展模式之新的过程。因此，每个战略任务都是双重绿色使命：一方面背负着克服、消除工业文明的黑色经济形态与发展模式的黑色弊端，对它们进行生态变革、绿色重构与转型，改造成为绿色经济形态与绿色经济发展模式；另一方面担负着创造人类文明发展的新形态，即超越资本主义工业文明（包括高度发达的后工业文明）的社会主义生态文明，构建与生态文明相适应的绿色经济形态和绿色经济发展模式。这是生态文明建设的中心环节，是绿色经济发展的实践指向，因此双重绿色经济就是我们迈向生态文明与绿色经济发展新时代，也是推动人类文明形态和经济社会形态与发展模式同步演进的双重时代使命与实践目标。实现双重时代使命所推动的变革不仅仅是工业文明形态及其他的黑色经济形态与发展模式本身的变革，而主要是超越工业文明的生态文明及其他的经济形态与发展模式的生态变迁与绿色构建。这才符合生态文明与绿色经济的本质属性与实践主旨。

三、关于绿色发展理论与道路的探索问题

自 2002 年以来的 10 多年间，一直流传着联合国开发计划署在《2002 年中国人类发展报告：让绿色发展成为一种选择》中首先提出绿色发展，中国应当选择绿色发展之路。这个"首先"之说不知是何人的说法，是根本不符合绿色发展思想理论发展的历史事实的，是一种学术误传。

1. 我们很有必要对中国绿色发展思想理论发展的历史作简要回顾

如前所说，1994 年笔者的《当代中国的绿色道路》一书，以生态经济学新范式及生态经济协调发展的新理论平台来回应绿色发展道路议题，阐述了绿色发展的一系列主要理论与实践问题，明确提出中国绿色发展道路的核心问题是"经济发展生态化之路"，"一切都应当围绕着改善生态环境而发展，使市场经济发展建立在生

态环境资源的承载力所允许的牢固基础之上，达到有益于生态环境的经济社会发展。"①1995 年著名学者戴星翼在《走向绿色的发展》一书中首次从"经济学理解绿色发展"的角度，明确使用"绿色发展"这一词汇，诠释可持续发展的一系列主要理论与实践问题，并认为"通往绿色发展之路"的根本途径在于"可持续性的不断增加"。②在这里，绿色发展成为可持续发展的新概括。2012 年著名学者胡鞍钢出版的《中国创新绿色发展》一书，创新性地提出了绿色发展理念，开创性地系统阐述了绿色发展理论体系，总结了中国绿色发展实践，设计了中国绿色现代化蓝图。所以，笔者认为本书虽有不足之处，但从总体上说，丰富、创新、发展了中国绿色发展学说的理论内涵和实际价值，提出了一条符合生态文明时代特征的新发展道路——绿色发展之路。总之，中国学者探索绿色发展的理念、理论与道路的历史轨迹表明，在此领域"中国智慧"要比"西方智慧"高明，这就在于绿色发展在发展理念、理论、道路上突破了可持续发展的局限性，"将成为可持续发展之后人类发展理论的又一次创新，并将成为 21 世纪促进人类社会发生翻天覆地变革的又一次大创造。"③

2. 新世纪的绿色经济与绿色发展观

进入 21 世纪以后，绿色经济与绿色发展观念逐步从学界视野走进政界视野，尤其是面对 2008 年国际金融危机催化下世界绿色浪潮的新形势，以胡锦涛为总书记的中央领导集体正确把握当今世界发展绿色低碳转型的新态势、未来世界绿色发展的大趋势，站在与世界各国共建和谐世界与绿色世界的发展前沿上，直面中国特色社会主义的基本国情，提出了绿色经济与绿色发展的一系列新思想、新观点、新理论，揭示了发展绿色经济、推进绿色发展是当今世界发展的时代潮流。正如习近平同志所指出的："绿色发展和可持续发展是当今世界的时代潮流"，其"根本目的是改善人民生活环境和生活水平，推动人的全面发展。"④李克强还指出："培育壮大绿色经济，着力推动绿色发展"，"要加快形成有利于绿色发展的体制机制，通过政策激励和制度约束，增强推动绿色发展的自觉性、主动性，抑制不顾资源环境承

---

① 刘思华：《当代中国的绿色道路》，武汉：湖北人民出版社，1994 年版，第 86、第 101 页。
② 戴星翼：《走向绿色的发展》，厦门：复旦大学出版社，1998 年版，第 1～23 页。
③ 胡鞍钢：《中国创新绿色发展》，北京：中国人民大学出版社，2012 年版，第 20 页。
④ 习近平：《携手推进亚洲绿色发展和可持续发展》，2010 年 4 月 11 日《光明日报》。

载能力盲目追求增长的短期行为。"①笔者曾发文把以胡锦涛为总书记的中央领导集体的绿色发展理念概括为"四论"，即绿色和谐发展论、国策战略绿色论、绿色文明发展道路论、国际绿色合作发展论。②在此我们还要重视的是胡锦涛同志在2003年中央工作会议上明确指出："经济增长不能以浪费资源，破坏环境和子孙后代利益为代价。"其后，他进一步指出："我国是社会主义国家，我们的发展不能以牺牲精神文明为代价，不能以牺牲生态环境为代价，更不能以牺牲人的生命为代价。""我们一定要痛定思痛，深刻吸取血的教训。"③胡锦涛提出的不能以"四个牺牲为代价"换取经济发展的绿色原则，反映了改革开放以来，我国经济发展的基本经验和严重教训，这实质上是实现科学发展的四项重要原则，是推进绿色发展的四项重要原则。凡是以"四个牺牲为代价"换取的经济发展就是不和谐的、不可持续的非科学发展，这种发展可以称为黑色发展；凡是没有以"四个牺牲为代价"的经济发展就是和谐的、可持续的科学发展，这种发展可以称为绿色发展。正是在这个意义上说，不能以"四个牺牲为代价"是区分黑色发展和绿色发展的四项绿色原则。

3. 依法治国新政理念：发展绿色经济、推进绿色发展

当下中国执政者对绿色经济与绿色发展的认识与把握，已不只是学界那样把发展绿色经济、推进绿色发展视为全新的思想理论，而是一种崭新的全面依法治国执政理念、发展道路与发展战略。党的十八大首次把绿色发展（包括循环发展、低碳发展）写入党代会报告，是绿色发展成为具有普遍合法性的中国特色社会主义生态文明发展道路的绿色政治表达，标志着实现中华民族伟大复兴的中国梦所开辟的中国特色社会主义生态文明建设道路，是绿色发展与绿色崛起的科学发展道路。这条道路的理论体系就是"中国智慧"创立的绿色经济理论与绿色发展学说。它既是适应世界文明发展进步更是适应中国特色社会主义文明发展进步需要而产生的科学发展学说，甚至可以说，是一种划时代的全新科学发展学说。对此，近几年来，我多次强调指出：绿色经济理论与绿色发展学说不是引进的西方经济发展思想，而是中国学界和政界马克思主义学人自主创立的科学发展新学说。它是立足中国、面向世界、通向未来的马克思主义发展学说，必将指引着中国特色社会主义沿着绿色发展与绿色崛起的科学发展道路不断前进。

---

① 李克强：《推动绿色发展　促进世界经济健康复苏和可持续发展》，2010年5月9日《光明日报》。
② 刘思华：《科学发展观视域中的绿色发展》，载《当代经济研究》2011年第5期，第65~70页。
③ 中共中央文献研究室：《科学发展观重要论述摘编》，北京：中央文献出版社，2008年版，第34、第29页。

"中国智慧"不仅从绿色经济的根本属性与本质内涵论证了绿色经济是生态文明的经济范畴,而且从绿色发展的根本属性与本质内涵界定了绿色发展是生态文明的发展范畴。故笔者把绿色发展表述为:"以生态和谐为价值取向,以生态承载力为基础,以有益于自然生态健康和人体生态健康为终极目的,以追求人与自然、人与人、人与社会、人与自身和谐发展为根本宗旨,以绿色创新为主要驱动力,以经济社会各个领域和全过程的全面生态化为实践路径,实现代价最小、成就最大的生态经济社会有机整体全面和谐协调可持续发展,因此,绿色发展必将使人类文明进步和经济社会发展更加符合自然生态规律、社会经济规律和人自身的规律,即支配人本身的肉体存在和精神存在的规律(恩格斯语)"①或者说"更加符合三大规律内在统一的"自然、人、社会有机整体和谐协调发展的客观规律。现在我要进一步指出的是,从学理层面上说,绿色发展的理论本质是"生态经济社会有机整体全面和谐协调可持续发展";从实践层面上看,绿色发展的实践主旨是实现"生态经济社会有机整体全面和谐协调可持续发展。"现在我们完全可以作出一个理论结论:绿色发展是生态经济社会有机整体全面和谐协调可持续发展的形象概括与现实形态。正是在这个意义上说,绿色发展是永恒的经济社会发展。这是客观真理。

4. 绿色发展学说中若干基本理论观点和现实问题

(1)绿色发展的经济学诠释,就是在绿色经济与绿色发展内在统一的绿色经济发展。笔者在2002年的《发展绿色经济的理论与实践探索》的学术报告中,首次提出了绿色经济发展新观念和构建了绿色经济发展理论的基本框架,明确指出:"发展绿色经济是建设生态文明的客观基础和根本问题","绿色经济发展是人类文明时代的工业文明时代进入生态文明时代的必然进程","是推进现代经济的'绿色转变'走出一条中国特色的绿色经济建设之路","必将引起21世纪中国现代经济发展的全方位的深刻变革,是中国经济再造的伟大革命",还强调指出:"只有建立生态市场经济制度才能真正走出一条中国特色的绿色经济发展道路。"②因此,21世纪中国绿色发展道路在经济领域内,就是绿色经济发展道路,这是中国特色社会主义经济发展道路走向未来的必由之路。

(2)20世纪人类文明发展事实表明工业文明发展黑色化是常态,故工业文明确实是黑色文明,其发展是黑色发展,它的一切光辉成就的取得,说到底是以牺牲

① 刘思华:《生态马克思主义经济学原理》(修订版),北京:人民出版社,2014年版,第578~579页。
② 刘思华:《刘思华文集》,武汉:湖北人民出版社,2003年版,第607~612页。

自然生态、社会生态和人体生态为代价的，创造着黑色的文明史。因此，生态马克思主义经济学哲学得出一个人类文明时代发展特征的结论："工业文明是黑色发展时代，生态文明是绿色发展时代……'中国智慧'对从工业文明黑色发展向生态文明绿色发展巨大变革的认识，是 21 世纪中华文明发展头等重要的发现，是科学的最大贡献。"[①]从工业文明黑色发展走向生态文明绿色发展是生态经济社会有机整体的全方位生态变革与全面绿色创新转变，是人类文明发展史上最伟大的最深刻的生态经济社会革命。它的中心环节是要实现工业文明黑色发展道路[②]向生态文明绿色发展道路的彻底转轨，其关键所在是要实现工业文明黑色发展模式[②]向生态文明绿色发展模式的全面转型。只有实现这"两个根本转变"，人类文明形态演进和经济社会形态演进才能真正迈向生态文明与绿色经济发展新时代。

（3）和谐发展和绿色发展是生态文明的根本属性与本质特征的两种体现，是生态文明时代生态经济社会有机整体全面和谐协调可持续发展的两个方面。这是因为：① 生态马克思主义经济学哲学告诉我们，人类文明进步和经济社会发展的实质就是自然、人、社会有机整体价值的协调与和谐统一，是实现人与自然、人与人、人与社会、人与自身的全面和谐协调，成为人类文明进步与经济社会发展的历史趋势和终极价值追求。因此，笔者在《生态马克思主义经济学原理》一书中就指出了狭义与广义生态和谐论，指出"狭义生态和谐"就是人与自然的和谐发展即自然生态和谐，这是狭义生态文明的核心理念。而和谐发展不仅是人与自然的和谐发展，还包括人与人、人与社会及个人的身心和谐发展，于是我把这"四大生态和谐"称之为"广义的生态和谐"的全面和谐发展。这是广义生态文明的根本属性与本质特征，就必然成为生态文明的绿色经济形态与绿色发展模式的根本属性与本质特征。② 生态马克思主义经济学哲学还认为，从自然、人、社会有机整体的四大生态和谐协调发展意义上说，生态和谐协调发展已成为当今中国和谐协调发展的根基。这是绿色发展的核心与灵魂。因此，建设生态文明、发展绿色经济、推进绿色发展，必须贯穿于中国生态经济社会有机整体发展的全过程和各个领域，不断追求和递进实现"四大生态关系"的全面和谐发展，这是绿色发展的真谛。

---

① 刘思华：《生态马克思主义经济学原理》（修订版），北京：人民出版社，2014 年版，第 579 页。

② 胡鞍钢教授在《中国创新绿色发展》一书中认为："以高消耗、高污染、高排放为基本特征的发展，即黑色发展模式。"我认为应当以高投入、高消耗、高排放、高污染、高代价为基本特征的发展就是工业文明黑色发展模式，而以"五高"黑色发展模式为基本内容与发展思路就知道是工业文明黑色发展道路。

（4）全面生态化或绿色化是绿色发展的主要内容与基本路径。2011 年夏，中国绿色发展战略研究组课题组撰写的《关于全面实施绿色发展战略向十八大报告的几点建议》一书指出：按照马克思主义生态文明世界观和方法论，生态化应当写入党代会报告，使中国特色社会主义旗帜上彰显着社会主义现代文明的生态化发展理念，这是建设社会主义生态文明的必然逻辑，是发展绿色经济、实现绿色发展的客观要求，是构建社会主义和谐社会的必然选择。这里所说的生态化发展理念，就是绿色发展理念。后者是前者的现实形态与形象概括，在此我们很有必要作进一步论述：

☞ 生态化是一个综合科学的概念，是前苏联学者首创的现代生态学的新观念：早在 1973 年前苏联哲学家 B·A·罗西在《哲学问题》杂志上发表的《论现代科学的"生态学化"》一文中，就将生态化称为"生态学化"，其本质含义是"人类实践活动及经济社会运行与发展反映现代生态学真理。"以此观之，生态化主要是指运用现代生态学的世界观和方法论，尤其依据"自然、人、社会"复合生态系统整体性观点考察和理解现实世界，用人与自然和谐协调发展的观点去思考和认识人类社会的全部实践活动，最优地处理人与自然的自然生态关系、人与人的经济生态关系、人与社会的社会生态关系和人与自身的人体生态关系，最终实现生态经济社会有机整体全面和谐协调可持续的绿色发展"。[①]生态化这个术语是国内外学者，尤其在中国新兴、交叉学科的学者广泛使用的新概念，其论著中使用的频率最高，当代中国已经出现新兴、交叉经济学生态化趋势。因此，这个界定从学理上说，我们可以作出一个合乎逻辑的结论：生态化应当是生态文明与绿色发展的重要范畴，甚至是基本范畴。

☞ 当今人类生存与发展需要进行一场深刻的生态经济社会革命，走绿色发展新道路，推进人类生存与发展的生产方式和生活方式的生态化转型，实现人类生存方式的全面生态化。它就内在要求人类社会的经济、科技、文教、政治、社会活动等经济社会运行与发展的全面生态化。在当代中国就是使中国特色社会主义生态经济社会体系运行朝着生态

---

① 刘思华：《论新型工业化、城镇化道路的生态化转型发展》，载《毛泽东邓小平理论研究》，2013 年第 7 期，第 8～13 页。

化转型的方向发展。这种生态化转型发展就成为生态经济社会运行与发展的内在机制、主要内容、基本路径与绿色结果。这样的当代中国走生态化转型发展之路，是走绿色发展的必由之路与基本走向。可以说，"顺应生态化转型者昌，违背生态化转型者亡。"①这不仅是当今人类文明进步和世界经济社会发展，而且是中国特色社会主义文明进步和当代中国经济社会发展的势不可挡的生态化即绿色化发展大趋势。

☞ 生态马克思主义经济学哲学强调生态文明是广义和狭义生态文明的内在统一，②并把广义生态文明称为绿色文明，既然生态化是生态文明的一个重要范畴，那么它就同生态文明，也是广义与狭义生态化的内在统一；这样说，可以把广义生态化称之为绿色化。两者的本质内涵是完全一致的。2015 年 3 月 24 日，中共中央政治局审议通过的《关于加快推进生态文明建设的意见》首次使用了绿色化这一术语，要求在当前和今后一个时期内，协同推进新型工业化、城镇化、信息化、农业现代化和绿色化。如果说绿色发展（包括循环发展和低碳发展）是生态文明建设的基本途径，那么可以说生态化发展是生态文明建设的内在机制和基本内容与途径。这是因为生态文明建设的理论本质是以生态为本，即主要是要以增强提高自然生态系统适应现代经济社会发展的生态供给能力（包括资源环境供给能力）为出发点和落脚点，既要构建优化自然生态系统，又要推进社会经济运行与发展的全面生态化，建立起具有生态合理性的绿色创新经济社会发展模式。所以"生态文明建设的实践指向，是谋求生态建设、经济建设、政治建设、文化建设与社会建设相互关联、相互促进，相得益彰、不可分割的统一整体文明建设，用生态理性绿化整个社会文明建设结构，实现物质文明建设、政治文明建设、精神文明建设、和谐社会建设的生态化发展。这是中国特色社会主义生态文明建设的真谛。"③

☞ 笔者借写"丛书"总序之机，代表中国绿色发展战略研究组课题组和"丛书"的作者们向党中央建议：两年后把"绿色化"或"生态化"

---

① 刘本炬：《论实践生态主义》，北京：中国社会科学出版社，2007 年版，第 136 页。
② 刘思华：《生态马克思主义经济学原理》（修订版），北京：人民出版社，2014 年版，第 540～542 页。
③ 刘思华：《生态马克思主义经济学原理》（修订版），北京：人民出版社，2014 年版，第 549 页。

写入党的十九大党代会报告，使它成为中国特色社会主义道路从工业文明黑色发展道路向生态文明绿色发展道路全面转轨的一个象征，成为当今中国社会主义经济社会发展模式从工业文明黑色发展模式向生态文明绿色发展模式全面转型的一个标志，成为中国特色社会主义文明迈向社会主义生态文明与绿色经济发展新时代的一个时代标识。

四、关于迈向生态文明绿色发展的使命与任务问题

自 2008 年国际金融危机以来，绿色经济与绿色发展迅速兴起，是有着深刻的生态、经济和社会历史背景的。应当说，首先是发源于回应工业文明黑色发展道路与模式的负外部效应所积累的全球范围"黑色危机"越来越严重，已经走到历史的巅峰。"物极必反"，工业文明黑色发展道路与模式的历史命运也逃避不了这个历史的辩证法。它在其黑色发展过程中自我否定因素不断生成，形成向绿色经济与绿色发展转型的因素日渐清晰彰显，使我们看到了绿色经济与绿色发展的时代晨光，人类正在迎来生态文明绿色发展的绿色黎明。这是人类实现生态经济社会全面和谐协调可持续发展的历史起点。

1. 我们必须深刻认识和正确把握生态文明的绿色发展道路与模式的时代特征

迈向生态文明绿色经济发展新时代的时代特色应是反正两层含义：一是当今世界仍然处于黑色文明达到了全面异化的巨大危机之中，使当今人类面临着前所未有的工业文明黑色危机的巨大挑战；二是巨大危机是巨人变革的历史起点，开启了绿色文明绿色发展的新格局、新征途，使人类面临着前所未有的绿色发展历史机遇，并给予全面生态变革与绿色转型的强大动力。因此，当今人类正处于工业文明黑色发展衰落向生态文明绿色发展兴起的更替时期。这是危机创新时代，黑色发展危机逼进绿色创新发展，绿色创新发展走出黑色发展危机。毫无疑问，当今世界和当代中国的一个生态文明绿色创新发展时代正在到来。对此，我们必须从工业文明黑色发展危机来认识与把握生态文明绿色发展道路与模式的历史必然性和现实必要性与可能性。

(1) 历史和现实已经表明，自 18 世纪资本主义工业革命以来，在工业文明（包括其最高阶段的后工业文明）时代资本主义文明及工业文明成功地按照自身发展的工业文明发展模式塑造全世界，将世界各国都引入工业文明黑色经济与黑色发展道路与模式，形成了全球黑色经济与黑色发展体系。当今中外多学科学者对工业文明

黑色发展的反思与批判中,有一个共识:黑色文明发展一方面使物质世界日益发展,物质财富不断增加;另一方面使精神世界正在坍塌,自然世界濒临崩溃,人的世界正在衰败。它不仅是自然异化,而且是人的物化、异化和社会的物化、异化。当今世界的南北两极分化加剧,以美国为首的国际垄断资本主义势力为掠夺自然资源不断发动地区战争,没有硝烟的经济战和经济意识形态战频发,恐怖主义嚣张,物质主义、拜金主义、消费主义盛行,道德堕落和精神与理智崩溃,无论是发达国家还是发展中国家内部的贫富悬殊、两极分化正在加剧,各种社会不公正与不平等的社会生态关系恶化加深,这成为当今世界的社会生态黑色发展现实。因此,当今工业文明黑色发展的黑色效应已经全面地、极大地显露出来了,使工业文明黑色发展成为当今世界以及大多数国家和民族发展的现状特征。正是在这个意义上,我们完全可以说,当今人类发展已经陷入工业文明发展全面异化危机及黑色深渊,使今日之工业文明黑色发展达到了可以自我毁灭的地步,同时也包含着克服、超越工业文明黑色发展险境的绿色发展机遇和种种因素条件,也就预示着黑色发展道路与模式的生态变革与绿色转型是历史的必然。这就是说,如果人类不想自我毁灭的话,就必须自觉地走超越工业文明的生态文明绿色发展的新道路,及构建绿色发展的新模式。这是历史发展的必然道路,是化解当今工业文明黑色发展危机的人类自觉的选择,也是唯一正确的选择。

(2)深刻认识和真正承认开创生态文明绿色发展道路与模式的现实必要性和紧迫性。这首先在于当今世界系统运行是依靠"环境透支""生态赤字"来维持,使自然生态系统的生态赤字仍在扩大,将世界各国都绑在工业文明黑色发展之舟上航行。工业文明发展的一切辉煌成就的取得,都是以自然、人、社会的巨大损害为代价,尤其是以毁灭自然生态环境为代价的,这是西方各学科的进步学者的共识,也是中国有社会良知的学者的共识。在 1961 年人类一年只消耗大约 2/3 的地球年度可再生资源,世界大多数国家还有生态盈余。大约从 1970 年起,人类经济社会活动对自然生态的需求就逐步接近自然生态供给能力的极限值,自 1980 年首次突破极限形成"过冲"以来,人类生活中的大自然的生态赤字不断扩大,到 2012 年已经需要 1.5 个地球才能满足人类正常的生存与发展需要。因此,《增长的极限》一书的第 2 版即 1992 年版译者序就明确指出:"人类在许多方面已经超出了地球的承载能力之外,已经超越了极限,世界经济的发展已经处于不可持续的状况。"足见工业文明黑色发展确实是一种征服自然、掠夺自然、不惜以牺牲自然生态来换取经济发展的黑色发展道路，使"今天世界上的每一个自然系统都在走向衰落。"①进入21世纪的15年间，生态赤字继续扩大、自然生态危机及黑色发展危机日益加深，对此，《自然》杂志发文说："地球生态系统将很快进入不可逆转的崩溃状态。"②联合国环境规划署2012年6月6日在北京发布全球环境展望报告中指出，当今世界仍沿着一条不可持续之路加速前行，用中国学者的话说，就是人类仍在继续沿着工业文明黑色发展道路加速前行。因此，从全球范围来看，"目前还没有一个国家真正迈入了'绿色国家的门槛'"③，这是不可否认的客观事实。据报道，今年春季欧洲大面积雾霾污染重返欧洲蓝天，使巴黎咳嗽、伦敦窒息、布鲁塞尔得眼疾……，这是今春西欧地区空气污染现状大致勾勒出的一幅形象的画面。这就意味着这些欧洲各城市又重新回到大气危机的黑色轨道上来了，因此，人们发出了西欧"霾害根除"还只是个传说之声。这的确是事实，欧洲遭遇空气污染已经不是新鲜事，2011年9月7日英国《卫报》网站曾报道，欧洲空气质量研究报告称空气污染导致欧洲每年有50万人提前死亡，全欧用于处理空气污染的费用高达每年7900亿欧元。2014年11月19日西班牙《阿贝赛报》报道，欧洲环境署公布的空气质量年度报告显示空气污染问题造成欧洲每年大约45万人过早死亡，其中约有43万人的死因是生活在充满$PM_{2.5}$的环境中。2014年4月初，英国环境部门监测到伦敦空气污染达10级，是1952年以来最严重的污染，引发全国逾162万人哮喘病发④。近年来欧洲大面积雾霾污染事件，击碎了英国、法国、比利时等发达国家是"深绿发展水平国家"的神话。

（3）一个国家和民族或地区经济社会运行，从生态盈余走向生态赤字并不断扩大的发展道路，就是工业文明的黑色发展道路，其自然生态环境必然是不断恶化，就没有绿色发展可言。与此相反，从生态赤字逐步减少走向生态盈余的发展道路，就是迈向生态文明的绿色发展道路，其自然生态环境不断趋于和谐协调朝着绿色发展的方向前行。因此，逐步实现生态赤字到生态盈余的根本转变，构成判断是不是绿色发展及一个国家和民族及地区是不是"绿色国家"的一个基础根据与根本标准。据此，抛弃工业文明黑色发展模式，坚定不移走绿色发展道路，其根本的、最终的

① 保罗·替肯：《商业生态学》（中译本），上海：上海译文出版社，2001年版，第26页。
② 详见2012年7月28日《参考消息》，第7版。
③ 杨多费、高飞鹏：《绿色发展道路的理论解析》，载《科学管理研究》，第24卷第5期，第20～23页。
④ 戴军：《英国："霾害根除"还只是个传说》，2015年3月22日《光明日报》。

目标与首要任务就是尽快扭转自然生态环境恶化趋势，实现生态赤字到生态盈余的根本转变，达到生态资本存量保持非减性并有所增殖，这是人类生态生存之基、绿色发展之源。

2. 开创绿色经济发展新时代的绿色使命与历史任务

当今人类发展已经奏响绿色经济与绿色发展的新乐章。发展绿色经济、推进绿色发展是开创绿色经济发展新时代的绿色使命与历史任务，必将成为人类文明演进与经济社会发展的时代潮流。从全球范围来看，迄今为止，世界上还没有一个国家或地区真正是生态文明的绿色国家或绿色地区，中国也不例外。但是当今世界主要发达国家和发展中国家，已经奏响经济社会发展绿色低碳转型的主旋律，开始朝着建设绿色国家或地区，推进绿色发展的方向前行。在此我们要指出的是，发展绿色经济、推进绿色发展是世界各国的共同目标和绿色使命。2010 年美国学者范·琼斯出版的《绿领经济》一书谈到美国兴起的绿色浪潮时说："不管是蓝色旗帜下的民主党人还是红色旗帜下的共和党人，一夜之间都摇起了绿色的旗帜。"[①]奥巴马政府实行绿色新政，主打绿色大牌，实施绿色经济发展战略，其战略目标是要促进经济社会发展的绿色低碳转型，再造以美国为中心的国际政治经济秩序。以北欧为代表的部分国家如瑞典、丹麦等在实施绿色能源计划方面走在世界前列。日本推进以向低碳经济转型为核心的绿色发展战略总体规划，力图把日本打造成全球第一个绿色低碳社会。韩国制定和实施低碳绿色增进的经济振兴国家战略，使韩国跻身全球"绿色大国"之一。尤其是在绿色新政席卷全球中，不仅美国而且英、德、法等主要发达国家，都企图引领世界绿色潮流。这些事实充分表明发展绿色经济、推进绿色低碳转型、实现绿色发展，是世界发展的新未来、新道路，已成为 21 世纪人类文明进步和经济社会发展的主旋律即绿色发展主旋律，标志着当今人类发展已经开启了迈向绿色经济发展新时代的新航程。

然而，历史发展不是一条直线，而是螺旋式上升的曲线。当今人类历史仍处在资本主义文明及工业文明占主导地位的时代，主要资本主义国家仍有很强的调整生产关系、分配关系和社会关系的能力和活力。因此，主要资本主义国家尤其是西方发达资本主义国家，在工业文明基本框架内对生态环境与绿色经济的认识，制定和实行生态环境保护、治理与生态建设政策、措施和行动，并发展绿色经济，来调节、

---

① 范·琼斯：《绿领经济》（胡晓姣、罗俏鹃、贾西贝，译），北京：中信出版社，2010 年版，第 55 页。

缓解资本主义生态经济社会矛盾，力图走出工业文明发展全面异化危机即黑色发展困境。但是，正如一些学者所指出的，"事实的真相"则是到目前为止，西方发达资本主义国家所实施绿色经济发展战略和自然生态环境治理与修复的思路与方案，主要是在工业文明基本框架内进行[①]，仍然没有根本触动工业文明也无法超越现存资本主义文明的黑色经济社会体系。这主要表现在两个方面：一是西方发达资本主义国家对内实行绿色资本主义的发展路线。目前西方发达国家主要是在不根本触动资本主义文明及工业文明黑色经济体系与发展模式的前提下，通过单纯的技术路线来治理、修复、改善自然生态环境，寻求自然生态环境和资本主义协调发展，缓解人与自然的尖锐矛盾，并在对高度现代化的工业文明重新塑造的基础上走有限的"生态化或绿色化转型发展道路"，即绿色发展道路，实践已经论证，这是不可能走出工业文明黑色危机的。今春欧洲大面积雾霾污染重返欧洲蓝天就是有力佐证。二是目前西方发达资本主义国家对外实行生态帝国主义政策，主要有 3 种形式：资源掠夺、污染输出和生态战争，使发达资本主义大多数踏上了生态帝国主义黑色之路，使西方发达国家的黑色发展道路与模式所付出的高昂生态环境成本即发生巨大黑色成本由发展中国家为他们"买单"。因此，我们从现实中可以看到，绿色资本主义和生态帝国主义的路线与实践，它不仅可以成功地改善资本主义国家国内的自然生态环境，缓解甚至能够度过"生存危机"，而且可以"在承担着创造后工业文明时代资本主义的'绿色经济增长'和'绿色政治合法性'新机遇的使命。"[②]

当今人类虽然正在迎来生态文明即绿色文明的黎明，但人类文明发展却是在迂回曲折中前进的。自 2008 年国际金融危机之后，先是美国实行"再工业化战略"，推进"制造业回归"。随后欧洲发达国家纷纷宣称要"再工业化"，不仅把包括绿色能源战略在内的绿色经济发展战略纳入经济复苏的轨道，而且还针对经济虚拟化、产业空心化，试图通过实施"再工业化战略"和"回归实体经济"，重塑日益衰落的工业文明生态缺位的黑色经济，重新走上工业文明增长经济发展道路。这是向高度现代化的工业文明发展的回归，阻碍着人类文明发展迈向生态文明绿色经济发展新时代。

按照生态马克思主义经济学哲学观点，在资本主义文明及工业文明框架的范围

---

① 张孝德：《生态文明模式：中国的使命与抉择》，载《人民论坛》，2010 年第 1 期，第 24～27 页。
② 郇庆治：《"包容互鉴"：全球视野下的"社会主义生态文明"》，载《当代世界与社会主义》，2013 年第 2 期，第 14～22 页。

内，是不可能从根本上走出工业文明发展全面异化危机即黑色危机的深渊。对此，连西方学者也认为：在资本主义文明及工业文明的"基本框架内对经济运行方式、政治体制、技术发展和价值观念所作的任何修补和完善，都只能暂时缓解人类的生存压力，而不可能从根本上解决困扰工业文明的生态危机。"①这就是说，绿色资本主义和生态帝国主义推行相反会使全球自然生态、社会生态和人类生态的黑色危机越来越严重。正如20世纪90年代以来世界各国在工业文明框架内实施可持续发展一样，其结果是"20多年来的可持续发展，并没有有效遏制全球范围的环境与生态危机，危机反而越来越严重，越来越危及人类安全。"②因此，世界人民有理由把更多的目光集聚到社会主义中国，将开创工业文明黑色发展道路与模式转向生态文明绿色发展道路与模式，这一人类共同的绿色使命与历史任务寄托于中国建设社会主义生态文明。2011年在美国召开的生态文明国际论坛上有位美国学者说道："所有迹象表明，美国政府依然将在错误的道路上越走越远。""所有目光都聚到了中国。放眼全球，只有中国不仅可以，而且愿意在打破旧的发展模式、建立新的发展模式上有所作为。中国政府将生态文明纳入其发展指导原则中，这是实现生态经济所必需的，并使得其实现变为可能，是一个高瞻远瞩的规划。"③

3. 中国在当今世界已经率先拉开超越工业文明的社会主义生态文明绿色经济发展新时代的序幕，引领全人类朝着生态文明绿色经济形态与绿色发展模式的方向发展

我国改革开放以来，始终坚持保护环境和节约资源的基本国策，实施可持续发展战略，一些省市和地区实行"生态立省（市）、环境优先、发展与环境、生态与经济双赢"的战略方针。从发展生态农业、生态工业到建设生态省、生态城市、生态乡村；从坚持走生产发展、生活富裕、生态良好的文明发展道路，建设资源节约型、环境友好型经济社会，到发展绿色经济、循环经济、低碳经济；从大力推进生态文明建设到着力推进绿色发展、循环发展、低碳发展等，都取得了明显进展和积极成效。特别是党的十八大确立了社会主义生态文明科学理论，提出和规定了建设

---

① 转引自杨通进：《现代文明的生态转向》，重庆：重庆出版社，2007年版，总序第4页。
② 胡鞍钢：《创新绿色发展》，北京：中国人民出版社，2012年版，第9页。
③ 第五届生态文明国际论坛会议论文集（中英文）[EB/OL]. April 28-29，2011，Claremont，CA，USA. Fifth International Forum on Ecological Civilization：toward an Ecological Economics.

中国特色社会主义的两个"五位一体"①：建设中国特色社会主义"五位一体"总体目标,使中国特色社会主义道路的基本内涵更加丰富;建设中国特色社会主义"五位一体"总体布局,使中国特色社会主义的基本纲领更加完善。这不仅是奏响我们党"领导人民建设社会主义生态文明（新党章语）的新乐章,而且标志着全国人民踏上社会主义生态文明绿色发展道路的新征途。因此,党的十八大明确提出"努力建设美丽中国"是社会主义生态文明建设的战略目标,即建设美丽中国首先是建设绿色中国,其中心环节就是走出一条生态文明绿色经济发展道路,构建绿色经济形态与发展模式。据此而言,党的十八大向全党全国人民发出的"努力走向社会主义生态文明新时代"的伟大号召,意味着中国特色社会主义文明发展要努力迈向生态文明绿色经济与绿色发展新时代。为此,中共中央国务院关于加快促进生态文明建设的意见中又提出把经济社会绿色化作为生态文明建设与绿色发展的核心内容与基本途径,从而在当今世界率先开拓了从工业文明黑色发展道路与模式转向生态文明绿色发展道路与模式,使当下中国朝着生态文明绿色经济形态与发展模式的方向发展,努力成为成功走出工业文明的新型工业化道路,真正进入生态文明的绿色化发展道路的榜样国家。

当然,当今中国的客观现实还是一个加速实现工业化的发展中国家,刚走过发达国家100多年所走过的工业文明发展历程,成为以工业文明为主导形态的工业大国。在这几十年间,中国工业化、现代化道路的探索,尽管在一定程度上符合中国国情和实际情况。但仍然走的是工业文明黑色发展与黑色崛起道路,它在本质上是沿袭了西方发达资本主义文明所走过的高碳高熵高代价的工业文明"先污染后治理、边污染边治理"的黑色发展道路。因此,我们"不得不承认,我们原先走在黑色发展和崛起的征途上,所以尽管我们即使按西方工业文明的标准未达到发展与崛起的程度,但是黑色发展和崛起的一切代价和后果我们都已尝到了。"②历史经验教训值得重视,党的十八大之前的20多年里,我们在没有根本触动刚刚形成的工业文明经济社会形态前提下,换言之在工业文明基本框架内实施可持续发展战略、生态环境治理与修复,建设生态省市,走文明发展道路以及发展绿色经济等,是不可能有效遏制、克服工业文明黑色发展道路与模式的黑色效应,工业文明发展异化危

---

① 刘思华：《生态马克思主义经济学原理》（修订版），北京：人民出版社，2014年版，第561～566页。
② 陈学明：《生态文明论》，重庆：重庆出版社，2008年版，第22页。

机即黑色危机反而日益严重。它突出体现在 3 个方面①：一是当下中国自然生态恶化状况从总体上看，范围在扩大、程度在加深、危害在加重；二是城乡地区差距不断扩大、分配不公与物质财富占有的贫富悬殊已成常态；三是平民百姓生活质量相对变差等社会生态恶化，公众健康相对变差的国民人体生态恶化等，使得生态经济社会矛盾不断积累与日益突出甚至不同程度地激化，已成为建设美丽中国、全面建成小康社会的重大瓶颈，是实现绿色中国梦的最大桎梏。因此，我们必须正视当下中国"自然、人、社会"复合生态系统的客观现实，深刻认识与正确把握当今中国从工业文明黑色发展道路向生态文明绿色发展道路的全面转轨，从工业文明黑色发展模式向生态文明绿色发展模式的全面转型的必要性、迫切性、重要性与艰巨性。事实上，近年来，我国学术界有人为了所谓填补研究空白、标新立异，制造一些伪绿色发展论，不仅把西方主要发达国家说成是"深绿色发展国家"，掩盖当今资本主义国家工业文明发展全面恶化危机即黑色危机的客观现实；而且把处于"十面霾伏"的雾霾污染重灾区的京津冀、长三角、珠三角的一些城市界定为"高绿色城镇化"，这完全不符合客观事实的假命题，否定不了当下中国及城市自然生态危机仍在加深的严峻事实，动摇不了我国以壮士断腕的决心和信心，打好大气、水体、土壤污染的攻坚战和持久战。

　　所谓攻坚战和持久战，就在于当前国内外事实表明，大气、水体、土壤污染治理与修复已成为世界性的难题。而当今中国大气、水体、土壤污染日益严重，应当说是长期中国工业化、城市化黑色发展积累的必然恶果，是中国工业文明黑色发展道路与模式对自然生态损害的直观展示，是对中国过去 GDP 至上主义发展的严厉惩罚及严重警示。改革开放 30 多年，中国经济发展规模迅速扩大，快速成长为工业文明经济大国，这是世所罕见的。然而，它所付出的自然生态环境代价也是世所罕见的。当今世界上很少有国家像中国这样，以如此之高的激情加速折旧自己的生态环境未来，已经是世界头号污染排放大国，正如国内外学者所指出的，中国已经成为世界上最大的"黑猫"，"全球最大的生态负'债国'"②。目前中国生态足迹是生物承载力的两倍，生态系统整体生态服务功能不断退化，生态赤字还在扩大。中

---

① 刘思华：《论新型工业化、城镇化道路的生态化转型发展》，载《毛泽东邓小平理论研究》，2013 年第 7 期，第 8～13 页。

② 引自卢映西：《出口导向型发展战略已不可持续——全球经济危机背景下的理论反思》，载《海派经济学》，2009 年第 26 辑，第 81 页。

国生态系统的生态负荷已达到临界状态，一些资源与环境容量已达支撑极限，经济社会发展是依靠"环境透支"与"生态赤字"来维持。因而，生态赤字不断扩大，生态（包括资源环境）承载力日益下降，在大中城市尤其是大城市十分突出，如上海市人均生态足迹是人均生态承载力的 46 倍，广州市为 31 倍，北京市为 26 倍。在存在生态赤字的国家中，日本是 8 倍，其他国家均在 2~3 倍，中国大城市特大城市普遍存在巨大的生态赤字，都面临比其他国家更为严峻的自然生态危机[①]。由此要进一步指出，目前全国 600 多个大中城市，特别是大城市，其高速发展不仅正在遭遇各种环境污染，如水、土、气三大污染之困，而且正在遭遇"垃圾围城"之痛，有 2/3 的城市陷入垃圾的包围之中，有 1/4 的城市已没有适合场所堆放垃圾，从而加剧了城市生态系统的黑色危机。近日有学者发文认为，"中国城镇化离绿色发展要求的内涵、绿色发展的模式相距甚远"，"中国的绿色发展目标尚未实现"[②]。这就是说，迄今为止，我国还没有一个大中城市真正走入按照社会主义生态文明的本质属性与实践指向所要求的生态文明绿色城市的门槛，这是不容争辩的客观事实。

　　综上所述，无论当今世界还是今日中国，生态足迹不断增加，生态赤字日益扩大，这是自然生态危机的核心问题与根本表现。而在当下中国各类环境污染呈现高发态势，已成民生之患、民心之痛、发展之殇；生态赤字与生态资本短缺仍在加重，使我国进入生态"还债"高发期，良好的自然生态环境已经成为最为短缺的生活要素、生产要素及生存发展要素。这就决定了生态环境问题是严重制约中国生态经济社会有机整体、全面和谐协调可持续发展的最短板，是建设美丽中国、实现绿色中国梦的最大阻碍，是中国绿色发展与绿色崛起面临的最大挑战与绿色压力。因此，我们直面这一严峻现实，必须也应当摆脱与摒弃过去所走过的工业文明高碳高熵高代价的黑色发展道路，与工业文明黑色发展模式彻底决裂，积极探索生态文明低碳低熵低代价的绿色发展道路及发展模式，使中国特色社会主义文明发展尽早实现从工业文明黑色发展道路与模式向生态文明绿色发展道路与模式的根本转变，成功地建成生态文明绿色强国。

① 齐明珠、李月：《北京市城市发展与生态赤字的国内外比较研究》，载《北京社会科学》，2013 年第 3 期，第 128~134 页。
② 庄贵阳、谢海生：《破解资源环境约束的城镇化转型路径研究》，载《中国地质大学学报》（社科版），2015 年第 2 期，第 1~10 页。

五、关于"绿色经济与绿色发展丛书"的几点说明

"绿色经济与绿色发展丛书"是目前世界和中国规模最大的绿色社会科学研究与出版工程，覆盖数 10 个社会科学和自然科学，是现代经济理论与发展思想学科群绿色化的开篇，故不得不说明几点：

（1）"丛书"站在中国特色社会主义文明从工业文明走向生态文明的文明形态创新、经济社会形态创新、经济发展模式及发展方式创新的新高度，不仅探讨了中国社会主义经济的发展道路、发展战略、发展模式和发展体制机制等生态变革与绿色创新转型即生态化、绿色化发展，而且提出了从国民经济各部门、各行业到经济社会发展各领域等方面，都要朝着生态化、绿色化方向发展。为建设社会主义生态文明和美丽中国，实现把我国建成绿色经济富国、绿色发展强国的绿色中国梦，提供新的科学依据、理论基础和实践框架及路径。

（2）"丛书"力争出版 45 部，涉及学科很多、内容广泛，理论与实践问题研究较多，大致可以归纳为 4 个方面：一是深化生态文明和绿色经济与绿色发展的马克思主义基础理论研究；二是若干重大宏观绿色化问题研究；三是主要领域、重要产业与行业发展绿色化问题研究；四是微观绿色化问题研究。因此，整个"丛书"是以建设生态文明为价值取向，以发展绿色经济为主题，以推进绿色发展为主线，比较全面、系统地探讨生态经济社会及各领域、国民经济各部门、各行业与其微观基础的绿色经济与绿色发展理论和实践问题；向世界发出"中国声音"，展示中国的绿色经济发展理论与实践的双重探索与双重创新。

（3）"丛书"是新兴、交叉学科群绿色化多卷本著作，必然涉及整个经济理论与发展学说和马克思主义的基本原理与重要的基本理论问题，并涉及众多的非常重要的现实的前沿话题，难度很大，有些认识还只能是理论的假设与推理，而作者和主编的多学科知识和理论水平又很有限，因而"丛书"作为学科群绿色化的开篇，很难说是一个十分让人满意的开头，只能是给读者和研究者提供一个学术平台继续深入探讨，共同迎接绿色经济理论与绿色发展学说的繁荣与发展。

（4）本丛书把西方世界最早研究生态文明的专家——美国的罗伊·莫里森所著的《生态民主》译成中文出版。《生态民主》一书于 1995 年出版英文版，至今已有 20 年了，中国学界和出版界却无人做这项引进工作，出版中译本。近几年来，在我国研究生态文明的热潮中，很多论文和著作都提到《生态民主》一书，尤其我国

权威媒体记者多次采访莫里森，使这本书在中国有较大影响。然而，众多研究者介绍本书时都没有具体内容，既没有看英文版原版，又无中译本可读，只是相互转抄、添油加醋，就产生了一些学术误传，不利于正确认识世界生态文明思想发展史，更不能正确认识中国马克思主义生态文明理论发展史。因此，笔者下决心请刘仁胜博士译成中文，由中国环境出版社出版，与中国学者见面。在此，我要强调指出的是，我作为"丛书"主编，对莫里森先生所写中文版序言和中译本中的一些基本观点，并不代表笔者的观点，我们出版中译本是表明学术思想的开放性、包容性，为中国学者深入研究生态文明提供思想资料与学术空间，推动社会主义生态文明理论与实践研究不断创新发展。

（5）"丛书"的作者们梳理前人和他人一些与本领域有关的思想材料、引用观点，都尽可能将其话语言说原文在脚注和参考文献中一一列出，也有可能被遗漏，在此深表歉意，请原著者见谅。在此，我们还要指出的是，"丛书"是"十二五"国家重点图书，多数书稿经历了四五年时间才完稿，有的书稿所引用的观点和材料是符合当时实际的。党的十八大后，党和政府对市场经济发展进程中出现的某些经济社会问题，加以认真治理并有所好转，但在出版时把它作为历史记录保留在书中，也请读者谅解。总之，"丛书"值得商榷之处一定不少，缺点甚至错误在所难免，故热切盼望得到专家指教和广大读者指正。

刘思华

2015 年 7 月

目　录

Contents

第 1 章

绿色低碳文明相关概念辨析

从文明发展的脉络寻找绿色文明的渊源，在农业文明和工业文明的比较中发现绿色文明的意义。生态文明的产生具有深刻的现实背景，适应时代发展要求，顺应历史演进趋势，生态文明、绿色文明和低碳文明之间具有内在统一性和逻辑一致性。

1.1 绿色文明起源

1.1.1 人类文明的发展历程

1.1.1.1 文明的由来

所谓文明，是与"野蛮"相对的一个概念，它是人类特有的社会现象，指人类社会的进步状态。恩格斯在《家庭、私有制和国家的起源》中借鉴摩尔根（19 世纪美国杰出的民族学家、历史学家）所提出的分期法，把人类社会的发展分为 3 个时代：蒙昧时代、野蛮时代和文明时代。"从铁矿石的冶炼开始，并由于拼音文字的发明及其应用于文献记录而过渡到文明时代。""文明时代是社会发展的一个阶段，在这个阶段上，由分工而产生的个人之间的交换，以及把这个过程结合起来的商品生产，得到了充分的发展，完全改变了先前的社会。"从马克思主义经典著作中的概念出发，可以把迄今为止人类文明经历的历史形态划分为原始文明、农业文明和工业文明时代。与此相对应，人和自然的关系也经历了不同的历史阶段，每一个阶段都有自己的特质，体现出人对自然观念把握的深化，以及由此引起的人与自然在其对立统一关系中地位的转化。

文明是人类自身生存发展的智慧结晶，是人类顺应、改造自然世界的物质和精神成果的总和。文明的主体是人，体现为科学应对自然，不断学习、反省、提升自身，代代传承文化、智慧、物质和精神成果。从时间上分，文明具有阶段性，如原始文明、农业文明与工业文明；从空间上分，文明具有多元性，如中华文明、非洲文明、印第安文明与印度文明等。《周易》里说："见龙在田，天下文明"。唐代孔颖达注疏《尚书》时将"文明"解释为："经天纬地曰文，照临四方曰明"。"经天纬地"意为可以让人具有明了天地万物、掌握自然规律、经营管理各项事务、自由生存发展的能力；"照临四方"意为可以使人类驱走黑暗、愚昧，认识世界，解决人类面临的各种各样问题的智慧。在西方语言体系中，"文明"一词则来源于古希腊"城邦"的代称。

1.1.1.2 文明的"色彩"

人类文明丰富多彩，不同民族在不同地域、不同时期曾经创造出伟大的文明。不同的文明形态在学术上有不同的颜色寓意：迄今为止，曾经出现过农业文明、商业文明和工业文明，分别涂上不同的"色彩"：黄色文明、蓝色文明和黑色文明。

黄色寓意厚重、稳定。农业文明繁荣于东方并延绵数千年，积淀深厚，源远流长，是人类社会最为稳定但也是低水平均衡的文明形态，故被称为黄色文明，从古埃及文明、古巴比伦文明到印度文明、中华文明，乃至玛雅文明，无一不是农业文明创造的史诗和经典。其中，中华文明堪称农业文明的典范。在中国，数千年的农业文明濡润着国人对桃花源式文明的憧憬。这种文明具有显著的地域性，空间基础主要是自然环境所分割的农村和小镇。这种文明地域孤立，形成各个静谧的文明绿洲。因此农业文明也被称为大陆文明。

蓝色寓意开放、冒险。商业文明发端于地中海地区，冲破中世纪沉没、禁锢的精神枷锁和文化羁绊，走出大陆，走向海洋，广开商路，沟通全球，成为全球化最早的推动力量。商业文明就是海洋文明，也被称为蓝色文明。蓝色文明富含冒险、创新特质，具有开放性、扩张性和进攻性，它以古希腊的地中海文明、近代西欧文明为代表。以商业文明为主体的蓝色文明，尽管在人类社会的文明历史上，只不过是一道短促的蓝色闪电，但它却撕裂、震撼了绵延几千年黄色文明的恬静，为工业文明的到来准备了一张产床，从而孕育了一个具有繁荣进步和危机灾难双重人格的新生儿。

黑色意味着力量，同时也代表末世。工业文明兴起于西欧，鼎盛于美国，依靠工业化和机器大生产，以前所未有的人类力量空前地改造地球，在创造巨大物质财富的同时也导致自然财富的急剧衰竭。它通过技术和机器延伸了人的大脑和四肢，把地球变成小小的村落，但也将环境污染和生态破坏这两个副产品无情地抛给大自然，使人类文明蒙上一层厚厚的灰色甚至是沉重的黑色。传统的工业文明道路只会把人类带向充满灾难的未来，黑色文明必将为人类所抛弃。

绿色文明是一种新型的社会文明，是人类可持续发展必然选择的文明形态，它既反对人类中心主义，又反对自然中心主义，是人与自然和谐、科技与人文并举的新文明。绿色文明是继黄色文明（农业文明）、蓝色文明（商业文明）、黑色文明（工业文明）之后，人类对未来社会的新追求。绿色象征希望和生生不息。绿色文明是人类在反思工业文明的生态后果，借助工业文明孕育的信息文明，并汲取农业文明的和谐、商业文明的活力而产生的文明新形态。

政治家和文化学者对文明颜色的界定，既是对文明内涵及特征的揭示和描述，也是对文明发展和文明形态更替的辩证性批判和选择性扬弃。经济基础决定上层建筑，经济活动是人类有意识的活动，经济形态的转换导致文明形态的演替，原生态的经济形态具有与其发展模式相对应的社会经济后果，并产生相应的自然生态后果。绿色文明必将成为人类集体理性的必然选择。

1.1.2　人类文明演进的脉络：农业文明和工业文明

1.1.2.1　两大文明形态的差异性

农业文明和工业文明作为人类历史不同生产力发展阶段的文明形态，分别对应于农业经济和工业经济。它们的差异性可通过一些特征进行描述，见表1-1。

农业文明是以自然再生产为基础的社会再生产而形成的文明成果，深受自然条件的制约和自然规律的支配，因而农业文明的经济社会系统与自然生态系统存在暗合之处。工业文明则是独立于自然生态系统的社会再生产活动形成的文明成果，它借助科学技术和工业化力量，在时间和空间上超越自然环境，改变和深刻影响生态系统，进而走向自然生态系统的对立面。

表 1-1　农业文明和工业文明比较

文明形态	时间	生产方式	生活方式	经济形态
农业文明	300 年前	小农经济；家庭生产，自然分工，男耕女织，刀耕火种；以自然物为劳动对象；以人力、畜力和自然力为主要动力；以种植业和养殖业为主要产业，少量手工业	以宗族为依托、以社区为活动空间、以血缘关系为社会关系纽带	自然经济，自给自足，以土地为根
工业文明	近 300 年	开放经济；大机器生产，专业化分工，工厂组织，企业生产；以化合物为劳动对象；以煤炭、石油、核能为主要动力；以重化工业为主导产业	以职业为依托，开放的社交空间，多样化的社会关系网络	市场经济，社会化大生产，以资为本

1.1.2.2　两大文明形态的根本性区别

农业文明与工业文明最根本的区别，不是生产方式、生活方式与思维方式的区别，而是这两种文明存在的时空不同。在不同的文明时代，之所以形成不同的生产方式、生活方式与思维方式，是由人类与自然结构中的特定物质圈相互作用决定的。

以土地为主要资源的农业文明，决定了农业文明时代人与自然的关系是人与地球上生物圈的关系。正是人与生物圈的相互作用所形成的文明时空，才形成了农业文明时代特有的生产、生活与思维方式。农业文明是人类经济再生产活动和自然再生产活动相结合的产物，受制于时间和空间的限制，具有典型的季节性、周期性和地域性。

工业文明之所以形成完全不同于农业文明的生产方式、生活方式与思维方式，其根本原因在于工业文明是在完全不同于农业文明的新时空中展开的。以化合物为主要能源的工业文明，决定了工业文明时代人与自然的关系，是人类与地球化合物圈的关系。在人与化合物圈相互作用的时空中，才形成了工业文明时代特有的生产、生活与思维方式。工业文明以人类经济再生产为主要活动方式，摆脱了自然条件中时间和空间的束缚。

新能源革命、有机农业革命标志着当代人类正在从化合物时空圈向农业文明时代的生物圈回归，但这绝不是简单的回归。正在兴起的绿色文明向生物圈的回归，绝不是对化合物时空圈遗弃的回归，而是在进入生物圈的过程中，探索生物圈与化合物圈两极时空的和谐与统一。在生物圈与化合物圈构成的两极时空中建设人类与自然和谐的文明，是绿色文明的历史使命所在。

1.2 蓝色星球掀起生态风暴

1.2.1 生态文明——人类文明的新阶段

1.2.1.1 现实背景

生态文明是人类文明发展到一定历史阶段的产物。人类文明的发展先后经历了原始文明、农业文明、工业文明、生态文明等不同的阶段。在工业文明之前的每个阶段，人类都创造出一系列文明成果，同时伴随着资源、环境、生态等问题不同程度地出现，而进入工业文明阶段后，人类生存和发展受到严峻的挑战。为使人类文明得以延续，生态文明建设成为人类文明发展的必经之路。生态文明既是一种观念，又是一种成果。作为观念的生态文明，是用生态系统的整体统一性、非线性、有限性、共生性等原则来处理人与自然、人与人的关系的意识和思想；作为成果的生态文明，是以绿色、无污染、最小消耗、最大效率为特征的生产和生活活动的总和。因此，生态文明是在经过农业文明、工业文明两次选择后进行的第三次选择。

诚然，资本主义文明的确对人类历史作出了巨大的贡献，它创造了大量的物质财富，使生产力得到空前发展。诚如马克思所说："资产阶级在它不到一百年的阶级统治中所创造的生产力，比过去一切世代创造的全部生产力还要多、还要大。"同时，资本主义还形成了统一的世界市场，从而使整个人类进入现代文明时代。"资产阶级，由于一切生产工具的迅速改进，由于交通的极其便利，把一切民族甚至最野蛮的民族都卷到文明中来了。"然而，随着生产力的发展，资本主义文明也逐渐暴露出其自身无法克服的矛盾。资本主义社会关系变得异常单纯，社会矛盾异常尖锐，人与自然的关系空前紧张。

工业革命以来，随着人口的增加、科学技术的日益发展、人类对自然资源的需求不断增长，资源开发能力迅速增强，滋生出"人定胜天""科学技术万能"的思想，甚至毫无顾忌地改造和支配自然。但是，地球的资源毕竟有限，过度开发必将产生严重后果。当前，全球各类生态系统已进入了大范围退化阶段，环境污染进入了复合型污染时期，人类已经没有更多的资源和环境可供挥霍了。进入 21 世纪以来，全球性危机不断蔓延，物质至上主义的工业化文明和金钱拜物教主导的市场主义，由于环境恶化和资源枯竭而陷入停滞和衰退，反观之，当前正处于文明发展的重大转折时期，以生态和环境问题为核心的地球危机正是孕育新文明过程中的阵痛。世界各国政府和多数具有理智和良知的社会公众对这些问题已经引发强烈共鸣，生态文明、科学发展等许多理念应运而生，中华文明传统的天人合一思想又重新得到应有的重视。中国政府强调人是自然的一部分，提出人与自然和谐共生的理念，实施可持续发展战略，建设资源节约型、环境友好型社会，这些都标志着人类正在步入一个崭新的文明。

1.2.1.2 发展要求

发展生态文明，实现永续发展，对当前的经济社会发展提出了更高的标准：既需要确立生态文明的价值追求，引领社会发展新方向，也要求把生态文明建设与发展方式转变、科学技术支持、体制机制保障、文明素养提升等紧密地结合起来，体现出人类文明持续发展的内在要求。

（1）价值引领。建设生态文明，要在人与自然的关系上明确人既是自然的产物，更是自然的一部分，要理解自然、敬畏自然、感恩自然、保护自然、遵循自然。建设生态文明，还要强化人类生存发展的"类"意识，坚持世代一体，维护代际生态公平；坚持全球一体，维护代内生态公平；坚持克己自律、"己所不欲勿施于人"，反对和抵制各种形式的生态危机与责任转移、转嫁。概言之，建设生态文明，需要我们将和谐共生的核心价值贯穿于处理人与自然的关系之中，同时也贯穿于以处理人与自然关系为圆心而形成的人与人、代与代、区域与区域、国度与国度的关系之中。

（2）发展转型。当代中国已经将"科学发展"确立为自己的主题。"科学发展"意味着生态文明与工业文明应当是并进的，而不是互相排斥的。"并进式"的发展，要求工业文明以生态文明为导向和推助，迈入新型发展的道路。实现新型的发展，必须积极转变发展方式，加快经济结构转型升级，大力发展循环经济和生态产业，努力形成节约能源资源和保护生态环境的产业结构和增长方式，将经济发展与生态保护、环境优化和资源合理高效利用有机结合起来。牢固树立"绿水青山就是金山银山"的理念，把生态文明建设融入经济、政治、文化、社会建设各个方面和全过程，协同推进新型工业化、城镇化、信息化、农业现代化和绿色化。

（3）科技支撑。虽然多有论者将生态危机归源于假借科学技术之力而得以迅猛推进的工业文明发展，将科技文明与生态文明对立起来，但是我们不得不看到的是，正是科学技术的发展将人从对自然的迷拜、屈从中逐步解放出来，从而使人有了与自然"和解"的基础与"自由"。当下生态文明建设，应当建立在科学技术进步的基础之上，其中既包括生态型科学技术的新发展，也包括以生态文明为基本价值准则的科学技术的整体发展。此外，生态危机的全球性，也要求应对生态危机的科学技术发展新成果，应当突破诸多人为设置的技术壁垒和技术封锁，让这些科技新成果及时为世人所共享。

（4）制度保障。建设生态文明要把制度建设作为推进生态文明建设的重中之重，按照国家治理体系和治理能力现代化的要求，着力破解制约生态文明建设的体制机制障碍；要全面推进对地方政府的生态文明建设责任要求，将绿色 GDP 作为地方政府政绩考核的目标任务；加强资源与环境保护方面的立法，使生态文明建设"有法可依""有法必依""执法必严""违法必究"；将生态文明建设的制度要求贯穿于经济、政治、文化、社会建设各个层面与环节，构建有利于生态文明建设的制度体系，以制度的刚性强化生态文明建设的刚性，推动经济社会发展与生态文明发展的全面协调、和谐一致。

（5）文化滋养。中华民族富有与大自然和谐相处的智慧。"天人合一""道法自然""仁民爱物""民胞物与"等已经融入中华民族的精神血脉。我们应当积极推动这些思想文化资源的现代转化，使之成为与现代生态科学知识互为表里的现代生态文化，更加有力地支撑生态文明的建设。我们还应当积极推动先进的生态文化向全体民众素质的转化，使之由客观的知识形态转化为民众的素质，进而转化为民众的生活方式，增强全民族的生态文明自觉。生态文明实践体现在民众的日常行为和生活的方方面面。必须加快推动生活方式绿色化，实现生活方式和消费模式向勤俭节约、绿色低碳、文明健康的方向转变，力戒奢侈浪费和不合理消费。必须弘扬生态文明主流价值观，把生态文明纳入社会主义核心价值体系，形成人人、事事、时时崇尚生态文明的社会新风尚，为生态文明建设奠定坚实的社会、群众基础。

1.2.1.3 未来趋势

（1）知识与信息经济的迅猛发展。古典经济学的鼻祖亚当·斯密在工业革命发生之前就敏锐地指出，一国国民以一年为期所产生的劳动（这其中主要指生产物质性成果的劳动）是一切物质必需品、是国家财富的源泉。这一观点成为劳动创造财富的重要论点，但现代经济从本质上说是知识经济，知识经济以信息革命为发端，奥地利裔美籍经济学家弗里兹·马克卢普就以此为依据提出了"智力劳动才是财富的创造者"的观点，因此，信息与知识开始成为现代经济学的重要财富核心。以网络为先导的现代信息革命的不断深化和发展，不仅改变了人们的思维方式和生活方式，也改变了传统经济学中"劳动"这个基本生产要素的地位和作用，使得一般意义下的物质生产和资本在现代经济中的运行规律有了很大的不同。"知识通过创造财富从而创造价值的作用表现得越发地重要。"通过要素增长贡献率的比对，信息产业在快速发展的同时，其对于经济增长的贡献占据着较大的比例，一般认为是接近85%。而反观其他传统生产要素，它们的经济增长贡献率则呈不同程度的下滑趋势。信息化是现代知识经济的主要特征，这种特征使得人们可以通过吸收和转化大量的信息资源（或是应用和转化大数据），而不是通过粗放型的资源消耗方式来创造财富，也就是说，生态文明建设的奠基不再是工业文明时期对资源的消耗上，而是转变到以知识经济和信息产业为主的经济发展模式上来。它必将降低自然资源的消耗量，为解决环境污染和生态危机提供基础性的保障。

（2）抢占新一轮产业革命制高点。随着"低碳经济"范畴的提出，"低碳技术""低碳城市"等一系列新概念、新政策应运而生，"低碳能源"作为低碳经济发展中的一个核心内容，也越来越引起人们的高度重视。西方国家由于起步较早，拥有较为先进的技术和成熟的经验，在新能源的开发上投入大量资金，同时摒弃传统的增长模式，应用21世纪的创新技术与创新机制，通过新能源的开发和利用，以寻找下一个经济增长点。中国目前的能源结构以煤为主，约占能源使用量的60%，同时每燃烧1 t煤炭会产生4.12 t的二氧化碳气体，比石油和天然气每吨多30%和70%。中国是当今世界二氧化碳排放量最大的国家，在2010年排放了61亿 t二氧化碳，占了当年二氧化碳全球排放总量的20%，也远远超过"金砖国家"[①]的其他4个国家。2007年，中国超过美国，成为世界上最大的二氧化碳排放国，预计到2030年，其排放总量将上升至2006年的两倍。在面对国内的环境危机与国际舆论压力下，我国也在不断提高新能源的开发力度，正在大力发展风能、太阳能、地热、潮汐、生物质能、水电和核电，以减轻对以煤为主的化石能源的依赖，完成在国际上承诺的减排目标，也为逐步迈向生态文明开辟一条新路。

每一次全球性的经济危机之后，都酝酿着一次新的产业和技术革命。而这一次基于生态文明的产业和技术革命，人们预测，将会是一次改变人类经济社会发展方

---

① "金砖四国"在2010年12月由于南非的加入而简称为"金砖国家"。

式的、与低碳经济发展方式相适应的能源革命。尽管没有人能够准确预测下一次产业和技术革命究竟何时到来，但是从目前各国的政策看，低碳经济视野中的新能源无疑是世界各国聚焦的热点，以及准备抢占新的战略制高点。

（3）生产、生活方式的变革。传统的实践观把人类看做自然的主宰，自然则仅作为人们改造和征服的对象而存在，向自然索取、追求经济的无止境的增长似乎成了人们行为的基本目标。实际上，生态失衡、环境危机不是"自然"造成的，不是天灾，而是人祸，必须改变人们传统的思想观念和行为方式，克服人类实践活动的异化状态，自觉地调整人的行为方向和行为方式。

生态文明建设，需要采取健康文明的经济发展方式，它不仅注重经济数量的扩展，更注重经济质量的提高；不仅注重经济指标的单项增长，更注重经济社会的综合协调发展。采取这样一种经济发展方式，就必须以对旧的经济发展方式"转变"为前提，即要把以往经济增长与生态环境保护脱节甚至对立的发展方式转变过来，在经济发展中，正确处理好经济增长速度与提高发展质量的关系；处理好追求当前利益与谋划长远发展的关系，其中包括经济结构、制度结构以及资源结构、生态结构和环境结构的改进与转变。应该说，这种改进与转变是生态文明建设的重要内容，是建设生态文明的自然过程。

转变消费方式是建设生态文明的关键。发达国家的高消费生活方式是全球环境、能源危机的主要根源之一。不合理的消费不仅浪费大量资源，也在精神层面压抑着人性。面对自然资源短缺的现状，为了实现经济社会的可持续发展，我国必须由生产和出口导向的经济，转向生活和消费导向的经济，树立简约消费观，通过消耗尽可能少的自然资源来提高生活质量，在资源消耗和污染排放零增长甚至负增长的情况下，实现生活质量的正增长，实现生活方式从粗放型到集约型的根本性转变。

1.2.2 我国生态文明建设进程

1.2.2.1 生态文明建设刻不容缓

我国生态文明建设面临如下严峻形势：

（1）资源枯竭加快。我国主要资源人均占有率远低于世界平均水平，资源利用效率低下，且资源需求呈上升趋势。其中淡水资源总量为 2.83 万亿 m^3 左右，但人均淡水资源量只有 2 200 m^3，居世界第 119 位，是全球 13 个贫水国之一；在国家统计局公布的数据中，我国有 16 个省、自治区、直辖市的人均水资源拥有量低于国际公认的用水紧张线（1 700 m³），其中有 10 个低于严重缺水线（500 m³），同时生活污水、工业废水的大量产生，使得可供饮用的水资源更加稀少。我国森林面积为 15 894.1 万 hm²，全国森林覆盖率达到 16.55%，居世界第 130 位。位于黑龙江和内蒙古的大兴安岭是我国最大的林业基地，1964 年，大兴安岭的可采蓄积量是 5.2 亿 m³，但到了 2005 年变成了 1.6 亿 m³，减少了 70%。在过去的 30 年里，大面积的森林被砍伐，造成水土流失，土地沙化、盐碱化，对生态的平衡造成了极大危害。

目前我国化石能源资源探明储量中，各类能源人均储量均远低于世界平均水平。30 年的快速发展，大量使用化石能源，不仅导致生态环境恶化，而且使得资源型城市面临发展桎梏。2011 年，我国公布了一份"资源枯竭型城市"名单，共有 69 个城市上榜。资源型或靠单一传统产业支撑发展的城市，经过长期过度开发使用，如今面临着资源枯竭、产业衰退的尴尬局面。

（2）环境污染严重。当前，中国同世界各国一样，正在遭受着自然界对工业文明时期的过度破坏而进行的报复。水污染、大气污染、食品卫生污染等状况频繁出现。根据相关统计，我国 1998—2008 年共发生环境污染和破坏事故 17 742 起，平均每年发生 1 700 多起，这也就意味着平均每天有 4 起环境污染事故发生。从环境污染事故程度上看，特大事故 249 起，重大事故 352 起，较大事故 2 220 起，一般事故 14 921 起，造成直接经济损失达 12.4 亿元。据统计，我国每年因环境问题而造成的经济损失高达 540 亿美元。

中国环境状况呈现"局部有所改善，总体尚未遏制，形势依然严峻，压力继续加大"的特点。由于重化工产业的快速发展，加之全球变暖、生物多样性锐减、酸雨、南极臭氧层空洞、绿色贸易壁垒等一系列国际环境问题，使得中国面临的国际国内环境安全压力越来越大。国内外对中国环境问题的关注，成为有关中国"威胁论"中生态维度的热点领域。

（3）生态系统加速退化。我国濒危或接近濒危的高等植物达 4 000～5 000 种，占高等植物总数的 15%～20%。联合国《濒危野生动植物种国际贸易公约》列出的 740 种世界性濒危物种中，我国占 189 种，为总数的 1/4。据估计，目前我国的野生生物物种正以每天一个种的速度走向濒危甚至灭绝，农作物栽培品种数量正以每年 15% 的速度递减，还有大量生物物种通过各种途径流失海外。按照这种估计，留给我们这一代人对生物物种资源进行抢救和保护的时间已经不多。据最近调查，目前我国 70%以上的野生稻生境已遭到破坏，已查明外来入侵物种 283 种，每年对我国造成的总经济损失高达 1 200 亿元左右。这些对国家生态安全和生物安全都造成了极大的危害，我国生物物种资源保护形势不容乐观。

1.2.2.2　生态文明建设进程加速

进入 21 世纪以来，国家对生态文明建设的认识上升到一个新的阶段，并把环境保护确定为基本国策。2002 年，我国政府向可持续发展世界首脑会议提交了《中华人民共和国可持续发展国家报告》，阐述了履行联合国环境与发展大会有关文件的进展和中国今后实施可持续发展战略的构想，以及中国对可持续发展若干国际问题的基本原则、立场与看法，作为一个大国参与到世界生态文明建设队伍中。

2002 年党的十六大以来，我国领导人紧密联系中国的发展实际，提出了科学发展观、构建社会主义和谐社会、建设环境友好型、资源节约型社会。这是我国第一次对环境问题提出的具体要求。在党的十六届四中全会上，胡锦涛强调："我们所要建设的社会主义和谐社会，应该是民主法治、公平正义、诚信友爱、充满活力、安定有序、人与自然和谐相处的社会"。体现出人与自然的友好关系。在党的十七大上，胡锦涛第一次明确提出了建设生态文明的思想，强调它的重要性，"生态文明"已经作为战略任务全面实施，并作为社会主义现代化建设总体布局的一个组成部分，同物质文明、精神文明、政治文明、社会文明并列。如果说党的十七大只是在生态环境保护和经济建设层面上提出生态文明建设和生态文明观念的话，那么，党的十八大则是将生态文明建设的内涵大大延伸了，从经济层面扩大到政治层面、文化层面和社会层面，并赋予生态文明建设以全新的时代意义。党的十八大报告中进一步把生态文明建设提高到中国社会主义事业总体布局的高度加以阐述和部署，着力推进绿色发展、循环发展、低碳发展，为人民创造良好的生产生活环境，从而将中国特色社会主义事业的总体布局拓展为经济建设、政治建设、文化建设、社会建设、生态文明建设"五位一体"。

我国改革开放 30 多年来，经济发展取得了巨大的成就。在经济全球化的浪潮中，我国已成为世界工厂，但是，生态破坏、资源枯竭、高能耗、高排放、环境污染严重，威胁着经济发展的持续性。因此，提出建设生态文明，树立科学发展观等重大方略。近 10 年来，国家重视生态文明建设，在实践探索中也逐步形成相对完整的生态文明建设框架：在发展理念上，从科学发展观到"五位一体"建设；在发展方式上，从循环经济升华为绿色发展；在战略目标上，从"两型"社会提升为美丽中国；在国土规划上，从主体功能区定位细化到城市扩张边界划定；在生态预警上，从一条红线（耕地红线）到三条红线（再加上生态红线、水资源红线）。

1.2.3 当前生态建设的欠缺与不足

1.2.3.1 重视程度不够

改革开放以来，由于过度重视经济发展忽视生态环境保护，甚至以牺牲环境为代价换得一时的经济增长。政府官员的考核也是 GDP 导向，地方政府之间盲目无序竞争，发达地区转移污染，落后地区则积极争当污染避难所。长期以来形成了注重经济增长的扭曲的政绩观和忽视生态环境的片面的发展观支配了各级政府官员思想，在一些政绩考核中，对生态的保护和宣传也只是做了一些表面文章，并未将环境保护作为发展的重点。同时，官员任期短和频繁调动导致官员急功近利，追求短期效应。而生态保护收益见效慢，这也是强调"短平快"的领导部门不重视的原因。

1.2.3.2 资金投入不足

"十二五"前三年，我国环保的投入力度进一步加大，每年以 2 000 亿元以上的幅度在增加，全社会环保投入占 GDP 的 1.59%，相比发达国家 2%～5% 的 GDP 占比还有很大差距。其中，中央政府的投资，2011 年、2012 年、2013 年全国公共财政节能环保投资的支出分别为 2 641 亿元、2 963 亿元、3 383 亿元，年均增长超过了 14%。我国环保财政支出的 GDP 占比最高达到 0.61%，仅接近美国 1990 年的水平。有专家指出要想实现"美丽中国"，环保方面的投资至少要提高到 GDP 占比的 3%，未来 10 年大概需要 10 万亿元。

1.2.3.3 思想观念落后

目前的生态文明建设，并没有得到很多民众的响应，很多人根本不在意生态保护问题，不觉得生态破坏对他们的生活会带来什么影响，即使看到很多宣传也不以为然。公众的生态意识来自他们对于提高自身生活质量的要求，来自他们的生活体验。生态问题尽管从根本上威胁人类生活，但离公众的日常生活似乎还远，所以还没有物价、教育、治安等社会问题得到的关注多。如果不能把拯救地球同公众的生存联系起来，生态保护很难实现。部分民众甚至不知道他们的行为对生态造成的危害，为了自己眼前的利益私自乱砍滥伐、围湖造田，却不知道因此造成的损失远远大于产生的经济,狭隘的眼光、落后的观念使他们并不能站在国家层面思考问题。2015 年 3 月记者柴静发布的《穹顶之下》纪录片受到亿万网民的关注,但是同时也遭遇诸多责难。一些既得利益集团和相关地区和群体不但无视大气污染防治的重要性,反而为落后产能和破坏环境的粗放发展方式寻找借口。

1.2.3.4　生态环境法治建设滞后

(1)法制不健全、相关法律协调性差。我国生态保护相关的很多法律法规颁布多年,已经满足不了目前的生态犯罪实际情况。法律的更新跟不上时代的发展,新的社会关系的出现已经大大超出了旧的法律调整范围。虽然我国有一部《环境保护法》作为环保"基本法",但实际上,其基本法地位并不牢固和强硬。我国生态保护立法虽然比较丰富,但是在具体操作上却达不到相应效果。同时相关法律之间还存在很多不协调之处。一些法规甚至出现相互矛盾的情况,这给执行环境保护的部门带来很大不便。

(2)预防打击和执法强度不够。生态破坏、环境污染问题总是在危害产生以后才得到相关部门的重视,但是这种"先污染,后治理"的方式显然是有害的。意识到这个问题,我国环境立法理念开始从"末端治理"转向"源头预防",虽然立法理念开始转变,也出台了一些相关法律规范,但在具体的法律法规执行中却不尽如人意。对于可能造成的生态破坏与环境污染,这种预见性的结果无法作出相应的法律判定,始终是生态文明法制建设的一个难题。

(3)生态破坏难以鉴定评估。生态破坏与环境污染产生的后果及危害程度的计算,都是很复杂的,目前我国还缺乏有资质的生态环境污染鉴定评估机构。同时有些破坏需要过一段时间才能显现,这样造成的时间滞后不利于责任的认定。

1.3　绿色低碳文明概念辩证

1.3.1　何谓绿色文明

1.3.1.1　绿色文明的兴起

工业革命以来的短短两百多年时间,人类发展取得了前所未有的历史成就,创造了一个又一个经济奇迹,经历了空前的物质繁荣。2005 年全球人口总量、GDP

总量、人均 GDP 分别相当于 1820 年的 6 倍、53 倍和 9 倍，仅 2000 年的全球新增产值就相当于 1900 年全球经济总量的 2 倍。以科学技术为支撑，人类活动范围已扩张到全球各个角落，人类控制自然的能力越来越强。与此同时，全球人口急剧膨胀、自然资源濒临耗竭、生态环境日益恶化破坏了自然界的生态平衡，严重威胁着人类长期生存和发展。同时人类对全球资源掠夺式的开发利用和对生态环境的破坏，超出了生态环境的承载能力，超出了保障人类可持续发展所能够允许的自然极限。然而，人类赖以生存的自然生态系统承载能力是有极限的，如果全球经济仍然沿袭传统增长模式，那么全球生态系统将会面临全面崩溃，人类文明将遭受灾难性毁灭。难以为继的增长方式、空前严峻的生态环境，促使人类警醒：黑色文明已到尽头，需要开启绿色文明新时代。

工业文明的典型特征是"三高"：高投入、高消耗、高排放，依靠对资源的大量消耗和环境超负荷排放，是名副其实的"黑色"文明，这种黑色文明只会使人类走向末日。绿色文明则与之相反，追求生产发展、生活富裕、生态和谐，这种发展方向给人类以希望。

1.3.1.2 绿色文明概念解析

绿色代表生命，象征活力，预示健康；绿色是一种信仰，绿色是一种文化，绿色是一种文明。迄今为止，人类经历了从公元前 200 万年到公元前 1 万年的原始采猎文明；公元前 1 万年到公元 18 世纪的农业文明（黄色文明）；公元 18 世纪到 20 世纪的工业文明（黑色文明）；迈入 21 世纪，追求人与自然和谐发展，追求自然、经济、社会协调发展的生态文明（绿色文明）成为人类文明的新形态。

从马克思主义哲学角度而言，所谓"绿色文明"是人类为谋取人与自然、社会的和谐统一而取得的文明成果。具体来讲，绿色文明包括：① 物质形态的文明成果，如优化的生态环境；② 精神形态的文明成果，主要是良好的生态文明意识与生态文明观；③ 制度形态的各种协调人与自然、社会关系的制度文明等；④ 为谋求人与自然和谐统一而进行的一系列绿色运动或者说绿色活动，如绿色社团组织、绿色环保活动等。

由此，"绿色文明"本质内涵包括三层含义：① 在物质层面上，绿色文明要摒弃掠夺自然的生产方式和生活方式，学习自然的生态智慧，创造新的技术形式和能源形式，实现自然价值和社会价值的统一；② 在精神层面上，绿色文明要抛弃"人类中心主义""自然中心主义"，建设"尊重自然""尊重他人"和"美化自然"的文化，实现人与自然、社会的伙伴关系和协同发展；③ 在制度层面上，确立一系列协调人与自然、社会与生态、经济发展与环境保护之间关系的法律政策体系和行为规范，约束个人、组织特别是企业无节制的消费、生产活动。

建设绿色文明的发展模式和发展理念就是绿色发展。绿色发展可以表述为：以生态和谐为价值取向，以生态承载力为基础，以有益于自然生态健康和人体生态健康为终极目的，以绿色创新为主要驱动力，以经济社会全方位、全过程生态化为基本路径，旨在追求人与自然、人与人、人与社会、人与自身和谐发展为根本宗旨，实现代价最小、成效最大的生态经济社会有机整体全面和谐协调可持续发展。①

1.3.2 何谓低碳文明

1.3.2.1 低碳文明的现实缘由

日益严峻的全球资源和环境危机迫切要求发展低碳经济。地球上的化石能源均为不可再生资源，即便是可再生能源也要有计划、有节制地使用。随着全球人口的不断增长，工业化进程的迅速推进和经济规模的空前扩张，人类对能源的消耗快速增长，能源枯竭威胁着人类的可持续发展。据专家预计，再有 50～60 年即可耗去石油储量的 80%，某些贵金属资源则已近消耗殆尽。高碳排放量引发了严重的环境危机。例如，最普遍的大气污染是燃煤过程中产生的粉尘造成的，细小的悬浮颗粒被吸入人体，很容易引起呼吸道疾病。现在都市还存在光化学烟雾，这是工业废气和汽车尾气中排放的碳氢化合物、氢氧化合物、一氧化碳等造成的，这种烟雾能引起眼病、头痛和呼吸困难等。20 世纪，全球表面平均温度上升了 0.3～0.6℃，这一现象出现的罪魁祸首是人类在使用化石燃料煤炭、石油和某些工业生产的过程中以及有机废物发酵的过程中，不断地释放二氧化碳、甲烷、氮氧化物等气体。由于气候变暖导致的冰川减少、土壤沙化进程加快、极地生态破坏，洪涝、干旱等自然灾害正不断侵蚀着人类的家园。人类的生活和生产活动排放的大量二氧化碳和氮氧化物，经过空气的进一步氧化，降雨时溶解在水中即形成酸雨，酸雨具有腐蚀性，降落到地面会损害农作物的生长，导致林木枯萎、湖泊酸化、鱼类死亡、建筑物及名胜古迹遭受破坏。因此，加强环境保护，发展低碳经济，创造低碳文明刻不容缓。

① 刘思华在中国生态经济建设·2013 杭州论坛开幕词——《深化社会主义生态文明理论研究 促进中国特色社会主义文明绿色创新发展》。

工业文明是高碳文明，是高度依赖化石燃料的生产方式，由于对不可再生能源的严重依赖，且这种能源日趋耗竭，工业文明的传统发展方式难以为继。另外，高排放导致的温室气体效应对气候变化产生影响，异常天气、雾霾、酸雨现象等无一不严重地影响着工农业生产和生存环境的质量。因此，低碳发展成为应对气候变化的新型发展模式。

1.3.2.2 低碳文明概念解析

低碳文明是在可持续发展理念的指导下，通过产业升级、技术创新、制度创新、产业优化、新能源开发等多种手段，尽可能地减少煤炭、石油等高碳能源消耗，缓解或减少大气中温室气体排放含量，最终进入经济社会发展、生态环境保护与人类生存条件共赢的一种发展形态。它是以低能耗、低污染、低排放为基础的经济模式，是人类社会继农业文明、工业文明之后又一次重大进步。低碳经济实质是能源高效利用、清洁能源开发、追求绿色 GDP 的问题，核心是能源技术和减排技术创新、产业结构和制度创新以及人类生存发展观念的根本性转变。

"低碳经济"这一概念自 2003 年英国首次提出以来，很快就成为全世界研究的热点。一些学者已认识到，低碳经济将导致人类生产方式、生活方式和价值观念的变革。不仅如此，低碳经济将导致人类文明形态的更替，这将是人类技术、经济、政治、文化的全面变革，人类将继原始文明、农业文明、工业文明之后进入一个新的文明阶段，有学者将之表述为"低碳文明"。

低碳经济作为低碳文明的主要实现途径，有两个基本点：① 它是包括生产、交换、分配、消费在内的社会再生产全过程的经济活动低碳化，把二氧化碳排放量尽可能减少到最低限度乃至零排放，获得最大的生态经济效益；② 它是包括生产、交换、分配、消费在内的社会再生产全过程的能源消费生态化，形成低碳能源和无碳能源的国民经济体系，保证生态经济社会有机整体的清洁发展、绿色发展、可持续发展。在一定意义上说，推进低碳发展能够减少二氧化碳排放量、延缓气候变暖，所以就能够保护我们人类共同的家园。

1.3.3 生态文明、绿色文明、低碳文明的辩证关系

1.3.3.1 绿色发展与低碳发展的区别

绿色发展与低碳发展是当前国际社会公认的两种值得提倡的发展模式，都是人

类为了应对全球气候变化和能源危机而进行的探索。从绿色发展与低碳发展的内涵来看，两者之间既有联系，又有各自所强调的侧重点。

（1）两者所追求目标的侧重点不同。绿色发展是对传统的"高消耗、高污染、低效率、低效益"发展模式的一种模式创新，它的最终目的是要实现经济发展与环境保护的协调统一，通过环境保护实现人类社会的可持续发展。低碳发展最初是由斯范特·阿列纽斯[①]的预测引发的，其直接目的是通过减少排入空气中的碳排放量，达到减缓全球气候变暖速度与程度的目的。减碳有以下 4 种发展方式：① 大力发展不排放二氧化碳或者排放量极小的低碳产业；② 促进二氧化碳减排技术进步；③ 对二氧化碳加以利用；④ 促进二氧化碳的碳汇，以及二氧化碳的捕获与封存（CCS）。

（2）两者强调的任务略有不同。绿色发展的结果是要实现经济发展与环境保护的协调统一，实现人与自然的和谐发展。这不仅关系到生态环境一个方面，而且涉及政治、经济、文化等社会的各个领域和各个层面。因此，所谓绿色发展，并不是实现了绿色经济发展就是实现了整个社会的绿色发展，它应该是"绿色"理念向社会生活的所有方面逐步渗透的过程。低碳发展的最终目的是降低空气中的碳含量，保持大气层中碳的正常含量。在降碳的过程中实现能源的节约利用、高效利用，开发出新的可替代的清洁能源，或者采取碳汇技术减少碳的产生并加以利用。因此，低碳发展的任务主要围绕二氧化碳的产生、排放以及吸收等过程，以及由此延伸出去的产业链进行。

（3）两者涉及的技术范围不同。绿色技术是一种现代技术体系，它是一种无公害或少公害技术，用于防止与治理环境污染、有利于自然资源生态平衡的技术都可以称为绿色技术，绿色产品是绿色技术创新结果的最终载体。在我国，绿色技术主要包括能源技术、材料技术、催化剂技术、生物技术、资源回收技术等，具有动态性、层次性和复杂性等特点。低碳技术属于绿色能源技术的一种。低碳技术是指为实现低碳经济而采取的技术，它是涵盖电力、交通、建筑、冶金、化工、石化等部门，涉及新能源的开发与利用、传统能源的清洁高效利用、油气资源和煤层气的勘探开发、二氧化碳捕获与封存等多个方面的技术体系。

---

① 瑞典化学家斯范特·阿列纽斯（Svante August Arrhenius，1859—1927）首次预测到大气中二氧化碳浓度升高会导致全球变暖。阿列纽斯方程式 $k = Ae^{-E_a/RT}$ 描述了化学反应速率（k）与温度（T）和反应活化能（E_a）之间的关系。

1.3.3.2　绿色发展与低碳发展的联系

（1）低碳发展是实现绿色发展的手段和基础。

☞　低碳发展是实现节能减排目标的重要途径：低碳发展不仅改善了传统的节能技术，还降低了发电、钢铁、造纸等行业领域的能源消耗量和碳排放量，同时，还促进了信息与通信技术（ICT）的发展。ICT行业作为高新技术产业，其自身的碳排放相对较低。同时，它还在多个领域发挥作用。在电力传输及交通工具使用过程中，ICT提高了能源利用效率。在非物质化领域，ICT的发展，使得电话会议代替了传统的面对面会议，减少了因此带来的差旅交通等环节的碳排放；电子账单、网上支票、媒体、音乐等对传统纸张、CD的取代，降低了制造、运输及储藏过程中产生的碳排放。在智能工业电动机领域，ICT的短期目标是调控用能，并为企业提供数据，以便它们通过改进制造系统来实现节能、降低成本的目的。在智能物流领域，ICT技术可以借助一系列软件和硬件，帮助监控、优化和管理整个物流过程。通过ICT优化物流，可以在全球范围内的运输过程中减排16%，在存储过程中减排27%。在智能电网领域，ICT是实现"智能"的基础，贯穿于发电、线路、变电、配电、用户服务、调度六大应用环节，是智能电网的核心技术之一。

☞　低碳经济的发展也能带动政治、经济、文化等各方面的发展：低碳发展不仅是实现节能减排，它还是一系列低碳技术和产业共同发展的过程，也是低碳经济以及与之相应的环保产业共同发展的过程。随着低碳化时代的到来，与之相关的产业链也会成为新的经济增长点，进而解决就业，推动技术、文化等社会生活的其他方面共同发展。例如，2006年全球碳交易和清洁发展机制（CDM）的碳交易市场达到300亿美元，截至2008年，中国的CDM项目涉及核证减排信用达到3 627万t，占全球的31.33%。除了增加整体的经济增长，发展低碳经济还能给相关人员节省生活成本，间接提高人民生活质量。

（2）绿色发展是对低碳发展的巩固与强化。绿色发展是对传统"高污染、高排放"发展模式的否定，从这个意义上说，它首先是一种"低碳"的发展模式。绿色发展涵盖了宏观经济活动的各个环节及各个层面。实现了绿色发展，也就意味着不仅实现了经济领域的低碳发展，而且也实现了经济增长与资源利用的协调发展，实现了人与自然的和谐相处。因此，从经济发展模式来讲，绿色发展与低碳发展的目标、途径以及采用的技术都是一致的，都要通过发展低碳经济和循环经济来实现，都要通过借助于那些不对自然造成伤害的技术手段来实现。

绿色发展的目标是不仅要实现经济的可持续增长，还要兼顾人们的物质需要和精神满足。从这个意义上说，绿色发展也是从人们的日常行为上促进低碳化发展程度，选择绿色生活方式，就是选择低碳的生活方式，这是在微观层面对低碳发展的巩固和强化。每个人都有自己的碳足迹，如何尽最大努力让自己的行为符合绿色发展的需要，减少自己的碳足迹，也就是对低碳发展理念的最好实践。

1.3.3.3 绿色发展还是低碳发展：生态文明建设选择的依据

对于生态文明的内涵，可以从横向和纵向两个维度理解。从横向看，生态文明是与物质文明、精神文明、政治文明相并列的文明形式；从纵向看，生态文明是人类继原始文明、农业文明和工业文明之后的又一新的文明形态，也是迄今为止人类文明发展的最高形态。选择什么样的发展模式，将会决定生态文明的发展方向，同时也会对生态文明时期的体制、结构、人的思维方式以及行为方式等方面产生重要的影响。

（1）以保证正常的经济增长速度为前提。无论是绿色发展还是低碳发展，其最终目的都是要实现"发展"。所谓"发展"，最初的含义是指生物个体从小到大、从不成熟到成熟的成长过程。沿用到现在，已经由最初的生物学意义推广到社会科学的各个领域，它不仅是指物质财富的增长，还指以人为本的社会、文化等的全面发展；不仅强调经济生活的改善，还强调政治、文化和社会等各个层面的全面进步。正如联合国发展经济学家汉斯·辛格（Hans W.Singer）在一篇论文中明确地指出："发展是增长加变化，而变化不但在经济上，而且在社会和文化上，不仅在数量上，而且还在质量上……其主要概念必定是人们生活质量的改进。中国是最大的发展中国家，首要任务还是发展，只有蛋糕做大了，人民才能分享到更多成果。"[①]

（2）以利用当地优势资源为基础。任何一个国家或地区，地理位置不同，所拥有的资源状况会有所不同，由此决定了所采取的能源结构和产业结构也会有所不同；经历的历史不同，所形成的民俗文化会千差万别；分布的民族不同，用于统辖

---

① 转引自：郭熙保：《发展经济学经典论著选》，北京：中国经济出版社，1998年版。

的政治制度也会有相应变化。这些因素共同决定了不同的地方对于实现发展的基础和途径会有所差别。对于我国而言，地区差异很大，有经济发达的东部沿海，也有欠开发的西部高原；有高碳排放的重工业基地，还有生态良好的城镇乡村，资源禀赋和发展路径的不同决定了在建设生态文明时不能"一刀切"。只有着眼于本地的资源优势，集聚当地的人才、技术等条件，选定适宜于自己的发展道路，才能获得长期的可持续发展。因此，无论是实行低碳发展，还是绿色发展，都应当依托当地的资源优势以及人文文化基础，针对具体的国情、域情采取具体的发展措施。

（3）以投入产出比的核算为基本依据。从传统的高碳发展步入低碳发展、从传统的黑色发展过渡到绿色发展是需要投入的，因此，是单纯的围绕"降碳"还是通过发展第二、第三产业等来实现人与自然的和谐，都需要我们经过精细的核算之后做出选择。对于低碳发展投入的成本，可以是政策、技术，也可以包括社会成本。首先，就政策而言，是经过成本与收益的核算之后，对于符合低碳排放的产业给予政策方面的支持，如加大财政支持或者税收优惠等措施。其次，某些技术研发的投入，可能会改善产业链中某一部分的碳排放，但是却增加了其他部分的碳排放。例如，电动车的开发减少了机动车本身的碳排放量，但是，为电动车提供能量的电能以及后端废旧电池的回收处理等过程产生的碳排放量，已经远远超过了传统燃油汽车所排放的碳量。

（4）以实现政治、经济、文化、社会等各个层面的协调进步为目标。工业时代的伟大成就虽然造就了人的物质生活、人权和教育等方面的发展，但最为关键的是创造了一种不可能持续的生活方式。这种生活方式是以物质生活的张扬为前提的，以满足人们无限的物质欲望为目的，通过超前消费、过度消费和浪费性消费为动力，它严重缺乏一种关联性，缺少系统地思考问题和解决问题，而这种缺失恰恰打破了人类社会的平衡以及人与自然的平衡，带来了各种环境及社会危机。一个持续繁荣的社会是一个协调而均衡的社会，它不仅要求实现政治、经济、文化和社会等层面的协调进步，而且要求我们重新建立与自我的关系、与他人的关系、与其他生物之间的关系，最终构建与自然的关系。即使我们把发展当做一个系统来对待，我们同样无法忽视环境的重要性，无法忽视系统与环境之间的物质、信息、能量的交换。中国无论是选择绿色发展之路还是低碳发展之路，都要把社会发展的各个领域协调起来，通过整体目标、系统优化、行动指南等着力解决当前面临的所有社会矛盾，创造生态文明所需要的社会条件和自然条件。

1.4 生态文明的内涵及逻辑

1.4.1 生态文明解读

1.4.1.1 生态文明的产生

生态是指自然世界生物（植物、动物、微生物）之间、生物与环境之间的存在状态及其相互依存、相互促进、相互制约、相互影响的复杂关系。生态一般是指自然生态，自然生态是按照自在自为的规律存在、运行、发展的。1866 年，德国生物学家恩斯特·海克尔提出"生态学"概念，将其界定为讨论动物与外界环境关系的学问。1935 年，英国生态学家坦斯利提出"生态系统"概念，认为有机体不能与其所处的环境分离，必须与其所处的环境形成一个自然生态系统，它们都按一定的规律进行能量流动、物质循环和信息传递。地球上的生态系统可分为陆地生态系统和海洋生态系统。陆地生态系统又分森林、草原、淡水、沙漠、农田、城镇生态系统等；海洋生态系统分为浅海带生态系统和外海带生态系统。自然生态系统有着自在自为的发展规律。生态文明概念的提出就是基于生态学的基本观点，在一个独立的生态系统中，所有生命存在和非生命存在都有着极其重要的作用。

1987 年，联合国环境与发展世界委员会提议，"所有人都拥有为了健康和幸福享受自然的权利"。1992 年，《里约热内卢宣言》指出："人类拥有获得与自然调和的、健康的生产生活的权利。"人类是自然生态系统的一部分，与其他生命形式相互依存、相互制约、不可分离。人与自然的关系制约着人与人、人与社会的关系，人受自然法则的约束，人类享受物质生活、追求自由和幸福的权利，只能限制在环境承载能力许可范围之内。当人类对自然的强大干预超过了自然的调节能力，自然不堪忍受人类的掠夺和蹂躏时，便会向人类报复。地球生态系统是脆弱的，如果听任传统工业文明对地球生态环境摧残和破坏，人类将无家可归。恩格斯早就发出过警告："我们不要过分陶醉于我们人类对自然界的胜利。对于每一次这样的胜利，自然界都对我们进行报复。"如果把"人定胜天"推向极致，将使人类陷入生存困境。人类参与到自然环境的形成、改变或创造的过程中，影响着整个自然生态系统的动态平衡，也给生态系统的自我化和循环再生带来了越来越深重的困难。人类不断从自然界掠夺各种自然资源，又制造一些自然生态系统中不曾有过的物质，而这可能导致生态系统的失衡甚至达到难以修复的结局。人类应当准确认识自身在自然生态系统中的位置：人类不再是自然的征服者，而是自然的消费者和管理者，是与自然共命运的利益攸关者。自此，生态文明逐渐进入人们的视野中。

1.4.1.2 生态文明的定义

生态文明有广义与狭义之分。狭义的生态文明是就人与自然的关系而言的，着眼于保护自然生态环境、与自然和谐相处，侧重点在环境保护和经济形态方面。广义的生态文明是在农业文明、工业文明之后的社会文明形态，包括人与自然的关系、人与社会的关系、人与人的关系等方面，强调共生共存、全面的和谐。生态文明作为一种新的文明形态，是人们基于对工业文明弊端的反思提出的一种力图实现人口、资源、环境之间协调发展的文明范式。这种新型文明形态是对"天人合一"的农业文明以及崇尚创新的工业文明各自精华的继承和扬弃，也是人类文明路径的转向和人与自然关系的再定位。

要实现生态文明转向就必须从两个方面进行变革，① 伦理价值观的转变，改变人们对自然存在的认识；② 生产和生活方式的转变，改变工业文明时期资源浪费型生产方式和消费方式。生态文明观认为，不仅人是主体，自然也是主体；不仅人有价值，自然也有价值；不仅人依靠自然，所有生命都依靠自然。人类必须尊重自然，保护自然，维护生态平衡。生态文明观继承和发扬农业文明和工业文明的长处，以人类与自然作用为中心，把自然界放在人类生存与发展的物质基础的地位。人类与生存环境的共同进化就是生态文明，威胁其共同进化就是生态愚昧。只有在最少耗费物质能量和充分利用信息进行管理，在最无愧于和最适合于人类本性的条件下，进行人类与自然之间的相互作用，才能确保社会的可持续发展，才能展现生态文明的辉煌。

所谓生态文明，指人们在改造客观物质世界的同时，以科学发展观看待人与自然的关系以及人与人的关系，不断克服人类活动中的负面效应，积极改善和优化人与自然、人与人的关系，建设有序的生态运行机制和良好的生态环境所取得的物质、精神、制度方面成果的总和。生态经济学家刘思华把生态文明定义为：联合劳动者遵循自然、人、社会有机整体和谐协调发展的客观规律，在生态经济社会实践中取得的，以人与自然、人与人、人与社会、人与自身和谐共生共荣为根本宗旨的伦理、规范、原则和方式及途径等成果的总和，是以实现生态经济社会有机整体全面、和谐、协调发展为基本内容的社会经济形态。

理解生态文明需要把握其整体性、全面性和发展性要求：

（1）整体性要求就是：建设社会主义生态文明，不能仅仅停留于理解为抽象的人与自然和谐共生与协同进化，而应当是以人的解放与全面发展和自然解放与高度发展有机统一为基本范畴的人与自然、人与人、人与社会、人与自身的和谐统一与协调发展：既表现为自然、人、社会有机整体全面和谐发展，又表现为生态经济社会有机整体全面协调发展。①

（2）全面性要求就是：生态文明是社会形态和经济形态内在统一的社会经济形态（或经济社会形态），它既包括生产力和生产关系的内容，又包括由此决定的社会经济结构和上层建筑的内容，是经济的、政治的、精神的及社会各领域的综合有机体，其本源是生产力、生产关系（经济基础）、上层建筑有机统一体。因此，社会主义生态文明是生态和谐、经济和谐、社会和谐内在统一的崭新文明形态与生态经济社会有机整体全面、和谐、协调发展的经济社会形态。②

（3）发展性要求就是：要把握生态文明的本质属性、科学内涵、基本特征与实践指向。生态文明是扬弃、超越资本主义与资本主义工业文明的全新的社会主义文明形态与经济社会形态，是发展中的文明形态，是实践中的文明成果。

1.4.2　生态文明的主要特征

从生态文明的定义可知，生态文明的核心是生态和谐价值观在经济社会发展中的建设实践及其成果的反映，倡导尊重自然、保护自然、合理利用自然，把生态建设与经济建设、社会建设放在同等重要的地位，实现生产发展、生活富裕、生态良好、人与自然和谐。

1.4.2.1　生态文明的内在要求

（1）生态文明是高于迄今为止其他文明的一种文明形态。从人类文明发展历程来看，先后经历了原始文明、农业文明、工业文明，生态文明是高于历史上各种文明的高级文明形态。它是在对传统文明破坏生态、威胁人类生存的弊端进行深刻反

① 刘思华：《生态马克思主义经济学原理》修订版，北京：人民出版社，2014年版：前言。
② 同①。

思和扬弃后形成的一种新的文明，是对人类传统文明的整合、重塑和升华，是人类社会进步的重要标志，是现代文明的一种高级形态。

（2）生态文明突出强调人与自然的平等、共生、和谐。鉴于人类对自然生态严重破坏导致的恶果，走出"人类中心主义"的误区，必须清醒地认识到：人类不过是自然生态系统中的一员，与自然界万物是平等的，是共生共存的，人与自然不是主从关系，更非征服与被征服、控制与被控制的关系。人类必须尊重自然、依靠自然，与自然和谐相处。人类追求功利和幸福不能逾越自然所允许的范围。只有与自然平等、共生、和谐，人类文明才能持续和发展。

（3）生态文明要求维护生态安全。生态安全是生态系统得以延续的保障。生态文明要求全社会、全人类都必须履行维护生态安全的责任和义务，人人都要对保护生态尽职尽责，不以恶小而为之，不以善小而不为。面临生态破坏的情形，应自觉地承担建设和改善生态的责任和义务。每一个国家、每一个社会组织和机构都要尽到自己的责任，形成一种平等合作关系，共同保护和建设生态系统。

（4）生态文明要求经济与生态协调发展。生态文明要求人类选择有利于生态安全的经济发展方式，建设有利于生态平衡、节约能源资源和保护生态环境的产业结构、增长方式、消费模式。推行循环经济，提高可再生能源比重，有效控制污染物排放，实现经济与生态协调发展。生态文明要求抛弃与自然对抗的科技形式，采取与自然和谐的科技形式，开辟更丰裕、更和谐的时代。在传统工业文明时代，科技指向稀缺、污染、不可持续的资源范围。在生态文明时代，科技指向丰裕、清洁、可持续利用的资源范围。

1.4.2.2　生态文明的基本特征

生态文明是人类文明的一种形式。它以尊重和维护生态环境为主旨，以可持续发展为根据，以未来人类的继续发展为着眼点。人类的发展不仅要讲究代内公平，而且要讲究代际之间的公平，亦即不能以当代人的利益为中心，甚至不能为了当代人的利益而不惜牺牲后代人的利益。

（1）生态文明的自然性与自律性。突出自然生态的重要，强调尊重和保护自然环境，强调人类在改造自然的同时必须尊重和爱护自然。追求生态文明的过程是人类不断认识自然、适应自然的过程，也是人类不断修正自己的错误、改善与自然的关系和完善自然的过程。

（2）生态文明的和谐性与公平性。生态文明是社会和谐和自然和谐相统一的文明，是人与自然、人与人、人与社会和谐共生的文化伦理形态，是人类遵循人、自然、社会和谐发展这一客观规律而取得的物质与精神成果。生态文明是充分体现公平与效率统一、代内公平与代际公平统一、社会公平与生态公平统一的文明。

（3）生态文明的整体性与多样性。从自然的角度看，地球生态是一个有机系统，生态问题是全球性的，生态文明要求我们具有全球眼光，从整体的角度来考虑问题。从人类角度看，生态文明对现有其他文明具有整合与重塑作用，社会的物质文明、政治文明和精神文明等都与生态文明密不可分，是一个统一的整体。多样性是自然生态系统内在丰富性的外在表现，生态文明的价值观强调尊重和保护地球上的生物多样性，强调人、自然、社会的多样性存在，强调人与自然公平、物种间的公平，承认地球上每个物种都有其存在的价值。

（4）生态文明的伦理性与文化性。人类和地球上的其他生物种类一样，都是组成自然生态系统的一个要素。所有生命都依靠自然。因而人类要尊重生命和自然界，承认自然界的权利，对生命和自然界给予道德关注，承认对自然负有道德义务。生态文明的文化性是指一切文化活动包括指导我们进行生态环境创造的一切思想、方法、组织、规划等意识和行为都必须符合生态文明建设的要求。

1.4.3 生态文明的内在逻辑

1.4.3.1 人与自然和谐：生态文明的本质

人与自然和谐是生态文明建设的本质之所在，建设生态文明就是促进人与自然和谐。这也是学术界乃至全社会的基本共识。工业文明是人与自然分裂与冲突的不和谐发展，生态文明是人与自然内在统一与和谐共生的发展。无论是广义还是狭义生态文明，都表征着人与自然关系的进步状态，区别仅仅在于，狭义的生态文明将人与自然和谐视为全部内容，广义的生态文明将人与自然和谐看成部分内容。

1.4.3.2 经济与生态协调：生态文明的核心

进入工业时代以来，经济增长与财富增加一直被视为国家发展的唯一途径，片面追求经济总量的变化而忽视了其质量的提高，造成了全球资源枯竭、生态恶化，危及人类自己的生存。经济增长并非人类发展的全部，生活水平的提高和生活质量的改善不仅包括物质条件的改善，也包括优良的生态环境和人居环境，因此需要将生态文明放在社会发展的突出位置，把生态建设、环境保护上升到生态文明高度才可能建设得更好，而非就事论事、头痛医头脚痛医脚。

1.4.3.3　可持续发展：生态文明的目的

实施可持续发展战略、走可持续发展道路、实现可持续发展，在满足当代人需求的同时，不危及后代人的生存需求，给子孙后代留下一个合适的生存空间，这是当代人亟须树立的观念，不仅我们可以利用资源，后代人同样有这样的权利，不仅我们可以享受前人留下的宝贵财富，后代人也可以，因此，现代人要注重发展的可持续性，切不可以牺牲子孙后代的资源来满足当代人的发展。生态文明意在要求人与自然、社会、人之间能够和谐相处，以长远目光考量人类发展，从而实现社会的永续发展。

1.4.3.4　和谐社会：生态文明的归宿

建设生态文明是构建和谐社会的重要内容，和谐社会也是生态文明建设的目的所在。和谐社会的重要方面就是人与自然和谐。经验表明，人与自然的关系不和谐，往往会影响人与人的关系、人与社会的关系。如果生态环境受到严重破坏、人们的生产生活环境恶化，如果资源能源供应高度紧张、经济发展与资源能源矛盾尖锐，人与人的和谐、人与社会的和谐是难以实现的。因此，生态和谐是人际和谐、社会和谐，乃至人的身心和谐的重要基础，如果没有良好的生态基础，那么构建和谐社会将无从谈起，建设生态文明是要奠定和谐社会的生态基础。

1.4.3.5　绿色发展：生态文明的方向

什么是绿色发展？绿色发展就是经济社会发展绿色化，尤其是经济发展绿色化，是要通过发展绿色产业、绿色科技、绿色经济、绿色消费等措施，促使经济（社会）发展与资源环境相协调。这是对传统发展模式的重大创新，是在资源环境承载力约束日益强化背景下，将节约资源与保护环境作为可持续发展基础的一种新型发展模式。2010 年，胡锦涛同志在"两院"院士会议上指出："绿色发展，就是要发展环境友好型产业，降低能耗和物耗，保护和修复生态环境，发展循环经济和低碳技术，使经济社会发展与自然相协调。"绿色发展是对生态文明的发展模式的创新，是实现生态文明的有效路径，只有选择绿色发展模式，我们才能提高生态文明水平。

1.4.3.6　低碳循环：生态文明的途径

在化石能源体系支撑下，人类形成了火电、石化、钢铁、建材、有色金属等工业、并由此衍生出汽车、船舶、航空等行业，这些高能耗工业都可称为高碳工业，即化石能源，这种高碳模式虽然在短期内创造出巨大的物质财富，但是也造成巨大的生态环境灾难，甚至气候异常变化，并深刻地影响着地球自然生态系统内在平衡性，限制人类社会的发展，必须寻找有效途径来实现生态文明。低碳发展便应运而生，在市场机制基础上，通过制度制定及创新，推动提高能效技术、节约能源技术、可再生能源技术和温室气体减排技术的开发和运用，促进整个社会经济朝向高能效、低能耗和低碳排放的模式转型。

人类社会发展必将逐步增加对物质消费的需求，如何在资源有限性与人类需求的无限性之间求得平衡，需要寻找资源节约环境友好之道。循环发展不失为提高资源利用效率缓解环境压力的可行思路。它通过资源循环利用和能源梯次利用，按照物质平衡和能量守恒的基本原理，借助生物圈的食物链原理，对资源充分利用，吃干榨尽，少摄取、多产出、高效益、低排放，在实现同等价值的同时，最大限度地利用资源和零排放。国外生态学者先后提出"四倍跃进（Factor 4）""资源生产率（Resource Productivity）""功能经济（Function Economy）""少消耗多产出（Make more with less）"等概念即是这种思想的表达。

第 2 章
绿色文明的历史滥觞与中西差异

从远古文明的历史悲剧总结出人类走向绿色文明的必然规律。在东西方历史文明发展中，两种文明均蕴含绿色文明元素，但是由于文化内核的差异，导致近代文明的分岔。东西方文明需要在当代文化融合中塑造和谐的绿色文明。

2.1　绿色文明缺失的远古悲剧

从更长远的历史尺度来看，人类历史仅仅是生态系统演化史上一段美妙的插曲，人类文明中任何有关处理人与自然关系的重大活动都将深刻影响着人类自身的命运和走向。历史经验证明，古文明的兴衰与自然生态环境之间存在着密切的关系。我们从以下几种古代文明的兴衰中便可窥见一斑，并从中领悟人与自然和谐共存的终极价值。

2.1.1　气候变化导致了玛雅文明的灭亡

早些时候，科学家们已经对外公布了一些证据，显示气候变化可能是毁灭玛雅文明的罪魁祸首。而且这个毁灭性的气候变化很有可能就是玛雅人自己引发的。长久以来，玛雅文明的衰亡始终是一个未解之谜。现在，美国国家太空科学技术中心（NASA）唯一一位考古学家 Tom Sever 指出，是玛雅人自导自演的气候变化最终给玛雅文明画上了一个句号。他的理论来源于一个名叫 SERVIR（中美洲区域可视化与监测系统）的计划，就是通过卫星来监测中美洲的环境变化。卫星图片显示了古代玛雅文明农业耕作的遗迹以及气候灾害形成的过程。Sever 谈及玛雅文明的衰亡时说道："近期的调查研究表明，气候变化有可能是毁灭玛雅的因素之一。"

当远古时期文明繁盛、人口大增时，农业的压力越来越大，人们更多地毁林开荒，同时把休耕时间尽量缩短，然而这样一来，土壤肥力下降，玉米产量越来越少。玛雅文明在人口大发展之后，生态环境恶化、生活资源枯竭，作为人口主体的农民食不果腹，社会状况一落千丈。产生生态危机的主要原因可能有盲目开荒、单一的种植结构、破坏湿地、烧毁森林等因素。

出于人口膨胀的压力，人们不得不在梯田和台地上开荒种植玉米，造成水土流失；而且种植作物品种单一，使农业生态系统抗病虫害能力减退，导致玉米花叶病毒连年暴发，玉米产量下降，无法满足粮食消费需要。

早期，玛雅人采取的是刀耕火种的农业种植方式，但是，随着人口膨胀，刀耕火种已经不能满足人们对粮食的需求。有卫星图片显示，在低洼地带上有许多排水沟和过度耕种的田地。这些低洼地带属于季节性的湿地，古代玛雅人居住的地区中有 40%是这类低洼地。这些低洼地经抽干后用来进行农业生产，这样做就有可能改变当地气候。

Sever 的数据显示，抽干低洼地带的行为和刀耕火种的农业种植方式减少了该地区的降雨量，同时温度又不断升高。干旱和高温频繁地引起其他问题的发生，而这些衍生的问题导致了玛雅的毁灭，如战争或者疾病。

玛雅文明虽然是城市文明，却建立在玉米农业的根基之上。自古以来，玛雅农民采用一种极原始的"米尔帕"耕作法：他们先把树木统统砍光，过一段时间干燥以后，在雨季到来之前放火焚毁，以草木灰作肥料，覆盖住贫瘠的雨林土壤。烧一次种一茬，其后要休耕 1～3 年，有的地方甚至要长达 6 年，待草木长得比较茂盛之后再烧再种。

详细的研究表明，在这干旱的 100 年中，公元 810 年、860 年和 910 年左右发生了三次最严重的旱灾，持续时间分别为 9 年、3 年和 6 年。这三次最严重旱灾的发生时间，与玛雅人的主要城市被遗弃的时间相一致。

我们或许可以想象这样一幕悲惨情景：从公元 9 世纪初开始，降雨量就变得稀少起来。在几乎滴雨未降的大旱之年，玛雅人赖以生存的水资源枯竭，玉米的收成锐减，对食物的争夺加剧……社会开始崩溃。玛雅人聚集的城市规模越大，对水资源的依赖也就越大，于是大城市首先被玛雅人放弃了，随后是中小城市。持续 100 多年的干旱，加上公元 810 年、860 年的大旱，把整个玛雅文明推向了危机的边缘，而公元 910 年的大旱则可能给玛雅文明以致命一击。

2.1.2　生态环境的破坏导致苏美尔文明的灭亡

两河流域古文明灭绝的原因是复杂的。其中，过度的农业开发恶化了先天不足的生态环境是一个主要的内因。1982 年，美国著名亚述学家雅各布森在《古代的盐化地和灌溉农业》一书中论述了两河流域南部苏美尔地区灌溉农业和土地盐化的关系，并指出不合理的灌溉技术和耕作方式是导致苏美尔人过早退出历史舞台的重要原因。

南伊拉克（苏美尔）的土壤肥沃，宜于谷物种植，但气候干旱少雨，灌溉农业为主要生产方式。土壤和河水中都含有可交换的钠离子和盐。通常，钠离子和盐被水带到地下水层中，只要地下水位与地表层保持一定的正常距离，含钠和盐的地下水就不能危害农田。

但是，由于森林砍伐和地中海气候影响等因素，致使河道和灌溉沟渠淤塞，人们不得不重新开挖新灌渠，灌渠经年淤积，农田引水越来越难。古苏美尔人只知浇灌而不知排水洗田，结果是当地地下水层的盐分逐年加重。当过度的积水渗入地下水时，含盐的水位就会上升，在土壤的毛细管作用帮助下侵入地表层，使土壤盐碱化。从文明一开始，土地盐化问题就一直困扰着苏美尔的农民和贵族。这一恶性循环常年累积很可能最终导致了在古巴比伦晚期（约公元前 1700 年），以吉尔苏为代表的大批苏美尔城市被永久放弃。

公元前 1000 年左右的中巴比伦时期，苏美尔故地的土地盐碱化给国王留下极深的印象，以至于被认为是诸神对人类罪行最严厉的报复之一。在巴比伦王马尔杜克阿帕拉伊丁奖给大臣的石刻地契中，对背约者的诅咒是："愿阿达德，天地之渠长，使碱土围其田，令大麦饥渴，绿色永绝！"另一王的石契碑的诅咒为，"愿阿达德败其田，绝粒麦于垅上，生碱草替大麦，取碱土代清泉！"远在北方的亚述地区，雨水充足无需浇灌，农田盐碱化不甚严重。但亚述王知道盐碱地的可怕后果，通过将盐碱液播洒于反叛的城市以及被征服者土地之上以示惩罚。

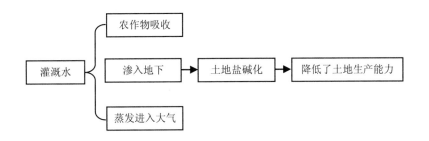

图 2-1　土地盐碱化的成因与后果

苏美尔地区农田盐碱化还反映在当地的作物品种和单位面积产量上。出土文物显示，当土地开始盐化后，不耐盐的小麦开始逐年减少。在约 100 年后的阿卡德时，小麦降到 3%。随后，在苏美尔地区人民几乎不能种植不耐盐的小麦了。尽管大麦比较耐盐，但土地的盐化会减少它的产量。吉尔苏出土文献表明：约公元前 2400 年，大麦每公顷收 2 537 L，到公元前 2100 年，降到 1 460 L。约公元前 1600 年，吉尔苏城已完全被弃，土地已经严重盐化了。此时，其邻近的拉尔萨城某一地区的大麦产量仅为每公顷 897 L[①]。

古代两河流域文明灭亡的历史教训告诉我们，当地生态环境的变化，尤其是土地盐碱化导致农业的失败进而摧毁文明的物质基础，文明最终走向衰亡。

2.1.3　严重的水土流失导致古埃及文明的衰亡

古埃及文明可以说是"尼罗河的赐予"。在历史上，每到夏季，来自尼罗河上游地区富含无机物矿物质和有机质的淤泥随着河水的漫溢，总要给下游留下一层肥沃的有机沉积物，其数量既不堵塞河流与灌渠，也不影响灌溉和泄洪，又可补充从田地中收获的作物所吸收的矿物质养分，近乎完美地满足了农作物的需要，从而使这片土地能够生产大量的粮食来养育众多的人口。历史学家认为，正是这无比优越的自然条件造就了埃及漫长而富于生命力的文明，并由此兴盛了将近 100 代人。尼罗河流域的土地之所以能使文明繁荣达数千年之久，主要取决于尼罗河河谷地区独特的自然生态特性。

---

① 吴宇虹：《生态环境的破坏和苏美尔文明的灭亡》，载《世界历史》2001 年第 3 期，第 114～116 页。

随着人口的增长，土地不断被开垦，尼罗河上游地区的森林不断遭到砍伐，以及过度放牧等，导致水土流失日益加剧，尼罗河中的泥沙急剧增加，大片的土地荒漠化、沙漠化，昔日的"地中海粮仓"从此失去了辉煌的光芒，最终成为地球上生态与环境严重恶化、经济贫困的地区之一。

古希腊哲学家亚里士多德指出："埃及全境明白地区是尼罗河的淤泥冲积所造成，而今却正在旱化过程中……而久被垦种的地块，却因过于燥旱而竟已枯竭了"。[①]在 2300 多年前，亚里士多德对古埃及文明的衰落就得出了这样的结论，这足以说明古埃及文明衰落的气候原因多么被人关注。

当然，古埃及文明的衰落和外敌的入侵也有很大关系，公元前 47 年恺撒大帝一把火将亚历山大城图书馆化为灰烬；400 多年后，西奥都西斯一世又拆毁了大部分神庙，并赶散了所有还懂一点古埃及文字的祭司，使得本已式微的古埃及文明加速了衰亡。但归根结底是尼罗河的洪涝和气候突变带来的旱灾，彻底击溃了这个伟大文明，将一切用历史和风沙掩埋。

从以上 3 种古文明的消亡原因和过程可以发现，在文明之初，人类对自然生态环境的适度利用造就了自身的辉煌，随着人口的膨胀以及对土地、森林、水资源等不合理利用导致生态环境急剧恶化，使其丧失了根本基础，在外部力量的冲击下，古文明出现彻底的灭亡。也就是说，这些古文明的精髓缺乏对绿色文明的理解与追寻。与此相反的是，中华文明能够得以延续，正是其天人合一、人与自然和谐的文化精髓的最有力的证据。

2.2 绿色文明思想萌芽

2.2.1 绿色文明的东方起源

绿色文明是人类文明形式的一种，对于这种新型文明的缘起，可以从国内和西方两个方面来解释。

在中国，绿色文明起源于传统文化，起源于中国文化主要流派创始人的观点，

---

① 转引自：杨伟祖：《史诗河流　文明生命》，载《人与自然》2013 年第 7 期，第 10～11 页。

他们就是 2500 多年前的孔子、老子和印度来的释迦牟尼，他们从不同的角度讲述了其对人与自然和谐统一的追求。

孔子说"天何言哉？四时行焉，百物生焉，天何言哉？"他以"天命"建立了人间尊卑礼法，讲述了"仁民爱物"的观点，即万物一体而应相互仁爱；老子言"道大、天大、地大、人亦大"，道在第一，天地由道而生，万物与人既是平等又是相互联系的，反对人为、机心，主张顺道而为，复归于朴，其目的是希望通过"道法自然"实现人道契合、人道为一；释迦牟尼则提出"众生平等"，他认为人类只有与自然和睦相处，才能共存互益，并且将这一认识概括为"依正不二"。意思是说，生命主体及其环境存在于客观世界的现象之中，虽然可以作为两个不同的东西来认识，但在其存在之中，是合为不可分离的一体来运动的。

2.2.2　绿色文明的西方起源

西方文明崇尚力量和竞争，不过，也有些许绿色文明思想的闪耀。在西方，绿色文明的起源可以追溯到 19 世纪末，法国思想家史怀泽以其敬畏生命的思想开生态伦理学之先河。他创立的生命伦理学是当今世界和平运动、环保运动的重要思想资源。史怀泽认为生命之间是存在普遍联系的，人的存在不是孤立的，他有赖于其他生命和整个世界的和谐，因此他指出我们不仅对人的生命，而且对一切生物和动物的生命，都必须保持敬畏的态度。他认为如果没有对所有生命的尊重，人对自己的尊重也是没有保障的，任何生命都有自己的价值和存在的权利。

2.2.3　绿色文明的近代演变

对于近代的绿色文明观则是在进入 20 世纪 60 年代以来，随着全球环境污染的进一步恶化，当代人类在探索环境保护和可持续发展战略的过程中逐渐明确下来的。

美国海洋生物学家蕾切尔·卡逊[①]于 1962 年出版了《寂静的春天》一书。在这本书中，她以严肃的科学精神和诗人般的炽热感情，提出了 20 世纪中叶环境污染

---

① 在 2008 年出版的《寂静的春天》中，作者的姓被翻译为卡森。

这一人类生活中的重大问题，切中时弊、振聋发聩。该书分析的切入点是滥用农药带来的严重环境污染，其重点是揭示由此造成的对生态系统和人体的损害，所以，一经出版便立刻引起轰动，震动了美国社会，并引发了一场持续数年之久的论战——杀虫剂论战。这场论战以生态意识的胜利而告终，从而极大地推动了民众环境意识的觉醒。《寂静的春天》因此成为公认的宣传维持生态平衡、推动环境保护的划时代经典。

1972年，来自全球100多名学者在罗马组成的"罗马俱乐部"发表了震动世界的研究报告《增长的极限》，报告根据数学模型预言：在未来一个世纪中，人口和经济需求的增长，将导致地球资源耗竭、生态破坏和环境污染；除非人类自觉限制人口增长和工业发展，否则这一悲剧将无法避免。报告反映了人类的自我反省，被奉为"绿色生态运动"的圣经。

1987年联合国环境与发展委员会发布的研究报告《我们共同的未来》，是人类构建绿色文明的纲领性文件，深刻地检讨了"唯经济发展"理念的弊端，全面论述可持续发展这一重大问题，为人类指出了一条摆脱目前困境的有效途径。

1992年在巴西里约热内卢召开的联合国环境与发展大会所通过的《21世纪议程》，是人类构建绿色文明的一座重要里程碑。人与自然、人与生态，不再是征服或主宰的关系，而是一种全球性的共生共荣关系。

2.3 中西方的绿色文明观差异

2.3.1 中华传统文化中的绿色文明观

中国的生态伦理思想孕育在古代文化之中，而在悠久的历史长河之中，中国的传统文化又是那么丰富多彩，儒、墨、道、法……百家争鸣，而当中又以儒、释、道三家思想的影响力尤其广泛和深远。

2.3.1.1 儒家文化中的绿色文明思想

在儒家思想中许多观点体现出绿色文明的意义。可概括为"天人合一"的整体观、"天人同体"的和谐观、"仁民爱物"的伦理观。

（1）"天人合一"的整体观。把人与自然看作一个整体，维护整个生态系统和生物圈的有序运转，是绿色文明的哲学基础，儒家的"天人合一"思想为它提供了丰富的思想资源。

孔子认为"天生德于予"，强调"知天命"，"下学而上达"，"不知命，无以为君子也"。他认为上天赋予人最大的德性就是仁，通过人的学习和道德实践，提升主体意识的自觉性，体悟天赋于人"仁德"的道理。孔子从义理之天的角度，把天与人紧密地联系在一起。

他说："天何言哉？四时行焉，百物生焉，天何言哉？"肯定"天"是包括四时运行、万物生长在内的自然界。"知（智）者乐水，仁者乐山"就是他热爱大自然，回归大自然的情怀和境界。所有这些对儒家"天人合一"思想的形成和发展，产生了深远影响。

孟子提出："尽其心者，知其性也；知其性，则知天矣"。他把天与人在"诚"的基础上统一起来。

北宋张载继承孟子的思想，在中国哲学史上第一次使用了"天人合一"的概念，他说："儒者因明致诚，因诚致明，故天人合一"，"性与天道合一存乎诚"。

（2）"天人同体"的和谐观。承认地球生物圈中所有生物和人类一样，都拥有生存和繁荣的平等权利，尊重生物的多样性，善待大自然，维护生态环境的平衡有序运行，是生态伦理学的基本价值观念。儒家的天人之学与此息息相通，认为自然界最大的德性就是创生万物。从天人同体的生态伦理观念出发，儒家主张人与自然和谐相处。儒家"天人合一"思想告诉我们，要把人与万物都看作自然界的产物，用人与自然相统一的整体观念去认识自然、把握自然。

儒家经典《周易》讲的是天道（自然界的规律）和人道（人类社会的秩序）相互贯通、相互依存、相互统一的道理。

《周易》说："天地之大德曰生"，"生生之谓易"。"生"，指事物的不断变化和新事物的不断产生。《周易》认为，由于事物内部阴阳两种对立因素的相互作用、相互渗透、相互转化，推动了事物的运动、变化和新陈代谢。天地以"生"为根本之道，"生生"就是天地创造生命、化育万物的仁德和善行。人道与天道会通，也必然以仁为最高的品行。

宋代理学家把孔孟的这种博大的仁爱思想概括为"万物同体"。儒家的仁爱思想包含有强烈的生态伦理意识，是从"亲亲"、爱人扩展到爱天地万物。人与天地万物一体的观念，不是把自然界看作与人相对立的机械物理世界，而是把自然界中的万物都看作与人一样的生命体，强调所有的生命都是平等的，都应该受到尊重，得到保护。

（3）"仁民爱物"的伦理观。即人与人、人与物之间，犹如同胞手足、朋友兄弟、万物一体而相互仁爱。儒家主张天道即人道，天地生生之德的道德意义和伦理价值，需要人来实现，人恰恰可以由"尽心"而"知性"，由"知性"而"应天"，所谓"尽人事而知天命"，正根源于此。

2.3.1.2 佛教中的绿色文明思想

佛教虽为外来文化，但很好地实现了与中国本土文化的融合，成为中华正统文化的重要组成部分，最有中国特色的莫过于禅宗。

禅宗所体现出的东土大乘佛教精神完全是中国式的，它对天人合一观念的理解，对中华道德礼义的吸收，对简朴生活方式的认同，无不反映出中国本土文化的影响，并且禅宗把大自然的一草一木都看作是生命的存在，并将他们提到了一个非常高的水平，肯定他们存在的合理性与现实性，因此也就具有生命的真正价值。佛家认为，人类只有与自然和睦相处，才能共存互益。

佛教还提出"佛性"为万物本原，万物之差别仅是佛性的不同表现，其本质乃是佛性的统一，众生平等，"山川草木，悉皆成佛"。消除"分别心"是佛家最根本的原则之一，且佛家从众生平等来说明人与万物的平等性。他倡导大家珍惜生命，与大自然结为一体，不忧荣辱毁誉，无畏生老病死，携手共建净土，它主要倡导自然的美妙，宣扬宇宙的伟大，歌颂生命永久的和顺以及礼赞生命体永恒的存在。

2.3.1.3 道家文化中的绿色文明思想

道家文化对于理想社会颇具前瞻性的设计，对于今天构建和谐社会具有重要的借鉴意义。《老子·八十章》云："甘其食，美其服，安其居，乐其俗。"设想了一个饮食富足、服饰美观、居住舒适、风俗淳朴的理想社会，也正是几千年来人们所向往追求的生活。《庄子·天地》云："大圣之治天下也，摇荡民心，使之成教易俗，举灭其贼心，而皆进其独志。若性之自为，而民不知其所由然。"伟大而有才华的人治理天下，使百姓心情放松、移风易俗、涤荡恶念，从而使百姓保持独立的人格，促使整个社会形成积极向上的风貌，人民就会专心地去从事各项工作。一个和谐的社会必定是一个社会风气良好、各项事业蓬勃发展的社会。

道家文化在人与社会的关系上，指出了人际关系和谐及人与社会和谐的重要性。《庄子·天运》云："泉涸，鱼相与处于陆，相呴以湿，相濡以沫。"水干涸之后，鱼群聚集在陆地，互相吹气以湿润，用唾液互相浸润着来维持着最后一息。庄子以形象生动的比喻指出人与动物都必须依靠群体才能生存发展。只有在人际关系和睦、人与社会和谐的良好的社会氛围中，每一位社会成员才能够获得自由发展的机会。

总而言之，无论是儒是道或佛，都追求人与自然的和谐统一，都追求生态的文明。

2.3.2　西方传统文化中的绿色文明观

从文化上看，中华传统文化中强调人与自然和谐发展，在西方文化则不然。西方文化特别是在生态方面，传统的思维在人与自然的关系问题上坚持人类中心主义的价值观念，并且倚仗一种素朴的信念，颂扬人的理性力量，直观相信人类依靠理性的力量能够获得对世界绝对真知的认识和把握。西方传统文化强调人的主观能动性，肯定人，倡导科学的理性精神，追求平等。在以此为主流的传统文化的推动下，人们开始认识自然、探索自然，形成了自然科学的知识系统。

西方的传统文化鼓励追求物质的享受，人们开始探索物质文明。西方工业文明把人类带出农耕文明，作出了伟大的历史贡献，但他们对自然界的过度索取和破坏以及随之而来的反作用使他们重新反思人与自然、人与社会和人与自我三大关系，把绿色文明和物质文明作为两驾马车，在人与自然之间建立和谐生态，在人与自我之间建立和谐人格，在人与社会之间建立和谐社会。

在西方环保运动中，浪漫主义思想对于人们环境意识方面的觉醒起到一定的作用。法国哲学家、文学家梭罗是西方浪漫主义自然观的代表人物，他首先提出了"回归自然"的口号，然后一大批浪漫主义诗人、作家、艺术家写下了大批反映和描写"自然"的诗歌和其他的文艺作品。这些作品的传播，对环境哲学、生态伦理学的诞生起到了一定的推动作用。

除了那些西方浪漫主义自然观的代表人物外，在西方的环保运动，还存在一位充满智慧的勇敢斗士，他就是谬尔。他在早期和支持者创建了美国最早的、影响最大的自然保护组织——塞拉俱乐部，而且因为他提出并倡导"国家公园"理论，使他在美国人民之中享有"国家公园之父"的美誉。国家公园理论的基本思想是划出一部分有自然价值的地区作为国家公园，这样既可以排除人为的干扰，又可以使人们在这里接受爱山、爱水、爱自然的教育，培养保护自然环境的意识。

塞拉俱乐部于 1892 年成立于加利福尼亚州旧金山，拥有百万会员，分会遍布美国，且与加拿大塞拉俱乐部（Sierra Club Canada）有着紧密的联系。塞拉俱乐部的箴言是：探索、欣赏和保护这个星球。该组织的使命是：探索、欣赏和保护地球的荒野；实现并促进对地球的生态系统和资源负责任的使用；教育和号召人们来保护并恢复自然环境和人类环境的品质；运用一切合法手段完成这些目标。

塞拉俱乐部拥有多个环保媒体：发行一份名为《塞拉》的杂志，以各种环境热点问题为主题；创立一个名为"塞拉之声（Sierra Club Radio）"的广播节目。

塞拉俱乐部 1955 年成功地反对犹他州恐龙国家保护区中的回声谷公园修建水坝，为自己赢得了全国性的声誉；20 世纪 60 年代最知名的运动是努力阻止垦务局建造两座将淹没一部分科罗拉多大峡谷的水坝。2008 年，塞拉俱乐部支持参议员贝拉克·奥巴马当选总统，引证了"他坚定支持洁净空气、湿地保护和清洁能源的记录。"

2.3.3 中西方文化融合下的绿色文明观

2.3.3.1 西方文明中生态伦理的"东方转向"

常有人用《周易》中"自强不息"和"厚德载物"来表述中华文明精神。这与绿色文明的内涵一致。中华文明精神是解决生态危机、超越工业文明、建设绿色文明的文化基础。一些西方生态学家提出生态伦理应该进行"东方转向"。

20 世纪初，德国社会学家马克斯·韦伯在考察了中西方文化之后，提出了一个著名论断：中国文化的自然价值取向，对当代的环境保护与社会发展是适应的，因而是合理的。

1988 年，75 位诺贝尔奖得主集会巴黎，会后得出的结论是："如果人类要在 21 世纪生存下去，必须回到两千五百年前去吸取孔子的智慧。"

问题在于，思想与行动并不是同一的，接受东方智慧并不难，但传统中华文明如果想为绿色文明的形成和实践作出贡献，也同样面临着创新发展的问题。这就需要用生态理性来审视我们的发展原则。

长期以来，正是在科学理性绝对化的视角下，很多人都将中华文明这种东方智慧视为前现代的产物，采取了批判排斥的态度。中国文化精神被世界逐渐重视，只是一个更深层文化问题的开始。

2.3.3.2　中西合璧，共塑和谐绿色文明

我们既要防止片面复古，也要辩证地看待中国现代化进程中科学理性的作用。但科学理性必须与生态理性结合，如同西方文明与东方文明结合一样。我们要用人文精神来校正科学理性的绝对化倾向，也要用道德原则来审视实用主义。

我们虽然身在中国文化之中，但主导我们现代化实践的主要逻辑仍然是西方式的。西方传统工业现代化的模式最终是难以复制的，尤其是对于中国来说，这意味着更加深刻的资源环境冲突。所以，用中华文明来校正我们的现代化方向，理顺我们的文化结构，使中华文明的生态智慧成为绿色文明的重要组成部分，尤为必要。

从思维方式到道德伦理，中华传统文化与西方文明的本质区别可谓泾渭分明、大相径庭。西方在不断地切分，越分越细；中华则不断地求合，越合越强。西方有机械主义自然观，中华则有中和有机自然观；西方有人文主义伦理观，中华则有和谐生态伦理观；西方有二元对立进化论，中华则有天道人道融通论。

然而，不管是东方还是西方，大家都意识到了环境的重要，都把绿色文明观提到相当重要的位置。环境不是政治问题，而是一个道德问题。倡导绿色文明，建设绿色家园，就要大力倡导和树立绿色文明理念，将绿色文明当成是人与自然和谐与共、经济与环境协调发展的新的文明，将这一文明作为每个成员的共同认知，从而自觉传播、实践人与自然和谐与共的绿色文明理念。

第3章

近代社会的绿色迷失及其代价

在近代工业化发展中，西方文明存在生态悖论的特质，导致工业化的技术经济路径依赖。在后起工业化国家的发展路径上出现碳锁定状态，从而偏离绿色文明轨迹。技术结构和产业结构的高碳依赖导致社会经济的多重危机。

3.1 绿色文明的近代迷失

3.1.1 迷失：西方文明特质的发展悖论及生态困境

3.1.1.1 西方文明特质：个体至上，崇尚力量

以西欧为主体的西方文明与欧亚干旱地区的游牧文化、以苏美尔为源头的商品文化以及埃及和两河流域的农业文化有着千丝万缕的渊源关系，是一种集原始狩猎文化、游牧文化、商品文化与农耕文化为一体的杂交文化和次生文明。由于明显的地理方面的原因，欧洲完全做不到自给自足。在环境资源匮乏和纵欲文化的双重压力下，他们只能别无选择地继承贸易、掠夺、殖民三位一体的传统生存发展模式，形成以海上扩张和海外殖民为主体的海洋文化（汪国风，2004）。工业经济时代物质财富的急剧扩张以及市场的全球延伸，使西方文明又具备了强大的物质力量和制度张力。

基于上述文明基因传承，西方文明集游牧文化的进攻性、海洋文明的冒险性、商

业文明的开放性于一体，形成了崇尚强者和力量、尊崇个人主义和创新精神等特质。

3.1.1.2 发展悖论

西方文明的上述特质在工业化和市场化得到极端扩张时自然会引发发展悖论。在什么是发展、为什么发展、为谁发展、如何发展等一系列关于发展观问题的反思上，产生与现实背离、与人类理性目标背道而驰的结论。

由于崇尚力量、追求创新，科学技术作用日益重要，技术万能论蒙蔽人类双眼，对生态阈限的一再突破却视而不见。由于信奉自由贸易，追逐财富，市场力量充斥社会的各个角落，市场万能论甚嚣尘上，金钱至上的疯狂于良知泯灭、环境污染之中却不知精神家园和栖身之所两者尽失。

3.1.1.3 生态困境

在近现代，随着工业文明的出现，社会生产力发生了质的飞跃，人类利用自然的能力也得到了极大的提高。这时，人类对自然的态度也发生了根本改变，由"利用"变为"征服"，"人是自然的主宰"的思想占据了统治地位。在这种思想支配下，对自然的征服和统治变成了对自然的掠夺和破坏，对自然资源无节制的大规模消耗带来污染物的大量排放，最终造成自然资源迅速枯竭和生态环境日趋恶化，能源危机、环境污染、水资源短缺、气候变暖、荒漠化、动植物物种大量灭绝等灾难性恶果直接威胁到人类的生存与发展，人与自然的和谐也面临着有史以来最严峻的挑战。

自西方工业革命以来，人类改造自然的能力急剧增强，尤其是随着工业化在全球范围的推进，自然被不断征服。结果是，人类赖以生存和发展的自然环境不断恶化，环境污染、生态失调、能源短缺、城市臃肿、交通紊乱、人口膨胀和粮食不足等一系列问题，日益严重地困扰着人类的生存与发展。正如恩格斯在《自然辩证法》中指出："我们不要过分陶醉于我们人类对自然界的胜利。对于每一次这样的胜利，自然界都对我们进行了报复。每一次胜利，起初确实取得了我们预期的结果，但是往后和再往后却发生完全不同的、出乎预料的影响，常常把最初的结果又消除了。"恩格斯的精辟论述令人深思，但此时并未引起西方社会的觉醒。

西方工业文明的强势和话语权地位导致人类中心主义占据世界舆论的高地，其他国家不得不屈从于工业文明的主导地位。正是由于近现代世界各国都在片面追求经济增长和物质财富的增加，对生态保护的关注不够，从而导致了近现代绿色文明的严重缺位。面对这一缺位，我们将如何应对，如何改变现状，这都是我们以后要关注的，也是要紧迫解决的问题。

3.1.2 锁定：后起工业化国家的高碳依赖

3.1.2.1 碳锁定的原因

以大规模开采、大规模生产和大规模消费为主要特征的工业化和市场化模式是一个结构紧密、逻辑自洽的技术—制度体系，这种经济高效率、生态低效率的增长路径被称为"碳锁定"，即工业经济通过技术和制度的规模报酬递增形成路径依赖，已经锁定在基于化石燃料的技术体系之中（Unruh，2000）。产业结构具有相对的稳定性，产业投资特别是固定资产投资一旦形成，由于其资产专用性，不容易在产业间顺利转移；产业结构还由于劳动力结构的原因，易于陷入"路径依赖"的陷阱；掌握一定技术知识的劳动力的形成，是一个历史的过程，不仅要投入大量的教育、培训费用等资源，也需要一定的时间；人力资本形成的时间效应，会制约新产业的增长，降低经济整体效率（卫兴华等，2007）。这一路径的形成是前文所述的利润最大化目标、异化技术和高熵工业化过程三者共同作用的结果。这种技术经济范式必然要求为经济增长寻求一种低成本的、使用便利的能源为其提供廉价动力。

林毅夫等（2007）对高碳增长方式的形成机制做了严密的分析：① 自主研发的技术进步的成本太大，所以企业宁愿选择以引进技术和要素投入为主的增长方式；② 自然资源和能源的价格偏低导致资本品的购买价格和现有资本品的运行成本偏低，因而刺激了对新资本品的需求；③ 我国长期实行低利率政策，而目前的企业制度导致企业实际支付的利率更低，使企业对新资本品的需求进一步增加；④ 对新资本品需求的增加导致了生产这些新资本品的过程中对自然资源和能源的需求；⑤ 由于在生产过程中能源是资本的互补品，多年累积起来的巨大的资本存量的使用必然导致对自然资源和能源的巨大需求。于是，就形成了以资本和自然资源的大量投入为特征的增长方式。

工业活动和经济规模具有巨大惯性，通过建设寿命长达 50～100 年的基础设施，一个国家的技术和制度结构共同朝以化石燃料为基础的系统演进。今天，这种技术—制度体系正在形塑新兴经济体的产业和制度结构，"金砖四国"的产业演化呈现出高碳特征：资源能源的高消耗。2008 年，"金砖四国"（除巴西外）单位 GDP

钢铁消耗均超过世界平均水平（中国为 1.7 t/万美元，约为世界平均水平的 5.7 倍，印度、俄罗斯分别为世界平均水平的 2.1 倍和 2.7 倍，巴西为 0.93 倍）。同时，"金砖四国"碳排放总量占世界比重从 1995 年的不足 25%上升到 2008 年的 33%，远高于 2008 年其 GDP 世界占比（14.6%）。其中，中国、俄罗斯、印度碳排放分别居世界第一、第三和第四位。[①]

3.1.2.2 碳锁定的表现形式

基于高碳的经济增长路径依赖表现在规模性依赖和结构性依赖两个方面。规模性依赖就是偏好于"越多越好"。石油被誉为传统工业化的"血液"，通过石油消费可以从以下数据反映出来。随着经济增长，石油消费总量不断攀升。已经完成工业化的 OECD 国家自 1995—2007 年处于很稳定的水平，2008 年后有下降趋势，开始解除了碳锁定。非 OECD 国家的经济增长对石油消费持续上升，呈现出很强的依赖性，从趋势看，在不太长的一段时间内，后者在总量上将赶超前者（图 3-1）。

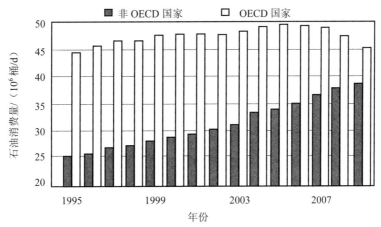

注：单位中的桶为美石油桶，1 桶=158.987 L。
资料来源：《BP 世界能源统计年鉴》2010。

图 3-1 OECD 国家与非 OECD 国家石油年度消费比较

2003—2009 年是中国经济快速增长期，能源消费总量年年攀升，规模性依赖十分明显。即使在节能减排力度很大的"十一五"期间，能源消费总量增加的趋势

---

① 林跃勤：《忽视质量的赶超只能被别人越落越远——论"金砖四国"发展战略中的问题与面临的挑战》，2010 年 11 月 23 日《中国经济导报》。

也难以扭转。2006—2010 年，中国实现了 20% 的能耗降低目标，至少减少了 15 亿 t 的二氧化碳。但是，碳排放总量平均每年仍然增加 300 万 t 左右，见图 3-2。国际能源署（IEA）最新数据显示，中国在 2009 年消费了 22.52 亿 t 油当量的能源，超过美国约 4%，成为全球最大能源消费国，而中国人均能源消耗只有美国的 1/5。

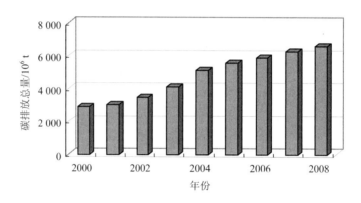

数据来源：国际能源署。

图 3-2　2000—2008 年我国碳排放总量变动情况

结构性依赖就是由技术结构和产业结构形成对化石能源消费偏好。从中日不同产业部门的能源消费比例（图 3-3）可以看出，完成工业化的日本已摆脱结构性依赖，而处于工业化上升时期的中国工业部门仍然是能源消耗的主要领域。中国产业部门的能源消费占比高达 76%，而日本仅为 44%。要想达到日本这种能源消费构成，中国在碳减排技术、能源结构、经济体制等方面还需要做长期的努力。而现有的传统能源供给能力是否满足这一时间跨度，是一个亟待回答的问题。

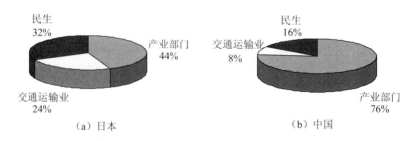

资料来源：《中国各行业能源消费》（山田，译），载《合成纤维》，2008 年第 11 期，第 56 页。

图 3-3　中日按行业能源消费构成比较

3.2　高碳增长的多重危机

传统经济增长模式所产生的种种矛盾具有多重累积性。表面上看，高碳经济增长模式产生的直接问题是资源能源问题，本质根源在于异化的技术—经济—目标体系下的根本矛盾：资本对劳动的剥夺、人对自然的掠夺以及当代人对未来的透支，因此所产生的矛盾亦具综合性，且随着时间的推移，这些累积性矛盾存在多重危机（人类生存危机、经济危机、生态危机、社会危机）集成爆发的风险。

3.2.1　人类生存危机

人类社会个体层次存在对物质财富的无限欲望与人的有限能力之间的基本矛盾（陈惠雄，1999），这一矛盾因利润最大化目标驱动受到催化和激发，孕育着整体性人类生存危机。在这些矛盾运动的作用下，扭曲的发展目标必然形成错误的指导思想和行为准则，如 GDP 至上、财富至上、股东至上等观念盛行甚至主导社会舆论，从地方政府到各类企业，忽视民生，轻视草根，漠视员工利益，回避对人的基本权利的关怀。社会发展目标的单一化和片面化，对物质财富的过度追求，导致社会价值观扭曲，拜金主义、享乐主义盛行。异化的消费过度追求感官的快乐而疏于精神生活的丰富从而导致个体人格心理的分裂；异化的分工和劳动把人变成机器的奴隶，不仅难以激发劳动者的工作热情和创造灵感，而且加剧劳动者个体的心理自我对抗，在竞争激烈的状况下，很容易诱发心理疾病和行为扭曲。由于社会矛盾积累，物质财富增加的同时却导致社会整体福利与国民幸福感下降。据世界卫生组织统计，全球抑郁症的发病率约为 11%，目前全球抑郁人口多达 1.2 亿人，抑郁症已经成为威胁人类健康的第四大疾病。预计到 2020 年抑郁症可能将成为仅次于心脏病的人类第二大疾患。据统计，美国有 1 500 万成年人患有抑郁症，另有美国的一项研究结果表明，青少年抑郁症发病率为 8.3%。据世界卫生组织一项关于心理疾病的调查数据，全球有 10 亿人受到不同程度的心理疾病的困扰。经济发达的西方社会情况尤甚，心理疾病给欧洲各国造成的损失相当于它们国内生产总值的

3%～4%。[①]

3.2.2 经济（金融）危机

利润驱动下的生产无限扩张与消费的有效限量这对矛盾经由利润最大化生产方式直接产生周期性产能过剩进而与其他危机交织诱发更深层次经济（金融）危机。现代型经济以资本为纽带，生产资本、商业资本与金融资本的结合极大地扩大了产品的生产能力。然而，当这种能力偏离社会真实需要，或者超越社会消费能力时，浪费性生产不可避免。为避免或减轻危机的危害，随着政府对经济干预的增加，政府参与资本循环，通过信用扩张，增加短时期内低收入者的有效需求，资本循环暂时得以维持，这种信用实际上是对未来的一种透支，这种消费对于低收入消费者而言是一种收入幻觉（类似于货币幻觉）。因此，这种消费是不可持续的。由于货币政策和财政政策的作用，在社会商品价格水平整体低于其真实水平时，高收入消费者则会出现浪费性消费。资本无限扩张与有效需求不足之间常态性矛盾在政府干预和市场运行的边际调整中不断进行微量累积，最终酿成周期性产能过剩和经济危机，造成系统性资源浪费。2008 年发生的波及全球、至今仍在持续影响的金融危机本质上就是西方工业化国家生产与消费的根本性、制度性矛盾的全面爆发。金融危机与全球性多重危机（能源危机、粮食危机、淡水危机）的共同根源就是"大量资本的错误配置，即过度地将有限的资本配置到物质财产、化石能源、结构化的金融资产及其衍生品方面"（UNEP，2009）。经历了世纪之交前后十余年高增长之后的美国在 2007 年次贷危机之后不仅没有得到化解，反而引爆 2008 年全球性金融风暴并随后诱发弥漫整个欧洲的欧债危机，进而也令新兴经济体深受其害。危机历时 8 年至今仍无完全消除的迹象，尽管 2015 年美国经济在缓慢复苏，但是全球经济仍旧增长乏力。

---

① 分别引自：《抑郁症：人类头号心理杀手 全球发病率 11%》，http：//health.sohu.com/20070716/ n251071550.shtml，2007 年 7 月 16 日；Brent D A，Birmaher B，Kolko D J，"Depression"，*NEJM*，347（2002）：pp.667-671；《自杀增多破坏社会和谐 心理疾病折磨全球十亿人》，2007 年 3 月 2 日《环球时报》。

3.2.3　生态危机

经济—社会系统的内在扩张性与自然生态的内在稳定性之间的矛盾在异化的技术经济范式下由利润最大化动机推动而诱发生态危机。工业化生产条件下，人类对自然高强度介入的经济过程中，相当一部分能量以不可控制、不可逆转且不可避免的方式耗散在生态系统中，这种无效的熵增，反而成为控制生态行为的最高法人（麻勇恒、曾羽，2010）。现有的政策框架偏重于重振不可持续的"棕色经济"：依赖低能效、利用不可再生能源、高耗材、对生态环境的不可持续利用以及带来巨大的气候变化风险（UNEP，2009）。在利润最大化经济目标主导下，大规模生产需要资源能源的大量消耗，需要投入大量的土地，需要更多的环境承载，从而引发严重的资源环境生态危机，受到破坏后的生态系统会产生连锁反应甚至有潜伏性和累积性的灾难。工业生产中许多有毒物质在生物圈中所表现的危害程度不能单独地依据它可能的作用或现存的量来评价，至少有 3 个特性具有重要的生态意义，即它的迁移性、残留性以及在活组织中累积的倾向。作为 19 世纪一个重大科学发明，DDT 曾经在消灭虫害提高农作物产量以及疟疾、痢疾等疾病的治疗方面发挥了巨大作用，但是通过组织内累积和生物累积产生系统性生态灾难。组织内累积机理为：由于 DDT 难以降解，进入动物体内溶于脂肪，蓄积后会扰乱生物荷尔蒙分泌，影响动物生长发育；生物累积机理为：通过食物链产生扩散性效应，食物链的级数越高，DDT 的生物累积也越多。最终破坏生态系统稳定性。直到 1962 年，美国海洋生物学家蕾切尔·卡逊在其发表的著作《寂静的春天》中才揭示这一生态灾难，引起全球关注并促使各国禁用含有 DDT 的杀虫剂。科学技术的负外部性在利润驱动的工业化生产条件下极其容易通过快速微量累积演变成巨量的系统性生态风险。由于人本身也是生态系统的一部分，利润驱动的工业化生产在开采资源、制造产品的同时，也产生大量的副产品，这些副产品的不当处理最终不仅直接破坏生态环境，而且间接通过生态系统危及人类自身的安全。例如，科学研究发现，环境中超标的金属锰含量可能是"疯牛病"和"克—雅氏病"的病因；镉污染导致日本富士山"骨痛病"。①

---

① 《骨痛病和镉污染》，载《海洋通报》1973 年第 11 期；龚益：《疯牛病的罪魁祸首：流氓蛋白质》，2009 年 7 月 9 日《中国社会科学报》。

3.2.4 社会危机

要素之间的不平等交易关系和分配性努力寻租造成社会交易成本增加，并因利润最大化动机引致社会失谐进而累积成为社会危机。社会中普遍存在着人与人的个体差异，在资本主导和利润驱动的规则下，个体差异演化为强势群体对弱势群体的掠夺性资源配置格局，这种格局并随劳动积累和知识解释予以强化和固化，造成人际矛盾和群体矛盾，构成社会冲突导火线。社会失谐会不断侵蚀社会信任和互惠机制，加大组织、市场乃至社会多层面交易成本：资本对劳动的控制、挤占和剥夺，必然导致企业内代理成本、监督成本增加，劳资冲突加剧，经济组织内部交易成本增加；非生产性寻租盛行，经济组织和个人失信失范行为零代价，致使市场失序、商人败德、市场交易成本增加；GDP 至上的地方政府对强势群体的偏爱，甚或为既得利益集团所俘获，加剧政府与普通民众之间的隔阂，社会（政治）交易成本增加。市场经济中人的有限理性、机会主义和短视行为在失谐的主体决策环境中得到放大，社会失谐与交易成本互为因果、相互强化，社会有序竞争演化为无序争夺，为诱发社会危机提供了土壤。美国金融界的安然倒塌、雷曼破产、花旗倒闭是信用透支的结果，中国实业界的三鹿"毒奶粉"、双汇"瘦肉精"、锦湖轮胎掺假则暴露的是企业道德缺失。紫金矿业的废水泄漏事件发生后股价连续涨停而成为无良资本的盛宴，富士康的"十二跳"不仅没有影响其业绩反而在内迁中多地争抢而成为"香饽饽"。这些事件都会摧毁消费者对产品的信心、对企业的信任以及对监管当局的公信力。

第 **4** 章

传统发展方式的反生态逻辑

工业化的先行者摸索出的经济发展模式被认为存在反生态逻辑，表现为基于利润最大化范式上发展目标的生态背离，基于异化技术经济范式上发展手段的生态背离，以及基于工业化熵增范式上发展过程的生态背离。

4.1 绿色文明缺失与发展目标的生态背离

4.1.1 基于范式的发展方式反思

传统经济增长方式由以线性经济为特征的工业化和以利润最大化为目标的商品化两大基础性经济体制耦合而成，由此形成的技术经济范式就是"最大生产、最大消费和最大废弃"。商品经济在摒弃自然经济方式的同时，自身也内含了一个重大的价值取向缺陷——基于分工进步的商品经济会受交换价值流最大化的影响，使得经济发展脱离"以人自身需要为目的和限度"的生产方式，转向"以最大利润为目的和限度"，而利润与金钱本身又是个可以无限度累积的物品。这样，商品经济的交换价值最大化属性就会脱离注重物质/资源熵流的自然经济属性，而使得商品经济生产模式本身转向"以钱为本"。

因此，事实上商品经济在获得分工效率的同时，存在着以牺牲资源环境熵流为代价的一系列高碳、高熵风险。工业化、商品化为创造财富提供物质手段，市场化为创造财富提供动力机制，两者的结合形成巨大的物质财富创造力量。然而，人类生活的地球就像宇宙飞船一样，资源存量和环境容量是有限度的（鲍尔丁，1969），超越这一阈限，经济增长将不可持续。因此，传统经济增长模式与人文社会系统、自然生态系统只见存在严重的价值冲突和目标歧异。

基于技术经济范式视角，学术界相继提出循环经济、低碳经济、熵理文明等论点。冯之浚（2006）认为，循环经济坚持从人类中心主义转向整合人类、生命和生态三大维度的生态伦理，按照"3R"原则，达到"最佳生产、最适消费、最少废弃"目标；进一步地，曹光辉等（2006）指出，循环经济在技术经济范式上，是传统产业链和技术链的纵向延伸和横向拓展。王文军（2009）认为，低碳经济是以源头控制、过程控制、目标控制相结合的经济发展范式，这种"立体式"的技术经济范式体系是对循环经济的改进、深化和创新；而实现低碳经济发展的关键是能源技术发展的低碳化，使技术的经济潜能或商业价值与生态价值有机融合（吴辉，2011）。苗启明（1998）、徐奉臻（2006）则从系统论视角，着眼于经济社会生态整体提出低熵化发展模式；熵理文明是基于熵理技术、区别于机械文明的新范式（王素萍，2011）。传统经济增长的支撑性技术经济范式的内在逻辑上具有逆生态或反生态性，上述这些范式的提出为经济发展的生态化转向提供了理论支撑。

新范式不会完全代替旧范式，它们之间存在着内在逻辑性联系（Daniela Freddi，2009）。工业化+商品化的增长方式是对自然经济的否定，但自然经济在人与自然的关系上存在一定的合理性，新型增长方式必然是对这些经济形态合理内容的汲取以及对其反生态元素的剔除。基于此，本章从发展目标、技术范式和熵变过程对高碳增长方式特征进行结构性解析。

4.1.2 利润最大化：发展目标异化与生态背离

现代商品经济（区别于传统的为满足生活需要而进行交换的简单商品经济）是以利润最大化为目标的经济方式，以生产和获得更多的钱为目的。而金钱具有无限可累积性特征，从而使得为了获得更多钱的商品经济生产方式对自然生态存在着无限开采—利用—破坏的可能性。因为，国民财富的实质只是自然财富的人为化。把矿石变成汽车，把泥土垒成房产。①随着科学技术进步，变自然财富为国民财富的人类经济活动可以无休止地进行下去。商品经济追求利润最大化的这种经济特性内含了对自然资源和生态环境无限制损害的极大风险，乃至以损害人自身健康的方式来获得更多的利润。商品经济以利润最大化为目标的经济属性内含的自然资源损害和人与自然矛盾加剧的风险今天正在一步步显现出来。因此，从经济属性与生产目的上我们大致可以认为，自然经济是以人自身的自然（生理）需要为生产目的的一种"以人为本"的经济方式，现代商品经济则是以利润最大化为目标的经济方式。在利润最大化目标驱使下的工业化扩张成为损害自然生态环境进而危及人类自身生命安全的重大影响因素。

商品经济取代自然经济，为经济增长提供强大动力的同时，也释放了人的财富欲望，强化了整个社会的趋利动机。从经济发展目的看，以资为本（股东利益至上），以利为宗，以物质财富的无限积累为目的，以占有欲的满足为驱动力，把增长的手段、过程和中间目标这些实际上只具有工具价值（tool value）意义的东西看作是增长的终极目的和终极价值（ultimate value），舍弃人追求快乐和幸福的终极善的本性，经济增长偏离人本精神。从资源配置机制看，趋利动机驱使人们为财富积累而非人生幸福而奋斗。当资本占据社会主导地位时，资源配置权与剩余索取权掌握在资本手中，劳动收入在社会分配中的比重不断下降，造成大量的产能过剩和产品过剩。这种周期性生产过剩所造成的浪费不仅是资源能源和人类劳动的巨大损耗，而且很可能导致经济秩序乃至社会秩序出现大的问题。

以过度市场化的中国房地产行业为例，充分展现出利润目标至上的资源配置扭曲和财富过度集聚导致经济增长的高碳浪费。1998 年房地产在住房体制改革设计中走向市场化，2003 年房地产业被定位为支柱产业，此后成为地方政府做大 GDP 的重要支撑，也成了最具效率的造富工场。多数房企土地储量足以供未来 20 年开发，部分房企坐等地价上涨，以获投机之利（表 4-1）。全国房企过去 10 年土地储备达 12 万亿 m^2，其中全国排名前 10 名的上市房企囤地规模已经达到 3 亿 m^2。以人均 30 m^2 的居住空间计算，这 10 年闲置的土地面积足够 1.2 亿人居住。从开发能力看，2009 年全国房地产完成开发面积 2.3 亿 m^2，过去 10 年的土地囤积足够未来

① 陈惠雄：《人本经济学原理》，上海：上海财经大学出版社，1999 年版，第 201 页。

5～6 年开发所用。[①]同时，据有关媒体披露，我国当前城市住房空置率很高。这种由于政策缺失和市场扭曲导致的系统性空置也造成巨大资源浪费和总体社会福利下降。[②]

表4-1　2009 年第三季度末中国房地产企业土地储备前 10 名

名次	房企名称	囤地面积/万 m²
1	恒大地产	5 100
2	碧桂园	4 360
3	雅居乐地产	2 950
4	合生创展	2 900
5	世茂房地产	2 700
6	绿城集团	2 600
7	中国海外发展	2 560
8	华润置地	2 530
9	万科	2 450
10	保利地产	2 350

数据来源：公司财报和公开数据[③]。

当一种经济方式脱离了人自身的需要目标而转向"以钱为本"（商品只是作为赚取最大利润的一个载体）后，也就容易淡化"人性"，浓化"钱性"。而一种经济假如进一步脱离人性，乃至违背人性，那将会导致经济与社会秩序的混乱。近年来出现的黑煤窑事件、食品掺假问题、转基因作为泛滥以及最近 40 年来大量的物种灭绝和无数起的水污染事件等，就是经济发展"钱本"化的一种反映。马克思预期资本主义商品经济必然要向更高的计划经济形态过渡——一种在人类经济社会发展更高级阶段的"以人为本"的经济方式。[④]这除了看到以商品经济为基础构建的资本主义经济制度造成经济危机的巨大浪费外，还看到了现代商品经济存在的人性异化的某些现实风险。今天，这些问题正在暴露出来，必须引起我们对现代商品经

① 刘德炳：《谁在囤地？上市房企囤地大起底》，载《中国经济周刊》，2010 年第 42 期，第 23～28 页。
② 据《中国经营报》（2010 年 9 月 18 日）报道，由北京联合大学张景秋等人组成课题组对北京 50 个小区进行了空置率调查，并得出 27.16%的空置率数据，推算出北京 2007 年有 5 400 多万 m² 已购商品房闲置。来自《羊城晚报》（2010 年 6 月 6 日）的调查结论是：广州存量住房空置率高达 20.24%同期；来自国家电网公司的数据显示全国 560 座城市 6 540 万套住宅空置。
③ 搜狐焦点网，http：//house.focus.cn/ztdir/2009tundi/.
④ 《马克思恩格斯选集》第 3 卷，北京：人民出版社，1995 年版，第 323 页。

济追求利润最大化的内生属性的反思与警觉。

4.2 绿色文明缺失与发展手段的生态背离

工业文明在发展手段上呈现出"技术异化"与高碳依赖的特征。基于自然生理—心理需要的自然经济因循自然规律，人类经济活动在生态阈限之内，自然—社会—经济系统具有协调共生的运行机制和高度自洽的内在逻辑。与此相反，利润驱动的工业化生产为实现利益最大化目标，必须发挥人作为高级智能动物的能动性，突破自然生态阈限，控制生产过程，改变自然物的活动规律，人与自然的和谐统一关系容易走向尖锐对立。当这种对立造成的自然毁灭性后果危及人类自身时，为缓和矛盾，又不得不投入更多的物质能量以削减环境污染和生态危害。利润最大化目标下的生产过程过度人工化控制的技术异化现象，导致人类社会及其经济活动的高碳化。

4.2.1 技术异化及其生态后果

异化是源于哲学的一个概念，黑格尔认为异化是主体否定自身、转化为、派生出与自身相对立并压迫、制约着自身的他物的过程。马克思进而把它运用于分析资本主义生产方式的社会关系本质，如劳动异化等。技术异化指在一定的社会条件下，主体的科技活动及科技活动所取得的科技成果，背离主体人的需要和目的，成为人难以驾驭的力量，并反过来控制人、统治人、危害人的特殊现象（陈翠芳，2007）。技术异化的根源就在于资本主导下的工业化技术—制度体系。在这一体系中，资本是社会的统治力量，追求利润最大化是其本性，技术异化的后果系统性地表现在自然、经济、社会和人自身方面。而技术异化导致的对人自身生命健康的危害与生态环境的影响成为横亘在工业现代化过程中最迫切的矛盾。

科学技术是一把"双刃剑"，人类在利用科技改造自然获取必要的人工物，提高物质生活质量的同时，也改变了自然生态系统的本来面貌。技术异化因悖于人本目的和生态本性，更是打破了自然界原有的良性平衡，引发了人口膨胀、生态危机、环境污染、能源短缺等严重问题。科技在创造大量消费品的同时，对自然环境和生态平衡形成了双重的威胁：耗费着有限的资源和制造着大量的垃圾，严重影响着人类自身的生存（陈翠芳，2007）。如同海德格尔所分析的："尽管人在科学和技术上牢牢地掌握着天地万物，行使着人的绝对的统治和支配，但地球却变成了荒芜的地球，变成了'迷失了的星球'，使人类在地球上的居住面临了严重困难和危险……曾使人类获得文明和进步的科学和技术，在其迅速发展的过程中却包含着对自然、对人的基本生存条件的严重威胁。"[①]马克思曾经说过，文明如果任其发展，留给人类的将是荒漠。今天，高科技污染几乎无处不在：化学合成物质污染、电磁波辐射污染、基因污染等。例如，转基因技术在农业生产中的广泛运用虽然增强动植物的免疫能力，大大提高产量，但是转基因的扩散会淘汰掉其他弱势基因，进而消灭30亿年来地球生命进程中存在的其他物种，减少生物多样性，甚至会扰乱自然生命活动规律，破坏自然生态系统的稳定性。著名的"马铃薯事件"和"BT基因玉米事件"以及国际权威科学杂志 Nature 发表的多篇研究成果表明，用含有转基因的马铃薯饲养大鼠会破坏其免疫系统，植入BT基因会对生态环境造成不利影响。[②]由于基因污染是能够不断增殖、扩散且又无法清除的，其潜在的威胁不亚于核扩散。

4.2.2 高度人工控制的工业生产导致经济增长的高碳依赖

在商业利益驱动下，工业化大生产借助科学技术和先进生产工具，可以超越时间和自然条件的约束，通过人为控制实现经济目标。高度人工控制的工业生产活动以人类的经济利益最大化为中心，对自然予取予夺。自然对人类形成使用价值的同时，人类的工业化构成对自然的负价值，具有突出的反自然本性（韩民青，2010）。传统工业经济对非自然要素的运用主要表现为：时间的反自然利用、要素的反生态配置、生产条件的人为控制、生产周期的极度压缩。这种反自然本性不仅造成了对自然的无可挽回的破坏，而且使工业化本身成为不可持续的物质生产方式（韩民青，2010）。形成鲜明比较的是，自然经济条件下的农业文明是以自然物为主要劳动对象、借助自然力（人力、畜力、水力、风力等）完成生产活动；商品经济条件下的传统工业经济则是以化合物为主要劳动对象，大规模利用化石能源为主要动力来完成生产活动。由于工业化的整个生产过程控制高度人工化，必然需要投入大量的资源和能源，从而形成对高碳发展模式的路径依赖。

---

① 转引自：宋祖良：《拯救地球和人类未来》，中国社会科学出版社，1993年版，第78～79页。

② 《基因污染将导致生态灾难 威胁不亚于核扩散》，2005年3月30日《北京青年报》。

由于现代化工业摆脱了自然条件的约束，化合物的生产和使用可以随时随地得以实现。然而，这种反自然、批量化生产出来的产品，其实际效用价值日趋衰减。反季节蔬菜虽有其形却食之无味，现代化养殖的肉蛋奶虽花样繁多但其中营养成分含量大大降低。还有大量的农产品和食品药品降低质量标准，危害消费者健康。比如，为满足延长食品保质期、人们不同口味、色泽亮丽等要求，食物中被添加大量的食品添加剂（苏丹红、硫化钠、罂粟壳、硫黄、工业用甲醛等）；反季节蔬菜靠催熟剂促熟含有大量激素，畜禽生长期缩短，儿童食用后提前发育，出现性早熟；抗生素在农场的滥用引发大规模的禽畜传染病，病人对抗生素的滥用则导致超级细菌产生并破坏人体免疫系统。这些现象的出现极大地危害着人类自身的生命安全，并使得大量反自然的工业化生产过程出现了由追求人类自身的最大利润目标开始到以反人类自身的生命存在而结束的深刻的悖论之中。

4.2.3 异化的技术—经济范式导致生态的不可持续性

工业化技术—经济范式的关键就是大量生产、大量消费和大量废弃，遵循线性技术路径和补救式创新。科技创新理念偏离人本目标而追求利润目标，牺牲自然资本换取物质资本。这种技术—经济范式具有典型的异化特征：工业化创造物质财富的力量反过来成为控制人自身，甚至损害人自身的力量。

现代商品经济是资本驱动的"产品"经济和"物质"经济。在经济范式上，以产品产量越大越好、商品消费越多越好为假设前提。于是，工业生产追求大规模，市场驱动迂回生产，并导致中间技术环节不断增加。但是由于市场的滞后性和信息不对称，最终产品的生产与最初的市场需求极有可能脱节；资本出于逐利本性，生产会诱导消费，造成无效供给。在整个经济系统中，投资者成为利润的奴隶，工人沦为机器的奴隶，消费者变成商品的奴隶。无效生产、过度消费导致系统性的浪费，引致经济系统整体型高碳化。与此同时，利润驱动下的工业化生产的技术经济范式以资源无限供给和环境无限容量为假设条件。与顺应自然、循环往复、生生不息、天人合一的自然经济不同，传统工业化模式遵循线性经济的技术范式（Holdren et al.，1974）。这种线性范式的核心思想为：产品设计路线是线性的，没有考虑产品消费后的去向；产品的使用功能只考虑使用的便利性而不考虑回收的再利用；技术开发体系只考虑产品生产成本的最小化而不考虑产品的环境成本；财富价值观以资源攫取和环境污染实现人造物质财富最大化不考虑自然资本的可持续利用（齐建国等，2006）。

异化的技术—经济范式具有双重性：人与人关系以及人与自然关系的悖论。这种双重性表现为经济、社会、生态、文化、精神等多领域、整体性的对立和分裂。作为一种历史阶段性形成的技术—经济范式，其内在关系的演化具有逻辑的自洽性和客观的必然性。可用图 4-1 来展示利润最大化生产目的、异化及其人文—生态秩序关系的演进逻辑。

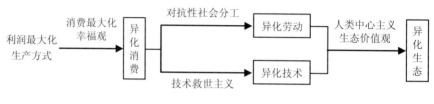

图 4-1　异化的技术经济范式

4.3　绿色文明缺失与发展过程的生态背离

工业化既是一个极大限度创造物质财富的过程，也是资源能源极大消耗、无效能（即熵）不断增加的过程。这种远超自然经济和农业经济的熵增活动对生态环境产生深刻的影响并导致生命资源的过度使用，熵理思维作为从熵增原理出发思考人和自然界生存关系的思维方式（苗启明，1998），为检视工业文明的历史局限、矫正商品经济发展中存在的目标偏差和机制错位提供富有启发意义的理论视角。

4.3.1　熵理思维与生态问题的"杰文斯悖论"

由热力学第二定律揭示，当物质形态转化时，会使某种能量受到一定的损失，这种不能再被转化做功的能量的总和就是熵。熵同样是一个表示系统内部特征的量。根据卡诺（S.Carnot）等的论证，在一个系统内部，随着能量的不断使用，不能再做功的无用能是不断累增的，即总的熵不断增加，从而形成了熵增加定律。从整个环境经济系统来看，熵的增加意味着有效能量的减少，耗散了的能量就是污染。所以，污染就是熵的同义词，它是某一系统中存在的一定单位的无效能量（里夫金等，1981）。这种被爱因斯坦誉为科学之首要定律、爱丁顿称为宇宙最高之形而上学定律的"熵理论"为人类理性对待技术提供了理论依据和完整的视角。

经济活动的总过程（生产、流通、消费）是一个熵变过程，人类通过"生产过程使原材料和其他外部环境都发生了不可逆转的变化"（钟学富，2002）。生产过程将自然资源开发利用过程中得到的原料资源，通过人工劳动和能源消耗制造出人类所需的产品，所以生产过程就是将高熵原料转变成低熵产品的过程，而低熵产品的生产过程总是伴随着整个生产子系统熵值的增加。同时，生产过程中向环境排放的各种废物和废热使环境发生了污染从而导致了环境熵（表征环境污染或破坏的程度）值的增加。产品的流通过程由于需要消耗大量的能源和动力使商品发生空间位移，因而也是一个熵增的过程；产品的消费过程因依靠能量维持产品功能的运转和发挥，更是一个熵值增加的过程（孙志高等，2004）。

科技进步是促进现代经济增长的第一生产力。然而，当这种科技进步完全由资本主导、以利润为驱动力，并且在速率上超过资源环境的自我恢复速率时，技术进步、经济增长和资源环境可持续性就出现了三角悖论，这就是所谓的"杰文斯悖论"，即"某种特定资源的消耗和枯竭速度，会随着利用这种资源的技术的改进而加快，因为技术改进会使以这种资源为原料的产品价格大幅度降低，而价格降低会进一步刺激人们对这种产品的需求和使用"。[①]技术的提高导致资源消耗的增加，"在工业资本主义发展史上，资源利用率的提高也始终伴随着经济规模的膨胀（和更加集约的工业化过程），所以也始终促使着环境在不断恶化。"[②]由此可见，科学技术是一把"双刃剑"，它在为人类创造物质财富的同时，也存在着破坏环境的可能性并进而危及人类自身。科技推动下高效率经济发展的结果，造成了能源资源和生态资源的极大损害，致使不可再生的资源性产品耗费过度，以至于高效率下的社会经济发展模式出现了不可持续的发展危机。经济合

---

① 威廉·斯坦利·杰文斯（1835—1882）是著名的英国经济学家，因创立边际效用主观价值理论，成为近代新古典经济分析的创始人之一。他在《煤炭问题》一书中指出："认为燃料的经济利用等同于减少消费，这纯粹是一种思想混乱。真实的情况恰恰相反。根据许多并行实例普遍证实了的原则，新的经济模式一般都会导致消费的增长，同样的原则也更明显有力地适用于煤炭这种普遍燃料的消费。正是使用煤炭的经济性，导致其广泛的消费……这也就不难看出悖论是如何出现的了。"见：约翰·贝拉米·福斯特：《生态危机与资本主义》（耿建新等，译），上海：上海译文出版社，2006年版，第88页。

② 约翰·贝拉米·福斯特：《生态危机与资本主义》（耿建新等，译），上海：上海译文出版社，2006年版，第16页。

作与发展组织于 2008 年 3 月 5 日发表了《OECD 2030 年环境展望》，对 2030 年的经济和环境趋势进行了分析，并对应对主要环境挑战的政策行动进行了模拟研究，指出若不采取新的政策，人类面临的风险将不可逆转地损害经济增长、人类生存和幸福所必需的环境和自然基础。[①]

近现代社会，人类对自然界的认识经历了物质、能量和信息 3 个阶段（王素萍，2011）。物质性认识阶段是以机械论世界观为主导的科学技术体系的工业文明。能量性认识阶段，从熵理思维来看，这种工业文明在利用有效能量的同时，也产生巨大无效能量，使正熵增加，导致自然—社会—经济系统的无序。能量、技术和熵的关系可用图 4-2 表示。

从图 4-2 可以看出，技术的作用对自然和人类的双重效应：一方面，使人类获得负熵以维持自然和社会的有序状态；另一方面，技术却相应产生了引起自然和社会无序状态的正熵。正是技术在生产输出中产生的熵的双重外部效应，使人类对技术创新有持续的需求，从而推动技术创新的发展（王素萍，2011）。因此，要打破科技进步、经济发展、环境不可持续所组成的三角悖论，必须树立科学发展观，变革技术创新范式，引导科技走向生态化、人性化的目标。

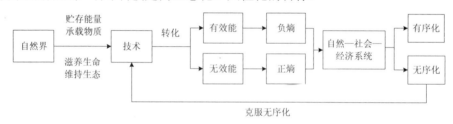

图 4-2　技术进步的双重效应与熵增的系统性后果

4.3.2　工业化熵增过程加剧自然资本损耗风险

工业化形成跨国生产、全球化流通和大规模消费，在规模、速度、强度等方面强化了环境经济系统的熵增效果。在资本追逐利润的动力驱动下，工业大生产、流通大市场和消费大规模的形成必然需要以自然资源的大规模投入为代价。工业化的

① 李威：《论国际环境法的科技生态化目标——以应对气候变化为视角》，载《世界贸易组织动态与研究》，2009 年第 5 期，第 8~14 页。

物质财富增加过程实质上就是不断地利用工业技术把自然资本转化为人造资本和消费品的过程。根据热力学第二定律，工业化过程就是一个熵增过程；而热力学第一定律要求能量守恒。如果这种物质转化的速率和规模使自然资本得到恢复和再生或者完全替代，这种增长就可以持续实现。否则就会遭遇增长"瓶颈"，甚至引发全面的增长危机。煤炭和石油两次能源革命及其伴随的产业革命使人类拥有空前的产品制造能力，同时也开始进入有史以来最大规模的资源开采和能源消耗时代。20世纪工业革命创造了相当于历史上所有物质财富的总和，同时能源消耗增长了 30倍。预计今后 20～50 年，化石能源将会消耗掉全部储存量的 80%。全球尚可开采的石油只能用 39 年，天然气只能采 60 年，煤只能采 221 年。

从历史角度看，传统工业化是一个巨型熵增过程。近百年来，人类也开始经受温室气体的困扰，20 世纪末感觉尤甚。这种困扰的产生非一日之工，而是源于 300年来工业化国家累积性"历史贡献"。图 4-3 显示的是西方 6 个主要工业化国家碳排放历史进程。从时间节点看，各国在碳排放历史高峰、高位运行阶段、趋势性回落均有差异，但总体趋势大体相似。这一变化过程解释出传统工业化对化石能源的高度依赖和对气候变化的深刻影响。

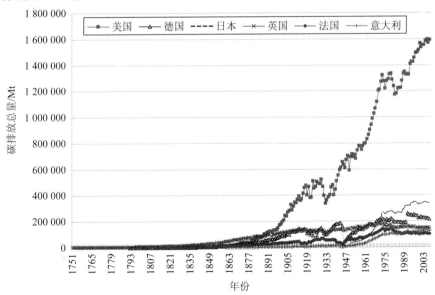

数据来源：Carbon Dioxide Information Analysis Center，Environmental Sciences Division，Oak Ridge National Laboratory，Oak Ridge，Tennessee 37831-6335，U.S.A.

图 4-3　世界 6 个主要工业化国家碳排放总量的历史演变趋势

从图 4-3 可以看出，工业化程度及规模都与碳排放总量具有高度相关性。例如，第二次世界大战以后，西方发达国家的经济恢复带来新一轮高碳排放。尤其是美国，作为高投入、高消费、高污染的工业化模式代表，自 20 世纪以来，在碳排放总量和增幅上都远远高于其他西方国家；20 世纪后 30 年，其他五国的碳排放总量出现平稳回落，但是美国却急剧攀升，屡创新高，极大地加剧了气候变化的风险。

传统工业化不仅依靠化石能源的消耗，而且需要资源的大规模投入。先期工业化国家经济增长与矿产资源消费需求的理论与经验表明，单位产值资源消耗量随人均 GDP 呈倒"U"形变化，人均金属消费量随人均 GDP 呈"S"形变化，反映由农业经济到工业经济再到后工业经济矿产资源消费的基本特征。具体见图 4-4。

不论是倒"U"形模式还是"S"形模式，均揭示了同一规律：在工业化进程的早期阶段（大多为人均 GDP 3 000~15 000 美元时期）人均矿产消费加速增加（项安波，2010）。本质上，倒"U"形和"S"形两条曲线经验上揭示出传统工业化的熵变规律，既显示出传统工业化发展的阶段性和历史必然性，也暴露其历史局限性。如何缩短这一进程、降低工业化熵值成为中国的新型工业化道路亟须思考的问题。

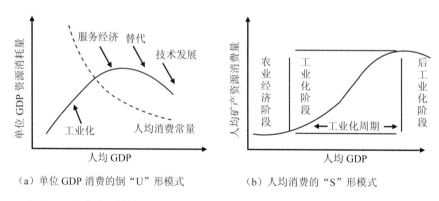

（a）单位 GDP 消费的倒"U"形模式　　　（b）人均消费的"S"形模式

图 4-4　矿产资源单位 GDP 消耗的倒"U"形模式和人均消费的"S"形模式

横向看，当前全球矿产资源消费中存在"二八现象"，即占世界人口约 20% 的国家和地区（西欧、北美、日本和俄罗斯）消耗了世界近 80% 的矿产资源，其中仅美国就以全球 4% 左右的人口消耗了 20%~25% 的资源。[①]这些数据表明，即便是已经完成工业化的西方发达国家要维持其现有经济规模和消费水平，仍旧难逃其高熵

---

① 项安波：《全球主要金属矿产资源市场的基本特征和一般规律》，国务院发展研究中心信息网，2010 年 7 月 14 日。

高碳之窠臼。

4.3.3　工业化熵增过程加剧人的生命成本损耗

工业化熵增与无视生命规律的分工细化是紧密结合在一起的。分工和专业化要求工业经济下的教育体系把人训练成专业化的劳动力，成为与整个工业体系中相互匹配的工作机器，并且人的生息规律也因机器的需要而改变。工业革命以来，由分工推动的科学技术飞速发展也日益地引起了人们在专业化学习路径上的不断延伸，职业生涯大量地被学习生涯挤占了，十年寒窗变成二十年寒窗，生命资源配置发生了重大变化。事实上，源于自然属性（生理差别）和人性特征（趋乐避苦）的社会分工既合乎马斯洛需要层次论的心理学逻辑，也能实现经济发展和社会和谐。然而，值得反思的是，在工业化、现代化过程中一方面因技术进步改变了原有的分工状态，人们的自然生理因素差异正在被忽略，另一方面也因为社会追逐金钱目标，而导致其对分工的男女、年龄自然属性的忽视。童年就背起沉重的书包，妇女做一些很不适宜的体力、脑力工作，这些违背人本身自然属性的社会分工与生命周期安排，对于个人的一生幸福与社会整体的和谐幸福均无好处。分工异化、劳动异化、技术异化的最终结果就是人的生命成本的过度损耗。这种过度损耗体现在人的行为和精神上，就是福利状况的恶化。根据荷兰 Erasmus 大学的 Ruut Veenhoven 教授对中国 3 次幸福指数的调查，中国 1990 年国民幸福指数为 6.64（1～10 标度），1995 年上升到 7.08，但 2001 年却下降到 6.60。数据表明，即使经济持续快速增长也并不能保证国民幸福的持续增加。到了 2009 年 12 月，美国密歇根大学社会研究所公布的幸福调查显示，中国人的幸福感仍在下降，现在的中国人没有 10 年前快乐了。人的主观幸福感是经济社会客观现实的反映。①过去 10 年也是中国经济增长最快的 10 年，GDP 年均增幅在 10%左右，但是，在物质财富总量增加的同时，却换来的是幸福感的下降，不能不说明我们的增长方式需要反思。

资本主导下的工业化模式不仅直接加剧生命资源损耗，还要通过扭曲配置人力资本而加大生命成本。然而，人力资本具有显著的异质性，当这种异质性与资本、权力等因素结合时，效率至上的商品经济必将对人的生命成本进行再配置。具有优

---

① 中国新闻网，2010 年 10 月 19 日。

势人力资本的主体可以占有、支配更多的自然资源和社会资源，把自身的生命成本转移给劣势人力资本主体，这种转移的方式是依靠更多的非生产性活动完成，造成无益于社会福利增进的资源能源耗费。工业大生产把人视为无生命、同质化的生产机器，劳动力的错误配置以及劳动收入的分配扭曲加大人的生命成本，社会再生产循环过程出现断裂，难以持续。生命资源的过度使用不符合人的趋乐避苦本性，更有悖于人的全面发展的终极价值；生命成本的扭曲配置既违背帕累托标准，也不符合卡尔多标准。这种非民生的经济活动是人类行为的异化（金碚，2011）。

有数据显示，当前中国劳动收入占比不仅低于韩国、巴西、俄罗斯等国，甚至低于西方发达国家，见图 4-5。初次分配中农民工工资长期被过分压低，这种现象在经济增长最快的珠三角地区尤为突出。比如，广东东莞，经济获得高速增长的同时，农民工工资增长却极其缓慢。中国人民银行发布《2008 年中国区域金融运行报告》指出，东莞最低工资标准从 1994 年的 350 元/月提高到 2008 年的 770 元/月，15 年间年均增长速度也不足 5%，而同期东莞经济由 150 亿元增长到 3 710 亿元，增长了近 24 倍[①]。

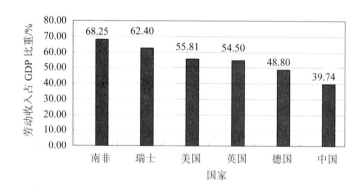

数据来源：《中国行业收入差距扩大至 15 倍 发达国家仅为 2 倍到 3 倍》，2011 年 2 月 10 日"新华网"。

图 4-5　世界部分国家劳动收入占 GDP 比重

---

① 《东莞统计年鉴 2004》。

第**5**章

社会意识形态的生态化转向

延续农业革命、工业革命的历史进程，生态革命的出现具有历史和逻辑的必然性。由于生态资本主义自身存在无法突破的制度、逻辑和价值三重困境，需要打开生态社会主义新视阈。在生态文明新思维中，生态主义呈现出实践性、政策性、科学性、抽象性和艺术性等多重属性。

5.1 生态革命出现的必然性

在可持续发展思想指导下，人类将从"农业革命"形成的"农业文明社会"和"工业革命"形成的"工业文明社会"，步入"生态革命"形成的以可持续发展为特征的"生态文明社会"。从 20 世纪 50 年代开始，就有人把生态问题纳入革命的轨道，如美国经济学家和社会学家 K·博尔丁在他 1953 年出版的《组织革命》一书中，指出"生态革命"是社会存在的客观条件逐步变化的结果，是观念和理想乃至技术手段的革命。

5.1.1 历史的必然性

人类社会的发展往往伴随着生产力的进步与人们思维观念的革新。

1 万年前，人类由采集野生小麦发展为有意识的栽种，逐步到半定居等待收获的农耕生活方式，农业文明产生；100多年前，伴随蒸汽机的发明和改进，工业文明产生。工厂不再依河或溪流而建，以至于后来依赖人力与手工完成的工作自蒸汽机发明被机械化生产取代，整个工业革命过程无不伴随着人们生产效率的提高，但同时也伴随着资本的快速积累以及人们对自然资源疯狂的掠夺。

随之而来的是全球性的生态灾难，它威胁着地球上一切生物的生存。如果按科学家们所言，全球变暖导致温度上升8℃，那么还有多少人——或其他物种——能够幸存？如果这个（资本主义的）世界在未来的几十年依旧如此继续热衷于商业贸易，灾难将不可避免[①]。为了全人类的生存与发展，只有经历一场生态革命，同时也是一场社会革命，才能与地球言归于好。生态革命的出现是一个历史的必然。

5.1.2 逻辑的必然性

在地球这一个大的生态系统的运转过程中，无不伴随着系统的涨落。按照系统科学的观点，地球生态系统是以人为主体的社会—经济—自然复合系统，它隶属于更大范围的系统，并不断与之进行信息、物质、能量等多种流的交换，是一个开放系统；各子系统之间不是简单的因果链式关系，而是相互制约、相互推动、错综复杂的非线性关系，而且系统远离热力学平衡态，因而地球生态系统是耗散结构。

地球生态系统运行的稳定性是以其各子系统间的"协调作用"为基础的。在地球生态系统面临生态危机，远离非平衡态的时候，就需要一种负反馈（Negative Feedback）作用。新的平衡态形成，地球生态系统才能在生态环境承载力的范围内，重新形成自组织的动态平衡，从而保持其稳定状态，推动其螺旋式良性协调发展。

人类只是地球生态系统中一个大的种群，就算人类再强大，也不能失去自身的生境。生态革命的出现是一个逻辑的必然。

---

① 米夏埃尔·洛维：《资本逻辑与生态斗争——评福斯特新著〈生态革命：与地球言归于好〉》（孙海洋，译），载《资本主义·自然·社会主义（Capitalism Nature Socialism）》，2011年第22卷第3期，第117～119页。

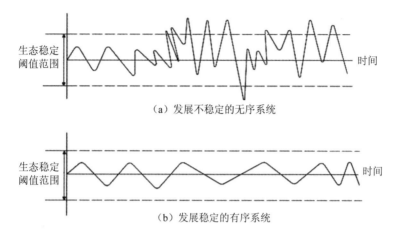

（a）发展不稳定的无序系统

（b）发展稳定的有序系统

图 5-1　不同系统运行规律图示比较

5.2　生态资本主义的困境

随着生态危机的加剧，西方许多资本国家试图构建一种生态化的资本主义，来协调资本扩张与人类生存环境恶化这一对矛盾。生态资本主义（eco-capitalism）认为：①一直被外化的环境成本必须被内化；②污染者必须支付污染治理费用；③价格必须反映全部的成本事实。他们的方法主要是通过自由市场的价格机制来运作的，但政府和立法者必须发挥重要的作用。因此，"以前整个自然被视为给资本的一份'礼物'，一个外部的、可资利用的范畴，而现在则逐渐被重新定义为资本的一个储备"①。生态资本主义将解决环境危机的出路视为给"地球定价"，但是本质上这几乎无异于把经济扩张主义与自然相提并论（曾志浩，2012）。这也就导致了生态资本主义无法从根本上解决地球的生态环境问题。

5.2.1　社会制度的内生冲突

资本主义生产的唯一目的是追逐利润，它就必然把利润第一作为首要原则。在这个原则的支配下，资本家依靠剥削工人，获得更多的剩余价值和资本增殖，"如

---

① 约翰·贝拉米·福斯特：《生态危机与资本主义》（耿建新、宋兴无，译），上海：上海译文出版社，2006年版，第 28 页。

果这个制度想要生存下去，投入生产中并在商品交换中实现的劳动价值必定总是大于支付给劳动力的价值。资本主义制度依靠这种剥削而存在"。①同样，对于自然资源来说，资本主义把自然仅仅作为获得利润的对象，不断地对资源进行掠夺，尤其现在平均利润率不断下降，为了确保利润增长，资本主义企业更是强化对自然资源的控制，不断地吞噬它赖以生存的资源基础，这就导致人与自然矛盾的不断激化，"资本主义生态矛盾"产生了。正如福斯特所说，"那就是在有限的环境中实现无限扩张本身就是一个矛盾，因而在全球资本主义和全球环境之间形成了潜在的灾难性的冲突"②。可以说，生态危机是资本主义发展的必然结果。

生态资本主义是刺激—反应模式下人类对自身反生态行为产生严重后果之后的被动反应和消极调适。资本主义制度崇尚个人主义价值观，经济社会发展追求个体本位，在人的欲望无限性与资源存量有限性之间、个体理性与社会理性之间存在不可调和的矛盾。资本主义制度下任何试图缓和人与自然、社会与生态之间矛盾的努力都只是对生态系统的边际改进和局部优化，并不能根本性地改变生态系统走向失衡的趋势。

5.2.2　经济范式的逻辑悖论

生态资本主义要做到名副其实，其基本任务就是必须使经济能够可持续发展，而一种可持续的经济，从逻辑上说，至少应基本上是建立在可再生资源基础之上的，因为不可再生资源不仅早晚会消耗殆尽，而且会造成环境破坏。

可再生原材料能够再生，不过它们的可获得性是有限的。一旦森林里的树木被砍伐，需要等很多年，甚至几十年，新生长的树木才能被再利用。与此同时，年降雨量也受到气候的制约。上述因素迫使我们必须承认：世界经济的无限增长是不可能的。当对自然资源的开发达到极限（如石油峰值）时，零和博弈便开始了。经济只能通过其他方面的成本以获取更多的某种特定资源。

这一结论对于经济理论与政策有着极为重大的意义，因为它会直接或间接地给

---

① 戴维•佩珀：《生态社会主义：从深生态学到社会正义》（刘颖，译），济南：山东大学出版社，2012年版，第94页。

② 约翰•贝拉米•福斯特：《生态危机与资本主义》（耿建兴、宋兴无，译），上海：上海译文出版社，2006年版，第2页。

整个人类生活的各个方面带来不良影响。这就需要我们进行一种范式的根本转变，也就是从目前盛行的"增长范式"转变到"增长极限范式"（limits-to-growth-paradigm）。对于前者来说可能的事情，即无限的 GDP 增长和经济繁荣，在后者看来却是完全不可能的。而人们一旦接受这种激进的范式转化，就必须抛弃目前的主导性经济理论，而且需要在经济和社会政策上做出巨大改变。尤其是，如果接受上述意义上的范式转变，就必须执行一种引导世界经济渐趋收缩的经济政策，直至达到一种稳态。如今，人们都希望避免当前的疯狂增长以混乱的生态、经济、社会崩溃而告终。①因而，资本主义的经济增长方式是具有局限性的。

5.2.3 核心价值的公义缺失

生态资本主义的核心价值观念是由个体的利益出发的，是以刺激并鼓励个体追求利益最大化所构建起来的价值体系。就其本质而言，仍属资本主义，即"剥削、残酷竞争、崇拜财富、利润和贪婪的动机"②，这种个体的观念，相对于国家而言，是个人中心主义；相对于人类而言，就是国家中心主义；相对于宇宙而言，就是人类中心主义。基于此，人类整体和自然界的权益就无法得以保障。这样，一味刺激和鼓励个体自由追求实体，就可能使人类整体和自然界成为无人保护的受害者。而且，实利的获得从根本上说就是财富的占有，而财富最终来源于并非其资源取之不尽的自然界，并且相对于人的欲望而言总是无限的。这样，对实利的自由追求（由于人的欲望是无限的，这种自由追求必然变成贪得无厌的无限追求），加上人口的迅速膨胀，必然导致有限自然资源的迅速消耗乃至枯竭，必然导致为占有更多财富而引发的各种争斗乃至战争，从而必然导致人类整体面临日益严重的生存危机和人类个体面临日益严重的生存压力。因此，资本主义必须要反思自身所代表的价值理念的缺陷，否则资本主义终将会使人类从辉煌中走向灭亡。③

这种资本至上、利润至上、个体至上的核心价值是资本强权主导社会价值体系

---

① 萨拉·萨卡：《生态资本主义的幻象》（申森，译），载《鄱阳湖学刊》，2014 年第 1 期，第 5～11 页。

② 萨拉·萨卡：《生态社会主义还是生态资本主义》（张淑兰，译），济南：山东大学出版社，2008 年版，第 6 页。

③ 曾志浩：《生态资本主义的哲学批判》，载《北华大学学报（社会科学版）》，2012 年第 6 期，第 118～121 页。

的基础，与可持续发展的公平原则和社会主义的公正原则完全不相容，这种公平和公正价值理念的缺失导致生态资本主义无论如何花样翻新都难以摆脱其背离生态文明的困境。

5.3　生态社会主义新视阈

5.3.1　生态社会主义运动

随着 20 世纪 60 年代末和 70 年代相继发生的经济危机、能源危机和环境严重污染，"生态革命"的主张开始转变为一种"生态意识"，即必须根除人们对自然所采取的那种盲目索取的态度以维护生态平衡，否则人类自身的生存必将受到更大的威胁。

在这种所谓"生态意识"的驱使下，人们发出了"只有一个地球"，积极行动起来以"确保子孙后代的生存，防止滑向生态灾难的深渊"的呼声。于是，各种公民组织，诸如"环境保护—绿色行动""争取充分就业和环境保护""第三条道路行动"等组织便相继产生。这些组织的共同特点是不满现实，怀疑工业化社会盲目增长的动机和意义，主张实行生态经济，反对核扩散，要求加强基层民主和改变政治党派的作用。它们尽管都是一些自发性组织，但由于口号比较得人心，因而发展很快，追随的人数逐年增多。例如，联邦德国在 1972 年成立"环境保护—全国自发组织联合会"时，就已拥有 1 000 多个自发组织的约 30 万成员；到 1985 年绿色运动的追随者据说已超过 150 万。其他主要资本主义国家的绿色运动也在不断壮大，甚至在这方面开展得较晚的日本，到 1976 年也有 1 000 多个组织投入了反环境污染的斗争。这些组织的活动方式最初是游说各党的议员，颇像美国的"压力集团"。当这种尝试失败之后，有些国家的绿色组织就参与竞选，开始为自己谋取议席，这也就是所谓的"绿党"之始。从 1981 年开始，西欧许多国家如芬兰、比利时、联邦德国、奥地利的绿党都相继进入了议会。联邦德国的绿党在 1983 年的大选中占据了 27 个议会席位，从而打破了议会中长期存在的三党格局（基督教民主联盟、社民党和自民党），成为议会中的"第四大力量"，而且其代表于次年还进入了欧洲议会，占有 7 个席位。这种运动目前已遍及西欧、北欧、北美和日本，可以说在整个发达资本主义世界中，都有生态运动。

5.3.2 马克思主义的生态哲学思想

随着世界绿色运动的兴起，生态马克思主义应运而生。其主要理论观点可概括如下（王谨，1986）：

（1）生态问题已成为资本主义世界的一大矛盾。资本主义发展到今天显然已导致两大严重问题，即"过度生产"和"过度消费"。以追逐利润为目的的"过度生产"，使技术规模越来越庞大、能源需求越来越多，生产和人口越来越集中，职能越来越专业化；而"过度消费"，则使整个社会的消费越来越膨胀，有可能超过自然界能负担的界限。

（2）生态危机延缓了经济危机并取代它成为资本主义的主要危机。马克思关于资本主义由于经济危机而必然崩溃的预言之所以迄今未能在西方实现，是由于当代资本主义用高生产、高消费延缓了经济危机。但这样的高生产与高消费，必然消耗大量资源，这样一来，生态危机不仅不可避免，而且成了资本主义的主要危机，成为当代资本主义的一个重要特征。

（3）宣称用"异化消费"论去"补充"马克思主义。"生态学马克思主义"认为，传统的马克思主义者的注意力往往只局限于生产领域，不注意前面所说的消费领域中可能出现的新变化，因而未能预见到资本家对人们的爱好和消费的操纵会变成维持和提高利润率及实行社会控制的重要手段，以致认为一旦消灭了生产领域中的异化，人的需要就能得到自由的表达和满足。事实上，不消灭"异化消费"，就不可能消灭异化劳动，也不可能有效地制止生态危机。

（4）主张用小规模的技术去取代高度集中的、大规模的技术，使生产过程分散化、民主化。这里所说的小规模技术，实际上就是英国经济学家舒马赫所提出的那种既能适应生态规律，又能尊重人性的"中间技术""民主技术"或"具有人性的技术"[①]。人是一切财富的首要的和最终的源泉，技术的首要任务是充分发挥人的创造性，人只有在部分自荡化、部分手工操作的小规模技术的生产中才能充分施展自己的才智，寻求能满足自己需要的手段，从而逐步克服异化消费。

---

① E·F·舒马赫：《小的是美好的》，1973 年英文版，第 2 部分，第 10 节。

（5）鼓吹建立一种"稳态"的社会主义经济模式。英国经济学家约·斯·穆勒（1806—1873）在《政治经济学原理》中就提出过使经济和人稳定化的思想，100多年来，由于人们一直忽视这个见解盲目追求发展，以致造成今天这种危害生态甚至危及人类的状况。而马克思在其早期著作中则提出了管理生产资料与拥有生产资料同样重要的思想。根据马克思的思想和穆勒的上述见解，一种"稳态"的社会主义经济模式产生了，这种模式既能"逐步扩散庞大规模的工业经济体系、尽可能减少个人对这一体系的依附性"，又能"向人们提供非异化的、创造性的劳动，使人们从不必要的、有害于生态系统的消费心理中摆脱出来"，从而使人们的生产和消费"真正植根于人与自然的完全和谐一致之中"。①

（6）提出发达资本主义国家争取社会主义道路的设想。这些国家要走向社会主义，不能诉诸"暴力革命"，而只能运用马克思的异化理论和他们的生态危机理论去发动人民批判资本主义那种集中化、官僚化的违反自然和人性的倾向，然后在适当时候创造条件解决所有制的问题，最终把生产过程的分散化、民主化、工人管理这三者结合起来，以建立"稳态"经济的社会主义。

5.3.3 绿色社会的构建模式

对于未来社会的构建模式，生态社会主义者提出了未来绿色社会的两种政治模式，即本顿的生态中心主义范式与佩珀的人类中心主义范式。

5.3.3.1 本顿的生态中心主义

1989 年，本顿（Ted Benton）在《新左翼评论》上发表了长文《马克思主义和自然的限制：一种生态批评与重建》，全面系统地表述了其对生态学与马克思主义相遇的理论状况的思考，也是他最具影响力的作品之一。文章对马克思的历史唯物主义以及经济理论从生态学视角进行重新审视或"重建"（本顿的意图）。本顿没有亲自论述如何从生态学上重建社会主义，但他借助罗依·艾克斯丽的观点，表达了他关于生态社会主义重构的思想。对于生态社会主义，其重建的具体步骤是：① 具备自由、平等、民众、正义、繁荣、幸福等价值和品质；② 放弃把生产力作为判断经济发展的主要标准，以及把最大化消费作为人类福利的标准；③ 建立生态社

---

① 本·阿格尔：《西方马克思主义导言》，1979 年英文版，第 272～273 页。

会主义的环境伦理学。

5.3.3.2 佩珀的人类中心主义

佩珀在人类中心主义的价值立场上来构建生态社会主义，充满了人文主义的关切，把社会正义作为价值目标，并且要求社会主义者和生态主义者共同促进社会正义的实现。他的生态社会主义理论把马克思主义的辩证法理论作为红绿政治联盟的共识（倪瑞华，2011），在实际上发展了马克思主义，但未说明如何保障和实现社会主义。

刘思华教授在《生态马克思主义经济学原理》第一版中指出："西方学者建立的生态学马克思主义，从总体上看，主要表现为生态学马克思主义哲学形态，这是西方尤其是北美马克思主义哲学家贡献于世界的新的马克思主义哲学形态，是当代马克思主义哲学发展具有原创性的马克思主义研究成果。"这一时期生态马克思主义研究的学术前沿，未能从马克思主义的整体性详细解读马克思恩格斯的生态学与生态经济思想理论，未能从经济学形态的变革上实现马克思主义经济学理论的生态转向。这是 20 世纪 90 年代以后世界生态马克思主义研究的历史任务。

5.4 社会主义与生态文明

当今社会，存在着两种对立的意识形态，一种是社会主义，另一种是资本主义。在生态文明建设的浪潮下，只有社会主义制度的国家才能建设可持续的生态文明。刘思华教授认为，生态文明是社会主义根本属性与内在本质，是超越工业文明与资本主义文明形态的一种新的文明形态。这一观点他早在 1992 年《生态时代论》的演讲中就提出来了："农业革命创造农业文明，到被比它高级的工业文明所代替，经历了一万年之久。工业革命创造工业文明，至今已有近三百年的发展历史。我们可以预言，生态革命创造比工业文明更高级的生态文明，以及生态文明从低级向高级阶段发展，也必然会经历一个相当长的历史时期。"

5.4.1 社会形态与文明形态的一致性

从逻辑上说，社会主义是从全人类的利益出发的，以实现全人类的共同富裕为目标的社会形态；而在生态文明社会中，以人为本是其核心思想，实现人与自然、人与人、人与社会和谐共生、良性循环、全面发展、持续繁荣是其基本宗旨。在主体思想方面，这二者之间达成了共识，即以人为本，把人类及其生存环境的可持续发展作为目标。

从理论上说，社会主义的本质，是解放生产力，发展生产力，消灭剥削，消除两极分化，最终达到共同富裕；生态文明，是人类遵循人、自然、社会和谐发展这一客观规律而取得的物质与精神成果的总和。两者的核心，都是为了以人类为中心的整个地球生态系统中物质、能量的良性循环与其各个子系统的可持续发展。

相比之下，资本主义社会强调资本的积累及其包含的利益，是以追求物质财富最大化为目标的社会形态。相对于生态文明社会中看重的整个地球生态系统的利益，资本主义社会所追求的利益是一种片面的、局部性的利益。从另一个方面来说，资本主义社会的利益诉求只有利于满足人类这一生物物种的短期利益，因此为了资本主义经济的发展，必然要对自然资源进行无限制的掠夺。而这种社会、经济发展模式，显然是与生态文明社会的发展相违背的。

生态文明是社会形态和经济形态内在统一的社会经济形态（或经济社会形态）。生态文明作为一种全新的文明形态发展价值观和经济社会形态发展观，是自然生态和社会经济相统一的有机整体。因此，生态文明建设是社会主义的必然选择。

5.4.2　物质文明建设的曲折性与生态文明建设的指向性相统一

社会主义制度发展的高级阶段，是建立在社会物质财富积累到一定数量的基础之上的。对于有大量社会主义物质财富积累的社会发展阶段，称为社会主义建设的初级阶段。在这一阶段中，物质财富的积累，必然经历传统工业化这一过程。而在此过程中，难免会造成像资本主义工业化模式中那样的生态环境破坏。

但社会主义的社会性质告诉我们，社会主义终究不会像资本主义那样，给整个地球生态系统带来毁灭性的灾难。相反，在社会主义社会发展的高级阶段，人与自然、人与人、人与社会三组关系得以和谐发展。

社会主义生态文明不仅是人类文明发展的理想蓝图，而且是对工业文明与资本主义文明的现实批判和立足于现实社会主义文明发展的科学思考，是理想性和现实性高度统一的科学理论。这是用生态马克思主义经济学和哲学观察人类文明演进和经济社会发展得出来的必然结论。

5.4.3 生态文明建设的思想飞跃

中国是当今世界上典型的社会主义制度国家。在面对全世界越发严重的资源环境危机与生态危机的时候,中国共产党从中国的实际国情出发,以中国传统文化中的"和谐"观念为基础,率先在中国开展了以科学发展观、五位一体、生态红线等作为思想基础的中国特色社会主义建设。

在党的十七大上,胡锦涛同志在《高举中国特色社会主义伟大旗帜 为夺取全面建设小康社会新胜利而奋斗》的报告中提出,在新的发展阶段继续全面建设小康社会、发展中国特色社会主义,必须坚持以邓小平理论和"三个代表"重要思想为指导,深入贯彻落实科学发展观。科学发展观的核心是以人为本,要按照全面协调可持续的基本要求,坚持统筹兼顾的方法,实现经济社会又好又快发展的目标,完成构建和谐社会的战略任务。"协调"包含了人与自然的协调、人与人的协调和人与自我的协调。生态文明强调协调人与自然的关系,协调人与人的关系,因而建设生态文明不仅是贯彻落实科学发展观的重要内容,而且是贯彻落实科学发展观的必然要求。

党的十八大报告指出,建设中国特色社会主义,总布局是经济建设、政治建设、文化建设、社会建设、生态文明建设五位一体。同时,党的十八大报告也指出:"把生态文明建设放在突出地位,融入经济建设、政治建设、文化建设、社会建设各方面和全过程,努力建设美丽中国,实现中华民族永续发展。"这是美丽中国首次作为执政理念提出,也是中国建设五位一体格局形成的重要依据。

党的十八届三中全会指出,今后将紧紧围绕建设美丽中国、深化生态文明体制改革,加快建立生态文明制度,健全国土空间开发、资源节约利用、生态环境保护的体制机制,推动形成人与自然和谐发展现代化建设新格局。全会提出,建设生态文明,必须建立系统完整的生态文明制度体系,用制度保护生态环境。要健全自然资源资产产权制度和用途管制制度,划定生态保护红线,实行资源有偿使用制度和生态补偿制度,改革生态环境保护管理体制。

5.5 生态主义思维的多重属性

我们生活的世界是复杂的、是非线性的。面对复杂系统的各种非线性震荡，我们将以何种方式去应对？人类区别于其他生物的特别之处在于人类拥有复杂性的思维能力，作为一名生态主义者，就有这样一种新的辩证唯物主义方法论来应对社会—经济—自然复合生态系统中的各种矛盾。

5.5.1 实践性的生态建模

正如自然界和人类社会的其他系统那样，生态系统有其自组织的能力，来维持其自身的稳态。当前，随着地球上人口数目的迅速增长以及随之带动的快速城市化，林地面积不断减少，城市面积不断扩张，生物多样性受到严重威胁，由此而来的便是人们生存环境的恶化。为了感知这一生态系统多样性的变化，并对其进行动态监控，我们可以借助"3S"技术手段，从景观的空间尺度，利用景观指数对研究区域进行景观格局分析，从而建立一个宏观上的景观生态学模型。

5.5.2 政策性的生态规划

工业革命以来，"城市是在破坏自然、损伤自然中逐渐扩大起来的，城市的各种活动及其产生的废弃物质在继续破坏城市及其周围的自然和自然环境"[①]，资源耗竭、环境污染和生态破坏成为城市发展带来的"必然"附属物。此时，正需要一种能协调社会、经济、自然复合生态系统各个方面关系的规划理念，来缓和城市扩张与生态环境恶化这一组矛盾。

作为一种政策性手段，生态规划（Eco Planning）已在许多国家取得了成功，德国便可称得上是一个典型案例。在联邦层面，联邦土地规划法（ROG）对可持续框架发展的任务和指导思想规定了框架，把对地区在社会和经济上的要求与生态功能协调起来；在州和地区层面，每个联邦州都有自己的州自然保护法，州自然保护

---

① 中野尊正等：《城市生态学》（孟德政等，译），北京：科学出版社，1986年版，第3页。

法充实了联邦自然保护法给出的框架，是大多数具体的自然保护措施的法律依据；在乡镇层面，乡镇规划的核心手段是建筑指导规划，指导规划的任务是为在乡镇的地皮利用做准备工作，以地皮利用规划（FNP）的形式进行指导[①]。另外，在土地整理方面，德国实行生态占补平衡，即重视对景观和生态的保护，确保规划设计具有生态可行性，强调要求土地整理要与整理区的自然生态环境和社会经济发展水平相适应，尽量减少对动植物生存环境的不利影响，防止对景观的持久改变和破坏，并在此基础上采取积极的措施，形成更加合理、功能性更强的景观生态环境，以利于生态的稳定和环境的美化。

5.5.3　抽象性的生态设计

20 世纪 80 年代末，在设计结合自然[②]思想的影响下，一股更加看重生态环境因素的国际设计潮流——生态设计出现了。生态设计思想有两个重要的表现领域，一个是应用到工业设计领域，主要是工业企业产品的生态设计；另一个则是与景观生态学相结合，作为城乡规划、风景园林规划、土地利用规划实现的重要手段，进而成为生态城市建设领域的重要思想。

在当前快速推进的城镇化进程中，景观生态设计是建设生态城市的有效途径。景观生态设计能够从根本上解决城市化进程中土地资源从粗放利用方式到集约利用方式的转变，解决资源利用与环境保护的矛盾。具体来说，景观生态设计的思路可以从以下方面展开：① 保护不可再生资源、节约能源和资源的耗费；② 保护生态系统完整性；③ 有效利用废弃的土地和淘汰的城市空间；④ 顺应环境条件打造优质的自然景观和人文景观。

5.5.4　科学性的生态物理

在人们目前的认知水平下，宇宙中事物的存在有以下 3 种形式：物质、能量和

---

① Bjoern von Randow：《德国生态城市规划与政策措施支持》，载《北京规划建设》，2009 年第 6 期，第 117～124 页。
② 英国著名园林设计师伊恩·麦克哈格（Ian Lennox McHarg）提出的《设计结合自然》（*Design with Nature*，1969）建立了当时景观规划的准则，标志着景观规划设计专业勇敢地承担起后工业时代重大的人类整体生态环境规划设计的重任，使景观规划设计专业在 Olmsted 奠定的基础上又大大扩展了活动空间。

场。它们之间存在着相互转化的关系。在这 3 种存在形式中，能量对于生命的存在极为重要。众所周知，太阳能是所有能量的最初来源，所有的资源、劳动和产品的形成所直接或间接需要的太阳能之量（太阳能值）（付晓等，2004），没有太阳能，地球上也就不具备产生生命的条件。为了揭示整个地球生态系统的能量规律，生态物理学（Eco Physics）应运而生。

根据耗散结构理论，能量耗散与系统远离平衡的状态成正比例关系，能量消耗越多，它支持自组织过程的能力越强，离平衡态越远，系统越复杂。假设系统演化是可逆的，能量逆向做功，使系统从远离平衡态回到最简单的热力学平衡态，那么通过能量做功多少的测算，就能衡量不同状态系统与热力学平衡态之间的距离。这个功的大小就是，"也可以作为一个尺度，来度量打破一个生态系统有组织状态转向热力学平衡态所需要的能量。……外力使生态系统发生改变回到热力学平衡态，所需能量越多，值就越大。"[1]换句话说，热力学平衡态是系统最简单的状态，也是为零的状态，系统离平衡态越远，值就越大，维持该状态所需的能量就越多，系统才会越复杂。由此，分别从消耗的能量和系统离热力学平衡态之间的距离两个维度量化就表示了生态系统的复杂性程度（葛永林，2008）。

5.5.5　艺术性的生态美学

美，来自于人们对客观事物的一种感觉。对于只有人才有的审美活动而言，人的存在本身就是一种和谐的美，因为人类不仅有生物生命，还有精神生命和社会生命，是一个"三重生命"的统一体（封孝伦，2014）。同样，作为和谐之美的另一种表现形态，生态美是比自然美更高级的一种审美形态[2]，它是历史发展到后工业时代的美的理想（徐碧辉，2012）。但生态美不是一种独立存在的审美形态，不是在自然美和社会美之外的另一种审美形态，而只是从哲学上在自然美与社会美之外区分出来的概念，它是对自然美和社会美的综合。

生态美的实质，就是人的自然化和自然的本真化，即是在自然人化的基础上人对自然的回归和依赖，是在自然和社会呈现人的"善"目的的基础上对自然之"真"

---

① Jrgensen S E, Nielsen S N, Mejer H，"Emergy, environ, exergy and ecological modeling"，*Ecological Modeling*，77（1995），pp.99～109.
② 审美形态包括自然美、社会美、生态美，其层次关系依次递增。

的回归和强调。从形式上说，它接近于自然美，从实质上说，它是人的目的的"善"合于自然之"真"，以囊括了人的"善"的自然之"真"为其本质。

生态美学也有其艺术属性。中国园林艺术早就注重景观的审美价值与生态价值的结合与统一。中国明代园林学家计成提出"虽由人作，宛自天开"的造园原则，主张"相地合宜，构园得体"，"涉门成趣，得景随形"，追求园林景观的"野致"和"自成天然之趣"等，都是强调在园林景观的选择和营造中，要充分依据和利用自然条件和生态环境，使自然景观的审美价值和生态价值达到统一。追求自然美和意境美的和谐统一，是中国园林美学的核心思想。计成论造园之道，既讲客观自然条件，又讲主观设计精妙；既讲选景、造景、借景，又讲寓情于景、触景生情；既强调天然之趣，又推崇神游之乐。所谓"因借无由，触情俱是"，"物情所逗，目寄心期"，"触景生奇，含情多致"等，就是对园林意境美的创造及其与自然美相统一关系所作的精辟概括。

第 **6** 章

绿色文明的内涵与要求

绿色文明是在汲取农业文明、工业文明和信息文明精华的基础上形成的人类可持续发展的新文明，不仅回应时代召唤，而且顺应未来发展趋势。绿色文明之新体现在价值理念、发展思路、思想内容和理论体系等方面。绿色文明与社会文明的多维协同，能够实现文明形态的跨越式发展。

6.1 应运而生的绿色文明

6.1.1 文明的复归

在农业文明时期，人们试图改造自然，造成人对自然的依附性减弱，对抗性增强，地理环境趋于恶化，出现了局部的环境问题。然而，到了工业文明时期，人们又想去征服自然，试图成为自然界的主宰，以牺牲自然为代价，积累了巨大的物质财富，人地关系呈现全面不协调，人地矛盾迅速激化，出现了全球性的环境问题。

农业文明属于单一生物圈时空的文明。而进入化合物圈时空的工业文明，是以解构与破坏生物圈为代价，所以从时空结构上看，工业文明与农业文明都属于单一时空的文明。绿色文明同以往文明有着根本的不同，属于两极时空统一中的文明。

绿色文明是人类文明发展的一个新的阶段，即工业文明之后的人类文明形态。

绿色文明是指人类文明发展的新阶段和新形态。它是指人们在改造客观物质世界的同时，不断克服改造过程中的负面效应，积极改善和优化人与自然、人与人、人与社会关系，建设人类社会整体的生态运行机制和良好的生态环境所取得的物质、精神、制度方面成果的总和。它包括人与自然之间关系的和谐、人与人之间关系的和谐，以及人与社会之间关系的和谐，而不仅仅局限于人与自然的关系。

早在 20 世纪 90 年代初期，生态经济学家刘思华先生就指出，在社会主义初级阶段的一个相当长时期内，我国是一个"三元文明结构"发展中的社会主义大国，"人类历史上依次出现的人类文明——农业文明、工业文明和生态文明并存着。"20年后，有的学者进一步指出："对中国这样的发展中国家来说，农业文明尚有遗留、工业文明尚未成熟发展、生态文明初露端倪。"这是从人类文明演进的历史形态维度对我国现阶段"三元文明结构"现象的一个总体描述。

从文明与自然的关系可以看出，农业文明源于自然但囿于自然，工业文明异于自然却悖于自然，而绿色文明融于自然并乐于自然。绿色文明汲取农业文明的和谐元素和工业文明的进取元素，为人类社会开辟更美好的前景。

6.1.2 时代的呼唤

6.1.2.1 资源耗竭、环境污染和生态破坏日益严重

进入 20 世纪，西方社会爆发多起严重的环境污染事件：1931 年比利时的马斯河谷事件；1948 年美国多诺拉事件；1952 年英国伦敦的烟雾事件；40 年代美国的洛杉矶光化学烟雾事件；60—70 年代日本先后发生的水俣病事件、神东川的骨痛病、四日市事件和米糠油事件；1986 年苏联切尔诺贝利核泄漏事件；1984 年印度博帕尔事件。这就是臭名昭著的世界十大公害事件。

尤其是 20 世纪 60 年代以来，发达国家的工业化进程达到一个高峰，对资源的消耗急剧增加，对环境的破坏更加严重，因为资源供应不足西方世界发生两次石油危机，对其经济增长产生了制约，以美国为首的西方国家还发动了两次伊拉克战争。

同时，伴随着发展中国家的经济起飞和人口膨胀，增加了资源需求和环境压力，特别是以"金砖国家"（BRICS，即中国、印度、巴西、俄罗斯、南非）为代表的新兴经济体的崛起，这些国家人口众多、经济规模庞大，加剧了与老牌资本主义国家的资源竞争和市场争夺。

来自上述两个方面的经济社会问题对自然系统的冲击，造成了生态环境的日益恶化和自然资源的严重耗竭。

6.1.2.2　文明的演进是历史发展的必然规律

社会的进步必将体现在人类文明的发展。所谓文明，是指人类在社会历史发展过程中所创造的各种成果和财富的总和，与愚昧相对；人类文明是由物质文明、精神文明、政治文明和绿色文明组成的有机整体，是人类社会发展和进步的具体体现。物质文明、精神文明、政治文明的内涵自不待言。

绿色文明，是指人类在改造以造福自身的过程中为实现人与自然的和谐所做的全部努力和所取得的全部成果，是在物质文明、精神文明和政治文明高度发达的基础上形成的更高级的文明形态，主要表现为环境优化美化、资源持续利用、生态良性循环、人与自然和谐和生存与发展"共赢"。其前提是经济高速发展、物质极大丰富，社会稳定和谐、精神高度文明，法治善治统一、政治高度民主。

从物质文明、精神文明和政治文明发展到绿色文明的历程可以看出，随着社会历史的发展，人类已完成从物质财富的满足到精神境界的升华，现已从国家的法治、政府的善治，发展到尊重生态经济规律、强调人与自然和谐发展的新阶段，标志着人类社会步入了最高级的文明形态——绿色文明。这是经历了无数代人艰苦卓绝的努力才得以实现的历史性的跨越式飞跃。

6.1.2.3　绿色文明是对既往文明特别是工业文明的反思

农业文明和工业文明是在人类与自然力量对比处于劣势下发展起来的，它们具有物质、理性与进攻性的特征。与之不同，绿色文明是在人类具有强大改造自然的能力之后，思考如何合理运用自己能力的文明，强调感性、平衡、协调与稳定。绿色文明用生态系统概念替代了人类中心主义，否定了工业文明以来形成的物质享乐主义和对自然的掠夺。

文明总是在不断进化的。西方工业文明把人类带出农耕文明，作出了伟大的历史贡献，但它也必将走向历史的尽头。时代正在召唤一种人与自然、人与社会、人与自我全面和谐的绿色文明。这种新型的文明形态就是在西方工业文明所奠定的生产力基础上重新反思人与自然、人与社会和人与自我三大关系，在人与自然之间建立和谐生态，在人与自我之间建立和谐人格，在人与社会之间建立和谐社会。当然，还要在人与人之间建立和谐相融，在国家与国家之间建立和谐世界。

6.1.2.4 绿色文明的当代求索

世纪之交，面对日益严峻的生态环境危机，具有忧患意识的学者、肩负公众道义的政府官员和民间环保人士纷纷从理论研究、政策操作和实际行动方面进行积极的探索。十多年前，110 位诺贝尔奖获得者曾共同呼吁："人与自然正处于迎头相撞的险境，人类的活动为环境和资源带来无可逆转的伤害——人类必须彻底改变管理地球与生命的方式，才能逃过未来的苦难。"

目前欧盟国家制定了世界上最超前的环保战略，建立了最完善的环保和食品安全法律体系和执行监督机构。在这些战略机制的推动下，欧盟国家的产业结构和能源结构得到了进一步优化。日本、美国等发达国家也不甘落后，在环保立法、生态维护措施、能源战略等方面展开行动，探索本国绿色文明建设的道路。

中国同样提出了自己的议程。中国共产党提出了科学发展观的指导思想，其主要内容之一就是实现人与自然的和谐。在这一思想指导下，中国正在进行着一场全面而深刻的经济发展模式变革。发展思路从过去的"又快又好"转变为"又好又快"。

从国际合作层面看，无论是 G7、G20 峰会，还是 APEC 这样的地区一体化机制，其或是 G2（中美战略和经济对话）这样的双边机制，环境问题都是最重要的议题之一。从国内政治层面看，各主要大国目前都在紧锣密鼓地进行着一场围绕着解决能源危机和环境"瓶颈"而展开的发展模式调整。对资源环境问题的应对被提升到战略高度，成为大国间争夺 21 世纪世界领导权的竞赛场。

6.1.3 未来的期盼

6.1.3.1 绿色文明是建设和谐社会的重要内容

和谐社会的一个重要要求就是人与自然的和谐，绿色文明正是人与自然和谐的精神体现。随着绿色文明建设的发展，在不久的将来会形成保护环境与发展经济并重，环境保护与经济发展同步，综合运用法律、经济、技术和必要的行政办法解决环境问题，绿色文明观念在全社会牢固树立的世界发展环境。

基本形成节约能源资源和保护生态环境的产业结构、增长方式、消费模式，形成较大规模的循环经济，可再生能源比重显著上升。主要污染物排放得到有效控制，生态环境质量明显改善，形成各具特色的发展格局。

基本实现人口规模、素质与生产力发展要求相适应，经济社会发展与资源、环境承载力相适应，并把我们人类赖以生存的地球建设成为具有比较发达的生态经济、优美的生态环境、和谐的生态家园、繁荣的生态文化，人与自然和谐相处的可持续发展的天堂。

6.1.3.2 绿色文明是全面建设小康社会的重要保证

全面建设小康社会，是党的十六大报告中提出的一个行动蓝图，是我们在新时期的奋斗目标。中国作为一个发展中的大国，正以有史以来最脆弱的生态系统，支持着历史上最多的人口和最强劲的发展势力，如何在发展经济的同时，担负起保护生态环境的义务，不仅关系到小康社会能否实现，还关系到中华民族的兴衰。

全面建设小康社会就是要促进人与自然的和谐，推动整个社会走上生产发展、生活富裕、生态良好的文明发展之路。建设绿色文明，基本形成节约能源资源和保护生态环境的产业结构、增长方式、消费模式；循环经济形成较大规模，可再生能源比重显著上升；主要污染物排放得到有效控制，生态环境质量明显改善；绿色文明观念在全社会牢固树立。

6.2 绿色文明新在何处

6.2.1 价值理念新

绿色文明作为新型文明形态和新型发展理念，需要对传统发展理念和传统价值观进行变革。要求具有新的价值观和财富观、新的资源观和要素观、新的资本观和新的生产观、新的效用观和新的消费观，以及新的经济观和发展观。

6.2.1.1 新的价值观和新的财富观

（1）新的价值观。传统经济学只关心商品的交换价值，认为交换价值由价值决定。绿色文明不仅关心交换价值，更关注使用价值。由于自然资源存量的有限性、分布的不均衡性、社会生产的不均衡性、社会占有的不均衡性，自然资源在社会生产中就具有了稀缺的概念。因而自然资源在各个所有者和社会生产组织之间的交换就有了特殊的价值。绿色文明价值观是生态价值观。生态价值观把劳动价值区分为有益和有害，把产值区分为有效和无效。它认为，并非所有抽象劳动量或社会必要劳动量对消费者和社会都是有益的，当它的载体即某些具体劳动或使用价值造成环境污染、生态破坏时，这一类价值就是有害的。因为它最终还要由社会抽象劳动创造的价值来补偿。同样，计入总产值中的某些产品，如果它的生产过程造成环境污染，这一类产品所计算的产值是无效的。因为清除它的生产过程所造成的环境污染，还要耗费产值。生态经济学中提出的生态经济价值观，是触及经济学基础理论的问题。

（2）新的财富观。所有的自然资源，包括未经人类劳动参与的，或尚未参与交易的，都是有价值的，其价值的大小取决于对人类的有用性和稀缺性；作为一个整体的生态系统，所有的自然资源必须纳入到财富之列。可持续发展的原则是创造财富离不开 3 种资本，即物质资本（产出资本）、人力资本（知识和技术）和生态资本（自然资源）；3 种资本在创造财富过程中各有其不可替代的作用，三者的作用必须同时充分发挥（即克服木桶的"短板效应"），协调一致，并且各自实现增值，才能增加一国的国民财富。

6.2.1.2 新的资源观和新的要素观

（1）新的资源观。在考虑自然资源时，不仅视为可利用的资源，而且是需要维持良性循环的生态系统；在考虑科学技术时，不仅考虑其对自然的开发能力，而且要充分考虑到它对生态系统的维系和修复能力，使之成为有益于环境的技术；在考虑人自身发展时，不仅考虑人对自然的改造能力，而且更重视人与自然和谐相处的能力，促进人的全面发展。

（2）新的要素观。在人类经济史上，资本、劳动、土地、科学技术、管理能力已经被认为是生产活动不可或缺的重要因素。传统是经济发展理论仅把资本、劳动力、技术视为主要生产要素，资源、生态和环境却视而不见。随着经济活动的信息化和生态化，信息和自然资源（环境和生态）的重要性凸显出来，并成为生产活动的关键要素。传统的资本、劳动和科技属于扩张性要素，资源环境和生态属于约束性要素。信息要素的作用是对物质要素具有替代性，而资源要素则从约束性方面对经济系统起到稳定和延续的作用。

6.2.1.3 新的资本观和新的生产观

（1）新的资本观。绿色发展经济学所研究的资本不仅仅指人力资本和财务资本，还应包括自然资本和社会资本，自然资本和社会资本的再生产是自然和社会可持续发展的基础。绿色文明要求物质流、价值流和信息流的协同运行，其基础就是要求人力资本、财务资本、自然资本和社会资本循环再生、和谐运转。在绿色经济体系中，人力资本、人造资本、社会资本和自然资本构成生产活动的基础，其中，人力资本和人造资本是生产活动的基本要素，社会资本以信任和制度预期提供社会基础设施，自然资本则为经济活动提供持续的发展基础；合理的制度安排和稳定的人造资本扩张使自然资本得到循环再生。

（2）新的生产观。人类社会的生产有 3 种生产：一个是人的生产，一个是物质生产，一个是环境生产。这 3 种生产实质上是人与自然之间的物质运动。传统工业经济的生产观念是大量生产、大量消费和大量废弃。而绿色生产观念是要充分考虑自然生态系统的承载能力，尽可能地节约自然资源，不断提高自然资源的利用效率，循环使用资源，创造良性的社会财富。绿色生产过程要求遵循循环经济的"3R"原则：资源利用的减量化（Reduce）原则，即在生产的投入端尽可能少地输入自然资源；产品的再使用（Reuse）原则，即尽可能延长产品的使用周期，并在多种场合使用；废弃物的再循环（Recycle）原则，即最大限度地减少废弃物排放，力争做到排放的无害化，实现资源再循环。同时，在生产中还要求尽可能地利用可循环再生的资源替代不可再生资源，如利用太阳能、风能和农家肥等，使生产合理地依托在自然生态循环之上；尽可能地利用高科技，尽可能地以知识投入来替代物质投入，以达到经济、社会与生态的和谐统一，使人类在良好的环境中生产生活，真正全面提高人民生活质量。

6.2.1.4 新的效用观和新的消费观

（1）新的效用观。所谓效用是指消费某种商品产生的欲望满足程度。传统西方经济学的效用观是建立在个人主义、享乐主义和物质主义基础上的，因此，这种效用通过感官刺激以及对物质的占有和支配来实现。绿色文明的效用观显然不同于以往，是以功能绿色化为商品效用评价对象，以适度消费为行为模式，在实现物质需要满足的同时得到精神愉悦，在个人需要得到满足的同时促进社会整体福利的增进。因此，绿色效用观主要特征是功能、适度、和谐。建立绿色效用观，需要对财富观、幸福观、金钱观有一个新的认知。秉持人与自然和谐、人与人和谐的价值诉求，绿色发展必将以其理论魅力和现实需求从边缘走向主流。

（2）新的消费观。绿色文明要求走出传统工业经济"拼命生产、拼命消费"的误区，提倡物质的适度消费、层次消费，在消费的同时就考虑到废弃物的资源化，建立循环生产和绿色消费的观念。同时，要求通过税收和行政等手段，限制以不可再生资源为原料的一次性产品的生产与消费，如宾馆的一次性用品、餐馆的一次性餐具和豪华包装等。

6.2.1.5 新的经济观和发展观

（1）新的经济观。在传统的经济循环中，资本、劳动力各要素都处于循环中，而唯独自然资源没有形成循环，认为生态环境可无限开发利用。绿色文明不仅考虑经济活动的经济约束，还要考虑资源"瓶颈"和生态环境约束；遵循生态学系统思想，要求人在考虑生产和消费时将自己作为生态大系统的一部分来研究符合客观规律的经济原则，将"退田还湖""退耕还林""退牧还草"等生态系统建设作为维持大系统可持续发展的基础性工作来抓。

（2）新的发展观。绿色文明在考虑自然时，不再像传统工业经济那样将其作为"取料场"和"垃圾场"，也不仅仅视其为可利用的资源，而是将其作为人类赖以生存的基础，是需要维持良性循环的生态系统；在考虑科学技术时，不仅考虑其对自然的开发能力，而且要充分考虑到它对生态系统的修复能力，使之成为有益于环境的技术；在考虑人自身的发展时，不仅考虑人对自然的征服能力，而且更重视人与自然和谐相处的能力，促进人的全面发展。在中国，绿色发展的指导思想就是科学发展观，即全面、协调、以人为本、可持续的发展观。

6.2.2 发展思路新

6.2.2.1 绿色文明发展思路新在何处

绿色文明是人类在发展物质文明过程中保护和改善生态环境的成果，它表现为人与自然和谐程度的进步和人们绿色文明观念的增强。那么作为一种新型的文明形态，绿色文明的发展思路又新在何处呢？

（1）绿色文明是从更高层次对经济社会发展提出要求。以往的文明建设重点突出物质文明和精神文明的建设，以人与人的关系为对象，以人类自身的发展为目标，而绿色文明则考虑到人与自然的关系。

（2）绿色文明从更全面、更系统的角度对经济社会发展提出要求。绿色文明体现的是一种系统化思维方式，要求人类社会、经济与生态环境的协调发展，追求整个生态系统的和谐稳定。因此绿色文明建设与经济、政治、文化、社会建设是同样重要的，要求"五位一体"共同推进。

（3）在保护中发展，在发展中保护。不同于传统的人类中心主义，也有别于生态中心主义。注重环境保护与经济发展的协调统一。从追求一维的经济增长或自然保护，走向富裕（经济与生态资产的增长与积累）、健康（人的身心健康及生态系统服务功能与代谢过程的健康）、文明（物质、精神和绿色文明）三位一体的复合生态繁荣。

不同于传统产业的是生态产业将生产、流通、消费、回收、环境保护及能力建设纵向结合，将不同行业的生产工艺横向耦合，将生产基地与周边环境纳入整个生态系统统一管理，谋求资源的高效利用和有害废弃物向系统外的零排放。

6.2.2.2　绿色文明如何体现新意

（1）通过不同的技术创新来体现。传统的技术创新是为了更多的生产、更多的消费，也就是更多地消耗资源。绿色文明时代的技术创新是技术创新主体在节约资源、能源、保护生态环境的价值共识基础上，通过生产技术创新、产品创新、生产工艺和生产组织与结构创新，实现科技成果商业化和产业化的过程。

（2）通过新型的生产和生活方式来体现。工业文明的生产方式，从原料到产品再到废弃物，是一个非循环的生产；生活方式以物质主义为原则，以高消费为特征，认为更多地消费资源就是对经济发展的贡献。绿色文明却致力于构造一个以环境资源承载力为基础、以自然规律为准则、以可持续社会经济文化政策为手段的环境友好型社会。实现经济、社会、环境的共赢，关键在于人的主动性。人的生活方式就应主动以实用节约为原则，以适度消费为特征，追求基本生活需要的满足，崇尚精神和文化的享受。

（3）通过不同的规制手段来体现。传统的规制手段是以政府为主导，其他主体被动参与绿色文明建设。新型规制思路认为，环境问题的解决要靠政府主导但也要靠非政府组织、公司、企业和社会其他主体，它们一起构建了政治、经济和社会调节形式，这些主体相互依存，以共同的价值观为指导，以达成绿色文明为目标进行协商和谈判，通过合作的形式来解决各层次上的冲突与问题，在这里，"参与""谈判"和"协商"是规制的 3 个关键词，通过它们，实现经济与环境的可持续发展。

6.2.3　思想内容新

6.2.3.1　从绿色文明的定义看其内涵

所谓绿色文明，是指人类在经济社会活动中，遵循自然发展规律、经济发展规律、社会发展规律、人自身发展规律，积极改善和优化人与自然、人与人、人与社会之间的关系，为实现经济社会的可持续发展所作的全部努力和所取得的全部成果。

绿色文明建设的出发点是尊重自然，维护人类赖以生存发展的生态平衡；其实现途径是通过科技创新和制度创新，建立可持续的生产方式和消费方式；其最终目标是建立人与人、人与自然、人与社会的和谐共生秩序。

从广义角度看，绿色文明是指人们在改造物质世界，积极改善和优化人与自然、人与人、人与社会关系，建设人类社会生态运行机制和良好生态环境的过程中，所取得的物质、精神、制度等方面成果的总和。作为一种新型文明形态，它涵盖了人与人、人与社会和人与自然关系以及人与社会和谐、人与自然和谐的全部内容。

从狭义角度看，绿色文明是与物质文明、精神文明和政治文明相并列的文明形式，重点在于协调人与自然的关系，强调人类在处理与自然关系时所达到的文明程度，核心是实现人与自然和谐相处、协调发展。在与物质文明、精神文明、政治文明共同构成的现代文明体系中，绿色文明更具有基础性和普遍性。

6.2.3.2 绿色文明的主要内容

绿色文明有着其他文明没有的新内容，主要包括绿色文化、绿色产业、绿色消费、绿色环境、绿色资源、绿色科技与绿色制度 7 个基本要素。这 7 个基本要素是绿色文明的基本组成单元，又是相互影响和相互作用的。

（1）绿色文化的繁荣是绿色文明建设的精神支柱。绿色文明意味着人类思维方式与价值观念的重大转变，即建构以人与自然和谐发展理论为核心的绿色文化，包括世界有机发展，人与自然和谐平衡，人口、资源、环境协调的整体发展等观念。

（2）绿色产业的发展是绿色文明建设的物质基础。生态文明要求生态经济系统必须由单纯追求经济效益转向追求经济效益、社会效益和生态效益等综合效益，以人类与生物圈的共存为价值取向来发展生产力。在生产方式上，转变高生产、高消费、高污染的工业化生产方式，以生态技术为基础实现社会物质生产的生态化，使生态产业在产业结构中居于主导地位，成为经济增长的主要源泉。

（3）绿色消费模式是绿色文明建设的公众基础。绿色消费模式需要依赖消费教育来变革全社会的消费理念，进而转变消费者的消费行为，引导公众从浪费型消费模式转向适度型消费模式，从环境损害型消费模式转向环境保护型消费模式，从对物质财富的过度享受转向既满足自身需要又不损害自然绿色的消费方式。

（4）绿色环境保护是绿色文明建设的基本要求。绿色文明建设的重要目标和实践要求就是要统筹好人与自然的关系，消除人类经济活动对自然绿色系统构成的威胁，有效控制污染物和温室气体排放，保护好绿色环境，实现绿色环境质量的明显改善和可持续发展。

（5）绿色资源节约是绿色文明建设的内在要求。绿色文明建设的重要任务，就是通过保护、节约、高效利用自然资源，循环利用废弃资源，积极开发可再生清洁能源和新能源，保障资源的可持续供给和经济社会可持续发展，同时维护自然界的绿色平衡。

（6）绿色科技发展是绿色文明建设的驱动力量。绿色科技用生态学整体观点看待科学技术发展，把从世界整体分离出去的科学技术，重新放回"人—社会—自然"有机整体中，将生态学原则渗透到科技发展的目标、方法和性质中。坚持走生态科技的发展道路，是实现人与自然和谐发展的关键，也是加速生态文明建设的驱动力量。

（7）绿色制度创新是绿色文明建设的根本保障。一方面要通过建立绿色战略规划制度，着眼于长期而不是短期的发展，真正把人与自然的和谐与可持续发展纳入国民经济与宏观决策中来；另一方面，要创新绿色文明建设的制度安排，通过制度建设与创新，鼓励更多主体的积极参与，创建更加公平的法制环境，建立更加灵活的政策工具，营造更加良好的舆论氛围。

6.2.4　理论体系新

绿色文明是相对于农业文明、工业文明的一种社会经济形态，是比工业文明更进步、更高级的人类文明新形态。绿色文明是一种新的文明理念、一种新的社会形态、一种新的文明制度，它有着深厚的理论依据，而这些理论依据又构成了绿色文明的理论体系。

6.2.4.1　马克思主义关于人与自然的世界观和方法论

马克思、恩格斯在以唯物史观观察人的时候认为，人是大自然的一部分。人这个自然力以其自身的生存发展需要去劳动，去占有物质自然，才推动了自身的自然力，推动了人的臂膀、腿、头和手的运动和发展。也就是说，人在改变客观自然时也改变了自己，人是与大自然和谐共存的。在《资本论》中，马克思在谈到未来社会生产领域中人的自由问题时明确指出了社会生产必须遵循对人的自由和人文关怀的原则，必须遵循人的全面、自由发展的原则，必须遵循人与自然和谐协调的原则。恩格斯在《劳动在从猿到人转变过程中的作用》一文中更明确揭示："我们人类不要过分陶醉于我们对自然的胜利。对于每一次这样的胜利，自然界都报复了我们。"总之，马克思、恩格斯关于人与自然的观点是：人是自然中的一个组成部分，人首先是自然人；人要实现自由全面发展，既不能作大自然盲目统治的奴隶，也不能破坏大自然；自然界是按照自然规律运动的，自然规律是可知的、可驾驭的，违背自然规律是要遭受自然界惩罚的，人类应该而且能够按自然规律办事。马克思、恩格斯关于人与自然关系的世界观和方法论，至今仍是我们研究绿色文明的根本理论基础。

6.2.4.2　"以人为本"与全面、协调、可持续的发展理论

当人们从马克思主义唯物史观出发，去自觉地观察人类社会历史发展规律的时候，就有了"以人为本"的社会发展观。这体现了绿色文明时代社会经济发展的目的、本质和核心，就是实现人与人的和谐和人的自由全面发展。具体地说，就是要在人与自然和谐发展的基础上，促进经济与社会的协调发展，促进社会公平与公正，不断提高人们的物质文化生活水平和健康水平，不断提高人们的思想道德素质和科学文化素质，不断创造人们学习、就业等参与发展的平等机会。人们已经意识到：可持续发展是人类应该遵循的一种全新的"发展理念"和"价值取向"，是建设绿色文明社会的重要理论基础。

6.2.4.3　人地系统理论和生态经济系统的生态阈限理论

人地系统理论是指人类社会仅仅是地球系统的一个组成部分，是生物圈中的一个组成部分，是地球系统的一个子系统；同时，人类社会活动系统又与地球系统及各个子系统之间存在相互联系、相互制约、相互影响的密切关系。生态阈限是指生态经济系统的耐受限度。当生态因子或经济因子的变化作用于生态系统而没有超过生态经济系统的耐受限度（生态阈限）时，生态系统便会在各因子的相互反馈调节下自动得到补偿，恢复自组织能力，恢复各子系统的平衡运动；而一旦人类的经济、社会活动超过了这个阈限，系统将失去补偿功能，环境破坏、生态失衡等一系列问题就接踵而来。这就要求我们在社会经济活动中，不仅要追求经济效益，更要注重环境生态效益。

6.2.4.4 产业生态学理论

（1）物质长链利用和循环再生原理。物质长链利用和循环再生原理，也就是自然界中的物质沿着食物链从生产到消费，又经过微生物的分解还原到大自然中，形成物质的循环再生。长链结构比短链结构更有利于物质的循环转化利用。工业生态经济系统有类似的链状结构，称为"资源加工链"。例如，农作物的秸秆，直接用于肥田或做燃料，物质利用率仅为 10%～30%。若将其加工成饲料供动物食用，再将动物排泄物投入沼气池，转化成沼气并将残渣肥田，则物质利用率可达到 60% 左右。显然，"资源加工链"的延伸，可以实现物质的充分利用和价值增值。因此，在资源的开发利用过程中，我们完全可以通过仿生自然界的生物链来延伸资源加工链，这样既能达到资源的合理循环利用和价值增值，又能形成共生的网状生态工业链，从而保证与生态系统和自然结构的和谐适应。

（2）产业结构演进的客观规律。世界各国产业结构正在向高技术含量、低消耗、无公害、无污染的高度化方向演进。产业的绿色组合、绿色管理、绿色设计、绿色生产、绿色产品甚至市场的绿色准入和人们的绿色消费，都构成了产业结构演进的巨大合力。绿色经济将成为 21 世纪产业经济的主流。认清产业结构演进规律，适应产业结构演进大趋势，无疑是构筑生态文明的必然选择。

6.3 绿色文明与物质文明、精神文明和政治文明

绿色文明是物质文明与精神文明在自然与社会生态关系上的具体体现。包括对天人关系的认知、人类行为的规范、社会经济体制、生产消费行为、有关天人关系的物态和心态产品、社会精神面貌等方面的体制合理性、决策科学性、资源节约性、环境友好性、生活俭朴性、行为自觉性、公众参与性和系统和谐性。

6.3.1 绿色文明与精神文明的关系

6.3.1.1 正确认识两者的关系

生态环境发展改造在主观世界的成果是精神文明建设的重要组成部分，生态文明中建设社会生态意识形态就是精神文明的重要内容。资源和环境危机的实质不是单纯的经济和技术问题，而是文化观念和价值取向问题，是生态意识形态问题。

　　绿色文明作为精神文明的重要补充,没有绿色文明的精神文明是不完整的精神文明。但是在现实社会中,虽然一直进行着生态保护和建设的宣传,但绿色文明确实在精神文明建设中被忽视,并没有成为精神文明的重要组成部分。绿色文化有待创造、宣传、普及。

　　只有将绿色文明建设放在精神文明建设的高度来加强,才能真正达到在人们的意识形态中有绿色意识。只有形成社会绿色意识,政府、企业和群众在生产生活中才能以生态环保作为出发点和行为准则,才能积极参与环境保护和建设。目前整个社会的生态意识还非常淡薄,社会生态意识的缺失,其危害比某次具体灾害的损失更大。所以要正确宣传合理开发利用自然资源,维护生态平衡,促进国民经济和生态环境的持续发展,建立清洁的优美的生态环境及健全发展和高度文明的人类意识环境,不断提高人们对环境保护和建设的认识,创造良好的社会生态意识环境,这也是精神文明建设的重要内容。

6.3.1.2　通过精神文明建设加强绿色文明建设

　　要推动绿色文明意识形态的建设就必须加强生态文化和生态伦理道德的建设,也就是绿色精神意识的培育。

　　生态文化是人们对自然生态系统的本质规律的反映,是解决人与自然关系问题所反映出来的思想、观念、意识的总和,还有人类为了与自然和谐相处,求得人类更好地生存与发展所采取的各种手段以及保证这些手段顺利实施的战略和制度,以及反映出来可歌可颂的事迹和行为典范。生态文化是人与自然协同发展的文化,我们应加强生态文化建设,形成系统的生态文化体系,指导人们融入生态文明的建设之中,并采取人们易于接受的多种方式加强宣传和熏陶,培育生态文化氛围,强化生态意识。

　　生态道德从道德的角度规范了人类有关生态活动的行为准则,人类应该尊重生命和自然界,应当保护和促进生命与自然界的发展。生态道德已成为很多国家解决生态问题的重要途径。实践证明,解决生态问题不仅要靠科技、经济、法律和行政的手段,还要靠道德的手段。当代中国生态道德问题的实质就是人们应当明白如何运用科学理性和道德规范来指导、约束自己的需求,提升自身的文明水平,实现人与自然的和谐统一与协调发展。

6.3.2　绿色文明与物质文明的关系

经济发展追求的是物质文明，环境保护追求的是绿色文明，绿色文明和物质文明之间是相互促进协调发展，二者的发展并不是矛盾的关系，而是对立统一、相互依存的关系。

但在物质文明和绿色文明发展建设过程中存在着一些不和谐的因素，如重视经济增长而轻视环境保护，经济发展与环境保护的矛盾日益突出等，这些都已成为解决当今生态问题的核心。

经济发展与环境保护的对立面及其中的不和谐因素属于非文明范畴，是我们经济发展和生态建设中要求尽最大努力去克服的。因此要以科学的发展观，促进经济发展和环境保护相互协调、统一发展。

目前在追求经济发展过程中，加剧了经济发展与环境保护的对立性，忽视了统一性，造成生态环境急剧恶化。忽视了生态文明，也就失去了物质文明，以牺牲生态环境作为代价来谋求经济发展是得不偿失的，因此要求生态文明和物质文明同时建设，要求经济发展与环境保护必须统一协调持续发展。

经济发展必然引起环境的变化，自然的生态系统绝不是理想的环境经济系统，理想的生态系统要经过合理的改造才能获得，不可能也没必要保护原生自然的状态。经济发展引起的环境变化，有的对人有利，有的对人有害，并且环境保护好了可以提高自然资源的再生能力，促进经济持续稳定发展，这是生态文明促进了物质文明发展。

环境保护不好如水污染、森林破坏、水土流失等将会造成生态环境恶化，危及工农业生产发展基础，经济发展也会受到制约，也就是说没有生态文明也就没有物质文明。

实现可持续发展，核心的问题是实现经济和人口、资源、环境的统一、协调发展。讲经济发展不仅要看经济增长指标，还要看人文指标、资源指标和环境指标，绝不能走人口增长失控、过度消耗资源、破坏生态环境的发展道路，而应该提高资源利用率，发展循环经济，降低消耗，必须实现可持续发展，使经济建设与资源、环境相协调，实现良性循环，这才是生态文明与物质文明共同发展的目标。

6.3.3　绿色文明与政治文明的关系

政治文明具有决策性、政策性、调控性、专政性、督导性、执行力强、影响面宽等特点，是绿色文明建设的有力保障措施，能够推动和促进绿色文明建设。绿色文明应作为政治文明建设的重要组成部分，绿色文明是政治文明发展的基础，政治文明建设不能忽视绿色文明建设，绿色文明建设反过来又促进政治文明建设。

健康的政治文明推动和促进绿色文明的建设与发展，如国家实施的"长江防护林建设工程""三北防护林建设工程""退耕还林工程"等十余个生态防护林工程；"加强生态环境建设，再造秀美山川"的倡导，这些都是文明的生态政治行为，推动生态环境条件改善，向绿色文明发展进步。

不文明的政治行为会造成生态环境的破坏，会使生态环境向恶化方向发展，哪怕不是针对生态做出的决定，也会给生态环境带来灾害性的破坏，如大炼钢铁的运动不是针对生态环境做出的决定，但造成大量的森林被砍伐，给生态环境带来毁灭性的破坏；2004 年的"黄河污染事件"中地方政府明知稀土企业的排放物不能达标排放，却上了大量的稀土加工企业的当，给黄河造成了严重的污染；战争不是解决矛盾和冲突的最好办法，战争不仅对生命造成屠杀，而且也会给环境带来地表及植被破坏、毒气污染、化学污染、核污染、石油污染、金属污染等，并且这些污染还会长期对人及其他生命造成伤害，这些都是不文明政治所带来的生态灾害。

大力倡导绿色文明建设，要将绿色文明、物质文明、精神文明、政治文明作为共同体来构建人类的文明体系，绿色文明是物质文明、精神文明、政治文明的基础，把绿色文明建设放到与物质文明、精神文明、政治文明建设的同等重要位置和高度来建设。倡导绿色文明，正确处理绿色文明与物质文明、精神文明、政治文明的关系，推动生态环境保护和建设良性发展，实现人与自然的和谐，构建和谐社会，构建和谐世界。

6.4　绿色文明建设的原则及跨越式发展思想

发展生态文明是社会主义的本质要求，建设绿色文明需要坚持如下原则和跨越式发展思想。

6.4.1 绿色文明建设的原则

生态系统的整体性、生态文明的协调性共同决定了生态文明建设要遵循持续发展原则、公平原则和整体原则。

6.4.1.1 建设绿色文明社会必须坚持持续发展原则

强调发展的可持续性是生态文明的一个突出特征。可持续发展离不开可持续的生态环境和可持续的社会环境。为了能够将一个可持续的生态环境留给子孙后代，我们应把经济系统的运行控制在生态系统的承载范围之内，实现经济系统与生态系统的良性互动与协调发展。

我们还应选择一条可持续的资源发展战略，通过技术创新提高资源的使用效率，保护生物的多样性，增加自然资本的储备及其在国民财富中的构成比例。

为了能够将一个可持续的社会环境留给子孙后代，我们应营造一个更加公正而平等的社会环境，包括建设一个能够使人们的基本权利在更大的范围内得到实现的制度文明；应适度控制人口规模，提高人口质量和人们受教育的水平；应倡导绿色生活方式和绿色消费。

6.4.1.2 建设绿色文明社会必须坚持公平原则

绿色文明所理解的公平是一种广义的公平，包括人与自然之间的公平、当代人之间的公平、当代人与后代人之间的公平。人与自然的公平主要表现为：依据人与自然协调发展的原则考量生态系统和社会系统的需要，既维护生态系统的平衡和稳定，又使人类的生存和发展需要得到满足。

代际公平是绿色文明关注的一个焦点。在制订当代人的发展计划时，应依据代际公平的原则，综合考虑当代人的需要和后代人的需要，将一个可持续的生态环境和社会环境留给子孙后代。

从总体上看，当代人之间的公平处于公平问题的核心。当代人之间的不公平既阻碍人与自然之间的公平的实现，使当代人之间难以就全球环保合作达成共识，也是影响代际公平的因素。我们留给后人的不公平的社会环境，将增加他们实现彼此间的公平以及与自然的公平的难度。因此，实现当代人之间的公平是确保公平原则得以实现的关键。此外，公平的实现也离不开和平的社会环境。

6.4.1.3 建设绿色文明社会必须坚持整体原则

地球上的所有生命都是自然大家庭的成员。各种生命之间不仅相互影响，而且还与地球构成了一个密不可分的有机整体。作为这个大家庭中一个晚到的成员，人类虽然依据自己的聪明才智获得了巨大的生存空间，但我们的生存仍然离不开生态系统和其他生命的支撑。

今天，随着人类活动越来越深地渗透到地球家园的每一个角落，人类的命运与这个大家庭中其他成员的命运紧密地联系在一起。为其他物种敲响的警钟，也越来越成为人类敲响的警钟。整体原则不仅强调人类与自然的有机联系，还展示了人类作为一个整体共同面对环境危机的必要性和可能性。

随着经济全球化进程的加速，全人类的命运越来越紧密地联系在一起。环境污染没有国界。任何一个国家都不可能单独解决人类所面临的环境问题。如果其他国家不同时采取相应的行动，任何一个或几个国家的环保努力都将劳而无功。因此，在建设绿色文明时，我们应在更深的层次和更广的范围内采取协调行动，共同应对全球环境问题的挑战。

6.4.2 绿色文明建设的跨越式发展思想

党的十八大开启了我国社会主义生态文明发展的历史进程，推进生态变革、绿色创新与转型发展，不论是发达地区还是欠发达地区都应当相互协调甚至同步进入这一历史进程。这就要求探索我国经济社会发展如何在缩短甚至跨越工业文明发展的某些阶段，直接走上生态文明，特别是落后地区需要寻求经济社会发展与生态环境和谐平衡的路径和模式。尤其是全国主体功能区规划中，许多经济社会落后民族地区与山区被划为限制或禁止工业化开发区，这就决定了这些地区不能走常规工业文明发展道路，只能走生态文明的跨越发展道路。这是必然的战略选择，也是一个十分现实的可能性道路。

刘思华教授认为，文明形态跨越设想有两层含义：一是不经过工业文明的黑色发展与全部苦难，在现代性农业文明发展的基础上，直接创建生态文明的经济社会形态；二是缩短工业文明的黑色发展与长期苦难的历史进程，在目前工业化初期的工业文明发展基础上，直接走上生态文明的发展道路。走跨越发展道路，本身应具有的基本条件是：① 自然生态系统良性循环，整个生态环境质量优良；② 社会生态系统恶化程度明显好于发达地区；③ 在人类生态系统中，人的可持续生存水平和人体生态健康水平基本上是同向运动即同步提高，而不是逆向运动而呈现人均预期寿命和健康预期寿命二律背反现象。按照恩格斯关于历史是"沿着折线跳跃前进"的思想，用生产方式作为划分社会文明形态演进的坐标尺。在当今中国特色社会主义语境下，确实存在着通过工业文明高度发展而后达到社会主义生态文明社会和跨越工业文明发展阶段直接进入社会主义生态文明社会的两条路径并行不悖的可能性道路。

第 7 章
生态文明的制度建设与发展路径

生态文明制度建设具有强烈的现实背景，也面临诸多挑战。生态文明建设需要从制度和体制方面创新，制度创新包括资源管理和环境保护制度、主体功能区制度和生态补偿制度，体制创新包括生态文明法律法规体系、生产者责任制度体系和资源环境管理体制等。治理路径需从政府、市场和社会 3 个层面展开。

7.1 生态文明建设的现实意义

7.1.1 生态文明建设的现实背景

建设生态文明具有长期性和复杂性，尤其是对于我们这样的发展中大国来说，我们更是不可能彻底地放弃目前的工业化道路，因此我们有必要深刻认识目前我国的基本国情，紧紧抓住历史机遇，采取有力措施，大力推进生态文明建设。对于建设生态文明，我们不能简单地把它看作是传统意义上的环境保护，而是为了从根本上克服目前工业文明的诸多弊端，超越现在的发展路径，最终实现人与自然的协调发展。建设生态文明需要坚持在实践上稳步推进，在理论上系统把握，在规划上布局长远，尊重客观规律并充分发挥人的主观能动性。

必须认识到我国建设生态文明的紧迫性。我国是世界上最大的发展中国家，经过改革开放 30 多年的快速发展，我国取得了举世瞩目的经济建设成果，成为世界第二大经济体。但同时，我国也付出了巨大的生态代价：截至 2010 年，全国水土流失面积达 356 万 km²，占国土面积的 37%，年平均土壤侵蚀量高达 45 亿 t，损失耕地约 100 万亩；截至 2013 年，全国森林覆盖率为 21.6%，低于世界 30%的平均水平；截至 2011 年，中国荒漠化土地面积为 262.2 万 km²，占国土面积的 27.4%，近 4 亿人口受到荒漠化的影响。世界自然基金会于 2012 年发布的《中国生态足迹报告 2012》认为，目前中国的人均生态足迹尚低于全球平均水平，但由于人口规模庞大，净增加人口数量较多，当前中国正以 2.5 倍的速度消耗着自然环境的承载能力。目前我国的生态承载能力形势严峻，根据 2009 年的调查（不含港、澳、台地区），只有 6 个省份：内蒙古、新疆、青海、海南、西藏和云南存在着生态承载能力的盈余情况，其他 25 个省份都出现了生态承载能力赤字，出现这种情况的主要原因就是我国在过去 30 多年发展道路不完善，不注重生态文明建设。以上数据说明，当前我国面临的资源环境现实压力非常巨大，改变传统的发展道路已经迫在眉睫，迫切需要从不同的制度方面、法律方面、政治改革等不同渠道来加快推进生态文明建设的步伐。

从党的性质来看，中国共产党是中国工人阶级的先锋队，同时是中国人民和中华民族的先锋队，是中国特色社会主义事业的领导核心，代表中国先进生产力的发展要求，代表中国先进文化的前进方向，代表中国最广大人民的根本利益。当前，经过 30 多年的快速经济发展，我国已经步入中等收入国家，已经实现了小康社会的目标，从世界历史经验来看，人民群众会更加注重自己生活品质的提高，这不仅包括物质层面的继续提高，也包括文明和精神层面的。这其中，最为紧迫性的就是直接关系到人民群众的环境问题。我们党作为人民群众利益的代表，这就决定了我们党必须响应群众的呼声，满足广大人民群众的现实需求。当前，加快推进生态文明建设的步伐，增进人民福祉以及实现民族的永续发展，不仅追求金山银山，更要为子孙后代留下绿水青山，这是我们党为人民服务宗旨的体现。2012 年召开的党的十八大创造性地提出了建设生态文明的发展战略：建设生态文明，是关系人民福祉、关乎民族未来的长远大计。面对资源约束趋紧、环境污染严重、生态系统退化的严峻形势，必须树立尊重自然、顺应自然、保护自然的生态文明理念，把生态文明建设放在突出地位，融入经济建设、政治建设、文化建设、社会建设各方面和全过程，努力建设美丽中国，实现中华民族永续发展。

推进生态文明建设是我们党坚持把握时代脉搏，保障广大人民群众环境权的集中体现，是建设中国特色社会主义的必然要求。当前社会经济的快速发展，人民群众在食品质量的安全性、生态环境优美性方面提出了更高的要求。建设生态文明，不仅是改善民生的需要，也是实现"两个一百年"奋斗目标的重要举措。只有把生态文明建设深刻地融入经济社会发展的各方面和全过程，才能为人民创造良好的生产生活环境。

从国际角度来看，生态问题是一个全球问题，是少数全世界能够取得共识的问题之一，当前世界各国均面对不同程度的发展和生态问题，也都越来越重视生态文明建设。当今世界，建设绿色文明已成为时代潮流，绿色、循环、低碳发展正成为新的趋向。我们党从经济、政治、文化、社会、科技等领域全方位审视和应对人类社会发展面临的资源、环境方面的严峻挑战，致力于在更高层次上实现人与自然、环境与经济、人与社会的和谐，为增强我国可持续发展能力提供了更科学的理念和方法论指导。当前，国内国际形势正面临着深刻变化，我国进入了改革开放的深水区，在国内存在着改革的巨大压力，在国际面临着发达国家的所谓的绿色关税等贸易壁垒，因此我国作为一个负责任的发展中大国，应当在这个问题上有所作为。不仅要缓解社会矛盾，为改革扫清部分障碍，也要为世界的生态文明进步作贡献。

7.1.2 建设生态文明的首要任务

生态文明是广大人民群众为建设美好生活所取得的一切物质成果、精神成果和制度成果的总和。胡锦涛同志指出，"建设生态文明，实质上就是要建设以资源环境承载力为基础、以自然规律为准则、以可持续发展为目标的资源节约型、环境友好型社会。"这深刻揭示了建设生态文明的内涵和本质。

7.1.2.1 加快转变经济发展方式，为建设生态文明提供坚实的物质基础

在发展讲究保护、在保护追求发展，是对人类经济社会运行规律的深刻揭示。我国正处于并将长期处于社会主义初级阶段，这是我国的基本国情，因此发展不足和保护不够的问题必将长期并存。离开经济发展抓环境保护是"舍本逐末"，脱离环境保护搞经济发展是"杀鸡取卵"。我国已经到了坚持环境保护与优化经济发展的新阶段，需要切实采取有效措施。生态文明建设，需要采取新的符合中华民族永续发展要求的经济发展方式，它不仅注重经济总量的持续增长，更注重经济质量的

不断提高；不仅注重单项经济指标的增长，更注重社会经济的可持续协调发展。采取这样一种新的经济发展方式，就必须以原有的经济发展方式的"转变"为前提，在经济发展中，正确处理好经济增长速度与质量的关系；处理好当前利益与长远发展的关系，应该说，这种改进与转变是生态文明建设的重要内容，是建设生态文明的自然过程。

加快生态文明是建立在现今工业文明基础之上的全新人类文明形态，是要从根本上改变传统工业文明只重视掠夺自然满足人类需求等一系列不合理之处，我们可以认为生态文明是对工业文明的"革命性"转变。但这并不意味着我们要彻底摒弃工业文明所强调的经济发展及其所创造的物质财富，生态文明的基础也是经济发展。任何脱离经济发展而去建设生态文明的思路和实践都是错误的，因为必须在生态文明的建设过程中高度重视经济发展，但必须同时注意对目前不合理的发展方式以及消费方式的超越和扬弃。增长不等于发展，经济增长不应以损害环境为代价。经过多年的宏观调控和政策刺激，我国经济发展方式已经发生了深刻的变化，但经济发展的结构性问题仍然存在：生产效率落后、产业水平较低、综合竞争力不高的局面仍未发生根本变化，我国仍然处于全球产业链的低端。产品质量问题严重、高端品牌缺乏竞争力、单位能源消耗居高不下、资源能源浪费严重，已经严重制约了转变经济发展方式推进步伐。当前，我们要加快形成有利于节约能源资源和保护生态环境的产业结构，使整个经济发展模式更加科学化、生态化。因此建设生态文明，必须坚持走中国特色新型工业化道路，大力调整优化产业结构，加快发展第三产业，提高其比重和水平；并且优化第二产业内部结构，大力推进信息化与工业化融合，提升高技术产业，限制高耗能、高污染工业的发展，推进经济发展方式的生态转型。

（1）继续深化产业结构的战略性调整。我国是世界上人口最多的国家，农业一直都是立国之本，无农则不稳，因此第一产业的基础地位不能动摇。但在全面建设生态文明的今天，要采取新的措施加快农业发展，侧重发展资源节约型、环境友好型、提供安全健康食品的生态农业，将养殖、种植、水产等传统农业产业类型纳入生态发展的新轨道。

（2）改变过去依靠高投资、高污染、高能耗为特征的传统工业化道路，努力走出一条附加值高、资源能源消耗低、严重管控环境污染、充分发挥我国优势的新型工业化道路。积极发展符合生态文明要求的新型工业，通过科技创新实现生产力的跨越式发展，通过科技进步改变当前落后的工业生产模式，实现生态化的改造。

（3）将循环经济作为目前转变经济发展方式的主流方法，将发展循环经济作为走新型工业化道路的必经之路。

（4）建立符合人与自然和谐原则的生态消费方式，积极培育和发展生态旅游和生态休闲，完善旅游市场法制和制度体系，要注重旅游业的生态管理和旅游资源的保护工作，切忌重新走"先破坏后保护"的道路。此外，要在社会大力倡导生态消费。这不但包括生态产品的使用，还包括废弃物资的回收利用，能源资源的高效使用等。

7.1.2.2 持续推进生态文明的相关理论完善，为建设生态文明提供理论支撑

目前，生态文明的相关理论研究方兴未艾，为促进全球的生态文明建设与发展作出了卓越的贡献。但我们不能否认的是当前的理论研究还存在一些问题，相关的理论还不完善。例如，不少人片面地把生态文明建设等同于环境保护；还有的人认为生态文明建设只单单依靠经济发展方式的转变就可以实现目标；还有的人看到当前世界西方资本主义发达国家的表象，就对在社会主义下建设生态文明产生了怀疑态度。这些都是错误和片面的观点，都直接影响了我们实践工作的推进。

生态文明是对可持续发展理论的完善与发展，传统意义上的可持续发展理论过多地强调经济的可持续发展，要在经济发展过程中注重与自然资源的协调性。实践证明，单纯的改变经济发展方式是远远不够的，生态文明的建设是一个系统性的工程。

因此，我们在理论研究中，必须完善生态文明建设的系统性理论，在此基础上完善我们的制度设计和政策制定。

7.1.3 生态文明建设的问题及挑战

30 多年的改革开放，我国取得了巨大的经济建设成就，但随之而来的是能源、资源、环境等压力的日益加大。近些年来，随着我国对生态文明建设理论认识的逐渐加深，生态文明的建设步伐加快，取得了一些成就：建立了较完善的法规和政策体系、环境保护工作取得了阶段性成果、经济发展方式转变初见成效，这些都为我们的理论研究工作积累了宝贵的经验。然而，我国生态文明建设工作任重道远。

（1）资源环境压力趋紧，环境恶化的趋势仍未得到根本性遏制。目前我国作为世界工厂，又处于工业化的快速阶段，对资源能源需求巨大，因此我国面对着经济

增长和减少资源能源消耗的双重压力。我国空气污染、水污染、水土流失等严重，并有继续恶化的趋势。当前，我国面对的是一个对绿色生态文明呼声愈加强烈的国际环境，必然对我国的工业化方式和进展提出了更高的要求，另外，西方社会在进行工业化所面对的资源和能源环境跟我们现在是截然不同的。

（2）当前我国经济社会高速发展，处于改革开放的深水区和矛盾的多发区，改革压力和风险较大。生态文明建设是一个系统性工作，要求对全国的机制体制做出大范围的调整，因此发展生态文明的压力也是巨大的。人口多，底子薄，耕地少，人均资源相对不足，经济社会发展不平衡，这是我国的基本国情。这就决定了我国不仅现在，而且今后很长时期都将处于社会主义初级阶段。因此，我国在前进的过程中需要承担较大的经济发展压力，这就与目前我国所面对的资源环境压力形成了矛盾。

长期对自然界的掠夺性开采，已经使我们透支了过多的自然环境发展潜力。从为人类文明发展负责的角度出发，我们不仅要注重当代人的利益，也要在建设生态文明时注重代际均衡发展。

7.2　生态文明制度建设

生态文明的产生和发展，是人类反思大自然和人类关系的结果，是人类的价值观和世界观的转变，也是人类生产生活方式的转变，实现这种转变是一项长期、艰巨的历史任务和可持续的发展过程，需要全社会的广泛参与。党的十八届三中全会《决定》指出：紧紧围绕建设美丽中国深化生态文明体制改革，加快建立生态文明制度，健全国土空间开发、资源节约利用、生态环境保护的体制机制，推动形成人与自然和谐发展的现代化建设新格局。生态文明制度是当前全面建设生态文明的根本保障，建设生态文明需要通过体制完善和制度创新，着力克服长期制约环境保护发展的制度性障碍，建立与完善有利于促进生态文明建设的运行和保障机制，走出一条具有中国特色的绿色文明建设的有效途径。制度具有长期性和根本性，以完善的制度去指导政府的施政方向，市场的改革步伐，公民的广泛参与是建设生态文明的根本之道。

《决定》还提出："建设生态文明，必须建立系统完整的生态文明制度系统。"这为生态文明制度建设指明方向。生态经济学家刘思华教授认为，社会主义生态文明制度建设，应该包含两层含义：① "自然生态系统的文明"制度建设，即狭义生态文明制度建设，主要是为实现人与自然和谐发展提供制度保障与体制环境；② "生态经济社会有机整体文明"制度建设，即广义生态文明制度建设，为实现生态经济社会有机整体全面和谐协调发展提供制度保障与体制环境。因此，在战略思想上，要在加快狭义生态文明制度建设的基础上，逐步加强广义生态文明制度建设，推进现存的社会主义初级阶段的文明形态与经济社会形态的生态变革，绿色创新与全面转型，才能真正走向社会主义生态文明新时代。①

7.2.1　实行最严格的环境保护以及资源管理制度

从目前的环保制度来看，虽然我国长期以来对环境保护的重视程度日益提高，建立了组织严密的环保部门，并完善了环境保护工作的相关立法。但我国环境状况恶化的趋势仍然没有得到根本性的扭转，存在较严重的资源浪费现象，部分区域的生态环境问题十分严重，影响了经济的可持续发展。上述问题的出现有这些原因：地方保护主义盛行，缺乏跨区域、跨部门的协调以及执法机构，以至于出现环保部门不敢碰硬、不敢执法、不愿执法的怪现象，"有法必依，违法必究"成了一句空话。因此，有必要采取措施破除地方保护主义，追求地方政府在社会经济发展过程中的生态责任。

（1）建立各级环保部门环保追责制度。当前，环保部门职能交叉的现象严重，各部门之间推诿责任，无法调动其严格执法的积极性。因此建立完善的环保责任追究制度，加大各种污染主体的处罚力度，严惩各类破坏环境的犯罪行为，加大环境执法力度，实行执法责任追究制，把绿色 GDP 指标纳入干部政绩考核体系，建立生态目标责任制，实行最严厉的环境保护法律，对于改变当前地方不作为的乱象具有积极作用。生态环境保护责任追究制度的构建重点，是对各级政府建立生态环境保护的制度约束，要做到将污染物排放的控制指标分解落实到各地区各部门，落实到重点行业和单位，确保指标控制任务的完成，把环境保护目标纳入党政领导考核内容，实行严格的环保目标责任追究制度。① 将干部选拔与环境保护挂钩，让不重视污染防治工作的领导干部得不到提拔重用；让重视生态文明建设和防治污染工

---

① 刘思华在中国生态经济建设·2014 狮子山论坛上的开幕词——《加强生态文明制度理论研究，促进中华文明形态跨越发展》。

作取得成效的领导干部得到重用。当前，我们要有这样一个认识：地方的发展，不仅是经济，更是美好生态环境的发展；没有良好的生态环境，就实现不了全面建设小康社会的目标。将环境保护与领导干部的任用挂钩，是最直接有效的行政制度。② 要对造成严重事故的责任主体包括地方行政官员依法追究其法律责任，是治国的一大利器。③ 要进一步明确政府对环境保护的监督管理职责，各部门联防联控，真正使环保法律落到实处。④ 明确公诉利益主体。我国虽有较为完善的环境法律制度，但长期以来一直面对着环保公益诉讼主体不明确的尴尬境地，因此，在面对环境保护案件时，经常发生法院拒绝受理的情况，这不仅助长了污染企业的嚣张气焰，更使广大深受污染环境危害的人民群众无处申冤，致使群众宁可走上访或者举报等途径，也不愿意选择相信法律，这也是近些年来，环境性群体事件多发、高发的一个原因之一。根据专业性强、具有一定的专业性和诉讼能力以及较高社会公信力的原则来明确公益诉讼主体的界定范围，这对于增强公众保护环境的意识，及时发现和制止环境违法行为，维护广大人民群众的合法权益具有十分重要的意义和作用。

（2）加大环境违法成本。当前环境污染日趋严重的另一个原因是污染环境的责任主体违法成本过低，相反的是守法成本过高。甚至出现了企业宁愿背着罚款排放污染物，也不愿进行技术升级和产业改造的怪现象。这就造成了国家环境立法不少，但由于违法成本低，对违规企业的经济处罚并未取得应有的震慑效果，导致法律法规并未起到真正的约束作用。用严格的法律制度保护生态环境，加快建立有效约束开发行为和促进绿色发展、循环发展、低碳发展的生态文明法律制度，强化生产者环境保护的法律责任，大幅度提高违法成本。

（3）建立有利于生态文明建设的财政激励制度。中央政府应继续推进改革财税体制和行政考核体系，调整对地方政府的监管和激励手段。目前，我国中央政府与地方政府之间存在着相当严重的事权财权不对称的情况，要尽快出台新的财税分配方案，通过对地方政府的财政支持鼓励地方政府加大生态文明建设的投入力度，在中央政府的宏观调控下，对地方政府的生态文明建设的创新和探索予以支持和鼓励。体制机制带有根本性、全局性、稳定性和长期性。要根据生态文明的建设目标建立一套职责划分明确和行之有效的生态文明管理体制。改革和完善现存体制中不符合时代要求的部分，合理运用法律、行政、财税、价格等手段，建立健全生态责任追求制度，完善资源、环境、经济等综合配套政策。

7.2.2 加快推进主体功能区建设

改革开放以来,我国的经济建设取得了举世瞩目的成就,但同时在全国范围存在的无序开发严重地破坏了我国的生态环境,已经成为影响中华民族永续发展的主要问题。除了长期以来盲目追求 GDP、忽视生态环境保护等错误的政绩观和发展观导致各地自然环境破坏严重之外,我国长期以来在国土空间综合开发规划方面的滞后也是导致这些问题的重要原因。因此通过良好的主体功能区规划来促进生态文明建设深入,是当前甚至今后一段时期内建设生态文明的重点工作。主体功能区规划与生态文明建设是在当前经济发展与环境保护失衡、人与自然矛盾突出、地方矛盾频发的特殊背景下提出的,具有很高的实践性、前瞻性和战略性,同时也会涉及中央与地方,甚至地方与地方之间的利益分配调整。当前进行主体功能区规划的目标是要在时代的特殊背景下使全国和地方的经济发展与资源环境的承载能力相适应,彻底地改变目前普遍的恶性开发,能源资源浪费严重的严峻局面,追求经济建设与生态保护的双赢,人与自然的和谐共存。而生态文明建设的核心正是要实现人与自然和谐,并在此基础上提升人民群众的物质精神文明水平。因此,生态文明建设与主体功能区规划有共同的落脚点,主体功能区规划是实现生态文明的一种手段,而生态文明是主体功能区所要最终实现的目标。

主体功能区规划开发理念有其独特的创新之处,首先主体功能区不同于以往的国土开发理念,是从国家层面上为建设生态文明所进行的特殊规划,其核心要求不再是以往的过分强调经济发展而是要符合生态文明建设的要求,也是对党的十八大报告中对优化国土空间开发格局要求的政策呼应。① 主体功能区战略,就是要按照全国一盘棋的管理理念,基于地方的特殊情况,因地制宜地按照优化开发、重点开发、限制开发和禁止开发的原则,实施分类管理的区域政策,从根本上扭转当前各种恶性开发,破坏国土资源的行为,基本形成规划科学、行之有效的可持续国土开发格局;② 要结合政绩考核政策的变化,按照不同地区的不同定位,实行差异化的评价考核,积极调动地方主管按照主体功能区的开发原则施政,发挥主体功能区在建设生态文明方面的基础性作用。

当前,中央政府从建设生态文明的战略高度出发明确了优化国土空间开发格局的任务,如严格按照国家主体功能区定位进行国土开发、严格实施《主体功能区规划》、按照《主体功能区规划》的要求规范国土开发秩序，加强国土开发的监测和执法。但目前无论是优化国土开发格局的实践工作还是理论工作都不能满足生态文明的建设要求，毫不客气地说，目前的理论和实践都难以实现对国家优化国土开发格局的有力支撑。例如，目前我们仍然没有精细度高、更新及时、门类齐全的国土空间开发格局的数据库系统，也还缺乏实际工作经验丰富同时又具有较高学历的高水平知识型人才，总而言之，国土空间开发的理论和实践工作任重道远。因此，在今后的理论和实践工作中，要坚持按照建设生态文明的要求：完善主体功能区的管理组织架构、明确主体功能区的适用范围、建立健全规范和支持主体功能区发展的法律法规体系。

7.2.3　建立完善的生态补偿制度

当前，因为人类对自然界的长期肆意开采，许多地区的公共环境资源受到了污染和破坏，相当严重地损坏了自然界的生态完整性，当前我国很多地区都存在生态承载能力严重超标的情况。我国目前仍然处于工业化的初级阶段，未来很长一段时间内工业化进程仍将持续。那么如何在保持工业化进程的同时也能更少地损害生态环境，进而保护生态环境，是我们当前必须要重视的课题。目前，我国学术界对环境损害的理论研究还处于比较初级的阶段，环境损害的法律责任和定性原则尚不明朗，公共环境问题时有发生，近些年来因为环境安全问题引发的群体性事件更是不胜枚举。究其根源：① 在于产权不明确以及没有发挥价格的杠杆作用。实行生态资源有偿使用制度，建立完善的生态补偿制度是完全符合建设生态文明要求的有效措施。党的十八届三中全会提出让市场在资源配置中起决定性作用，生态资源作为资源的一种，为人类提供了生存的基础，因此，我们首先要在生态资源的利用方面实行有偿使用制度，明确各类生态资源的产权界定，一方面起到了保护现有生态资源的制度，另一方面也有效地激励人们从事资源环境保护工作。② 改变传统意义上"以人类为中心"的理念，这种传统的思想观念认为世间万物都要以人为中心，自然界也是人类的掠夺对象。这种观点是只强调自然界对当代人的经济价值，而无视自然环境对于人类生存的生态价值，很大程度上影响了子孙后代的生存与发展。恩格斯曾公开警告人类："我们不要过分陶醉于我们对自然界的胜利。对于每一次这样的胜利，自然界都报复了我们。每一次胜利，在第一步都确实取得了我们预期的结果，但是在第二步和第三步却有了完全不同的、出乎预料的影响，常常把第一个结果又取消了。"因此，必须在观念上承认生态环境与人类自身的同等重要性，要深刻认识自然环境本身具有的特殊价值，这种价值是因为直接关系到人类的生存和发展而客观存在的，而不是因为人类的劳动所产生的经济价值。生态自身也是有价值的，谁破坏了生态，就应当承担赔偿的责任。③ 从人与自然的角度，完善对生态环境本身的补偿，使其不危及人类自身的可持续发展，另外，从人与人的角度，对因为开发利用生态资源而受到影响的群体进行生态补偿，这不仅有助于在广大人民群众心中树立生态文明的观念，有效促进生态保护工作，更能有效减少环境性事件，更好地保持社会稳定。

生态补偿机制是建立在环境资源价值理论、环境经济学与循环经济理论基础上的一种合理的制度模式。环境资源有偿使用是生态补偿机制的核心内容，即把环境资源当做一种特殊商品，让其使用人、生态受益人在合法利用环境资源的过程中，对环境资源所有权人、对生态保护付出代价者支付相应费用。

目前，环境资源的价值在产品和生产成本中尚未得到充分体现，其价格在现实经济中不能正确反映其供求关系，低价甚至免费使用资源使人们产生了资源富有的错觉。因此，迫切需要建立合理、有效的生态补偿机制，使资源的消耗与补偿两者取得平衡，循环利用资源和保护环境有利可图。就我国当前的情况而言，需要建立以中央财政为主、地方财政为辅，政府为主、社会参与为辅，政府、社会、市场相结合的生态补偿机制，解决生态脆弱地区因生态环境保护而造成的经济发展机会损失，体现发展机会的公平。

7.3 生态文明体制机制建设

生态文明的体制机制创新，是破解我国目前面临的资源环境困境、实现经济发展方式转变的重要途径。建设生态文明需要通过体制完善和制度创新，着力克服长期制约环境保护发展的制度性障碍，建立与完善有利于促进绿色文明建设的运行和保障机制，走出一条具有中国特色的绿色文明建设的有效途径。必须把制度建设作为推进生态文明建设的重中之重，按照国家治理体系和治理能力现代化的要求，着力破解制约生态文明建设的体制机制障碍，以资源环境生态红线管控、自然资源资产产权和用途管制、自然资源资产负债表、自然资源资产离任审计、生态环境损害赔偿和责任追究、生态补偿等重大制度为突破口，深化生态文明体制改革，尽快出台相关改革方案，建立系统完整的制度体系，把生态文明建设纳入法制化、制度化轨道。

7.3.1　生态文明的体制机制障碍

当前我国生态文明的建设取得了一定的成效，但目前我国在建设生态文明方面仍然存在着不少体制机制障碍，还有很多不适合或者不符合生态文明建设原则的问题，使我们在推进生态文明的建设步伐中不可持续性的问题仍然十分突出。

（1）我们目前仍然没有明确的生态资源产权制度，有关生态环境的相关经济政策仍然不够完善。例如，在西方发达国家和国际社会十分通用和普遍的排污权交易、碳排放交易制度在我国还处于刚起步的阶段，相关的法律制度缺失，交易的细节问题尚难确定，目前仍然没有可信度高的信息平台；当前的能源资源的价格杠杆仍然没有放开，妨碍了市场基础性作用的发挥。

（2）缺乏生态问题保障的全局性法规。目前我国涉及生态安全的相关法律法规存在着十分严重的"九龙治水"问题，各种法规基本上都是从自己的狭义范围来规范制度，忽视了生态安全问题的综合性和系统性。

（3）目前的相关法律法规和行政条例存在着理论性强、实践性弱、没有长远规划的问题。例如，很多地方相关条例是出于地方领导人各种的施政理念，没有有效地针对市场环境和生态环境存在的问题做细致调查，甚至出现朝令夕改的情况。

7.3.2　生态文明的体制机制创新

（1）建立有利于推进绿色文明建设的法律法规体系，把绿色文明建设纳入法制化轨道，为绿色文明建设提供有力保障。坚持依法行政，克服并纠正环境执法中的地方和部门保护主义，遏制行政干预执法的现象，打击权法交易、权钱交易行为。建立综合决策机制，促进环境与经济的协调发展。改革生态环境监督管理体制，提高环境管理的现代化水平。树立正确的政绩观，建立体现科学发展观要求的经济社会发展综合评价体系和干部考核体系。建立健全环境问责制度，使生态环境保护成为硬政绩；试行以"绿色 GDP"为主要内容的新的评价体系，把资源、环境、民生等纳入考核内容，使原来主要关心经济增长速度，变为全面关心经济、资源、环境、民生的协调发展。

（2）推行生产者责任延伸制度。此概念首先是由瑞典的环境经济学家托马斯·林赫斯特（Thomas Lindhqvist）在 1990 年提出的。托马斯在 1992 年给瑞典环境与自然资源部提交的一份报告中，把生产者责任延伸制度作为一项环境保护策略，其定义可以理解为：特定产品的制造商或者进口商要在产品生命周期内的各个阶段（包括生产过程和产品生命结束阶段），特别是产品的回收、利用和最后处置阶段，承担环境保护责任，促使产品生命周期内所产生的环境影响的改善。就是要求生产者即使在其生产的产品被人使用、被人废弃以后，仍负有一定的对其产品进行适当的资源循环利用与处置的责任。具体来说，要改进产品设计，标示产品的材质或成分；就一定的产品来说，当其废弃以后，由生产者进行回收和循环利用等。这一生产者责任环节的延长，使得生产者必须在发生源抑制废弃物的产生，有动力设计对环境负荷压力比较小的产品，其结果是在生产阶段就促进了循环利用，增大了资源的利用效率。与传统的责任划分类型相比较，生产者责任延伸制度的突出特征为：① 产品在回收时所发生的管理和费用的责任部分或全部地向产品生产者转移；② 使企业在设计产品的时候具有考虑产品生产或废弃后对环境影响的动机。

（3）持续推进资源环境管理体制改革。针对目前存在的"九龙治水"怪现状，有必要设计高层面的生态文明建设小组，协调中央直属各部委的工作，制定具有全局性、综合性、可持续性的资源环境管理条例和法律法规。针对目前中央和地方权责不匹配的情况，以及地方存在的跨流域污染问题推行跨流域综合治理制度，如设立巡回法庭，用中央的权威推进地域性的生态文明建设问题。

7.4 生态文明发展路径

7.4.1 生态文明建设路径的理论依据

党的十八大报告提出：建设生态文明，是关系人民福祉、关乎民族未来的长远大计。面对资源约束趋紧、环境污染严重、生态系统退化的严峻形势，必须树立尊重自然、顺应自然、保护自然的生态文明理念，把生态文明建设放在突出地位，融入经济建设、政治建设、文化建设、社会建设各方面和全过程，努力建设美丽中国，实现中华民族永续发展。这两句话表述了生态文明建设的目标。从整体来看，建设生态文明的目的是建设美丽中国，增进人民福祉、实现中华民族的永续发展。为了实现生态文明建设的目标，要正确理解在建设生态文明的过程中政府、市场与人民群众的关系，从而确定生态文明建设的路径设计。

在人与自然关系的研究中，资源环境基础理论、生态系统服务理论、可持续发展理论和区域发展空间均衡理论为我国生态文明建设路径的选择和方案设计提供了依据和可供参考的前景和预期。

当前，我国的生态文明建设虽然取得了一些成就，但仍然突出了一些具体问题：广大人民群众的生态意识不够，法律配套不够完善，转变经济发展方式压力巨大，部分地区的生态问题突出等，因此党的十八大高瞻远瞩地提出了建设"两型"社会的奋斗目标，并从4个方面做出了具体战略部署：优化国土空间开发格局；全面促进资源节约；加大自然生态系统和环境保护力度；加强生态文明制度建设。

生态文明建设的路径设计从政府、市场以及民众的层面来考虑，要紧紧围绕建设美丽中国，增进人民福祉和民族永续发展的目标，按照资源环境基础理论、生态系统服务理论、可持续发展理论和区域发展空间理论的要求，对生态文明建设进行路径选择。在生态文明建设的路径设计层面，根据生态文明建设相关理论，必须重点把握政府改革和调控、市场参与和跟进、人民响应和行动3个方向。政府改革和调控是生态文明建设的关键所在，市场参与和跟进是生态文明建设的重中之重，人民响应和行动为生态文明建设提供了群众基础。这三条路径相辅相成，综合于生态文明建设的目标。在生态文明建设的策略层，结合我国生态文明建设的现实条件，针对基本路径提出生态文明建设的具体措施，将生态文明建设落到实处。

7.4.2 生态文明建设的 3 个路径层面

生态文明建设是一个系统性的工程，需要政府在顶层制度设计层面的引导，需要市场在转变经济发展方式上的配合，需要广大人民群众在建立生态文明意识上的自觉。因此我国生态文明的发展路径可以从政府治理层面、市场治理层面和社会治理层面来分析我国建设生态文明的发展路径。

7.4.2.1 政府治理层面

在讨论政府在建设生态文明的地位和作用时，必须对我国特殊的政治体制以及政府的情况有一个基本的了解：我国不同于美国三权分立的政治体制，权力制衡机制不完善，政府部门权力过大，掌握政策的制定权；我国政府官员的任命权掌握在上级机关手中，对下层人士意愿回应动机不足；我国政府有极大的资源调配能力，参与市场运作的意愿和能力较强；由于历史原因，我国中央政府与地方政府之间存在较大的财税体制矛盾。因此，在论述政府的体制机制改革时必须针对我国的特殊国情，实事求是地设计应对政策。

（1）改革目前的政绩考核体系，建立运行良好的生态环境离任审计制度。"官员出数字，数字出官员"这是对我国多年来唯 GDP 论英雄的最好描述，改革开放以来，我们为了经济发展付出了巨大的资源、环境和生态代价。在当前党中央号召建设生态文明的新时期，必须改革目前的政绩考核体系，用全新的生态 GDP 指标取代传统的 GDP 指标，建立体现生态文明要求的目标体系、考核办法、奖惩机制。用地方官员的"官帽子"引导地方政府的施政方向，使其有更大的意愿和积极性建设生态文明。运行良好的生态环境离任审计制度是可以有效地避免官员的错误决策。

（2）统筹相关职能部门的组织架构。完善的行政职能划分以及有效的执法部门是建设生态文明的重要环节。目前，我国已经建立了比较完善的职能部门管理体系，但各部门之间相互推诿责任，职权不清的情况已经比较突出，这造成了环境污染问题预防不及时，处理不落实，善后不到位的情况非常突出，因为有必要建立高级别的综合协调部门，并本着预防为主的原则改革目前以治理为原则设计的政府架构，修改现行的行政条例，加强防范。

7.4.2.2 市场治理层面

由于历史原因，我国政府在资源配置中发挥了重要作用，甚至在建设社会主义市场经济的今天，政府在市场运作中还是会同时充当运动员和裁判员的角色，这对利用市场这只看不见的手去建设生态文明有不好的影响，党中央在十八届三中全会中要让市场在资源配置中发挥决定性作用，这吹响了深化市场改革的号角。我们知道，建设生态文明对我们的经济发展方式提出了更高的要求，因此市场作为资源配置中起决定性作用的一方，应该按照建设生态文明的要求深化改革。

（1）大力推进技术创新，尤其是资源保护和节约技术。技术进步是建设生态文明的支撑。企业是技术进步的主体，当前，我国生产技术和环境污染处理技术远远落后于发达国家，这不仅使我国单位 GDP 功耗过高，造成了环境污染源的巨大存量来源，也使我国减少排量、恢复生态环境的工作存在一些技术上的障碍。传统的技术研发和创新单纯的是为了经济价值，是纯粹的经济性的，其目的也是为了传统 GDP 数额增长，在建设生态文明的新时期，我们在进行技术创新时必须秉承新的技术创新原则：生态原则，人本原则。以人与自然和谐发展为出发点，以创造绿色 GDP 为落脚点，以促进生态文明的进步为归宿点，更好地服务于新时期的经济发展。

（2）推进产业升级调整，是建设生态文明的必经之路。转变经济发展方式，进行经济结构调整和产业升级，是巩固经济基础的必要措施。当前我国高污染、高消耗、高浪费的经济发展道路已经被证明是走不通的了。近些年来，国家一直在号召进行产业调整，这不仅是适应全球产业链大调整的应对措施，更是建设生态文明的得力举措。企业作为市场的主体单位，在新的经济发展浪潮中，应该因地制宜地制定新的发展策略，把发展中心转移到高附加值、低能耗的新兴产业，走绿色发展、低碳发展、循环发展、科技创新的发展道路。

7.4.2.3　社会治理层面

发挥多元主体参与生态文明建设的积极性。人民是历史的创造者，建设生态文明也不例外，无论是政府政策的实施，还是企业的产业升级调整，其最终的实施者和受众群体都是广大人民群众。生态文明的建设离不开广大人民群众的参与。

（1）自觉树立生态文明观念。建设生态文明对人们的思想观念提出了新的更高要求：改变人类中心主义伦理观，树立生态伦理观；树立地球是人类赖以生存的唯一家园的理念；树立珍爱和善待自然，保护自然的理念。我们要自觉把新的生态观念落实到自己身上，树立对生态环境承担责任的意识，热爱大自然，珍惜自然资源；积极转变思维方式，即用生态学关于整体、系统、普遍联系、相互协调、循环转化、互补互利、局部与整体、长远与近期、多样性与多元化等观点和方法去认识和解决人与自然的相互关系问题。

（2）转变消费观念，倡导绿色消费方式。人类历史的不同阶段，其消费方式也不同，反映的文明形态也各异。消费与文明之间存在着内在互通的关系。生态文明是一种包含构建崭新的消费模式的文明形态，这种消费文明的基本方向是促使消费方式的生态化。这种消费观念的基本观点有以下几点：在消费的数量上，倡导适度消费，反对过量消费；在消费的方式上，力行文明消费，反对奢靡消费；在消费的内容上，施行绿色消费，反对不当消费。健康的消费表达需要和谐文明的改造，健康的消费方式应确立合理的生态尺度，健康的消费伦理，促使消费方式的生态化。转变消费方式是建设生态文明的重要工作。发达国家的高消费生活方式，是全球环境、能源危机的主要根源之一。非正常的消费不仅浪费大量资源，也在精神层面压抑着人类追求全面自由的本性。面对我国自然资源短缺的严峻现实，为了实现中华民族的永续发展，我国必须由当前的出口导向型经济转向消费导向型经济，树立简约消费观，在降低资源消耗和污染排放增长的情况下，实现生活质量的持续改善，实现生活方式从粗放型向集约型的根本性转变。

（3）培育并支持绿色 NGO 在生态文明建设中的地位和作用。绿色 NGO 在环境保护、生态维护中具有典型示范和影响带动作用。他们以绿色环保为价值理念，作为一支重要的社会力量活跃在各个地区，并对政治决策施加影响。

第 **8** 章
绿色文明的伦理基础——生态伦理

生态伦理是绿色文明的伦理基础，核心问题是如何处理人与自然、人类自身、当前与未来几大关系。中西方传统文化中都蕴含着部分生态伦理思想，有待深入挖掘。经过 10 多年的努力，我国当代社会在生态伦理建设方面形成一系列主要思想成就，包括科学发展观、社会主义核心价值观和美丽中国发展理念等。

8.1 生态伦理概述

8.1.1 生态伦理的内涵与形式

8.1.1.1 生态伦理的内涵

生态伦理即人类处理自身及其周围的动物、环境和大自然等生态环境关系的一系列道德规范。通常是人类在进行与自然生态有关的活动中所形成的伦理关系及其调节原则。"最大限度的（长远的、普遍的）自我实现"是生态智慧的终极性规范，即"普遍的共生"或"（大）自我实现"，人类应该"让共生现象最大化"。

人类的自然生态活动反映出人与自然的关系，其中又蕴藏着人与人的关系，表达出特定的伦理价值理念与价值关系。人类作为自然界系统中的一个子系统，与自然生态系统进行物质、能量和信息交换，自然生态构成了人类自身存在的客观条件。

因此，人类对自然生态系统给予道德关怀，从根本上说也是对人类自身的道德关怀。

人类自然生态活动中一切涉及伦理性的方面构成了生态伦理的现实内容，包括合理指导自然生态活动、保护生态平衡与生物多样性、保护与合理使用自然资源、对影响自然生态与生态平衡的重大活动进行科学决策以及人们保护自然生态与物种多样性的道德品质与道德责任等。

8.1.1.2　生态伦理的特点

（1）社会价值优先于个人价值。为了使生态得到真正可靠的保护，应制定出具有强制性的生态政策。在制定生态政策的过程中，必须处理好个人偏好价值、市场价格价值、个人善价值、社会偏好价值、社会善价值、有机体价值、生态系统价值等价值关系。在个人与整体的关系上，应把整体利益看得更为重要。所谓社会善价值，就是有助于社会正常运行的价值；而个人善价值代表的则是个人的利益。可见，生态保护政策不仅触及个人利益与社会利益的关系问题，而且主张社会价值优先于个人价值。

（2）具有强制性。生态伦理无论在内涵方面还是在外延方面，都不同于传统意义上的伦理。传统意义上的伦理是自然形成的而不是制定出来的，通常也不写进法律之中，它只存在于人们的常识和信念之中。传统意义上的伦理仅仅协调人际关系，一般不涉及大地、空气、野生动植物等。传统意义上的伦理虽然也主张他律，但核心是自觉和自省，不是强制性的。由于生态保护问题的复杂性和紧迫性，生态伦理不仅要得到鼓励，而且要得到强制执行。

（3）扩展了道德的范围，超越了人与人的关系。单靠市场机制，很难确保人类与生态之间的和谐，很难确保正确地对待动植物以及生态系统，很难确保考虑后代的利益。因而，应通过制定生态保护政策来引导人们转变道德观念。任何政策的落实都需要得到公众认可，生态保护政策更需要公众发自内心的拥护。生态伦理所要求的道德观念，不仅把道德的范围扩展到了全人类，而且超越了人与人的关系。生态政策必须兼顾生态系统的价值，兼顾不同国家间利益的协调。

（4）努力实现人与自然和谐发展。生态危机主要是由于生态系统的生物链遭到破坏，进而给生物的生存发展带来困难。人类发展史表明，缓和人与自然的关系，必须重建人与自然之间的和谐。

8.1.1.3　生态伦理与人类行为方式

（1）生态伦理要求经济社会发展战略的转变。① 控制人口增长，使人口增与地球的人口生态容量相适应。据测算，地球可容纳的人口最多为 80 亿。世界现有人口已达 60 亿，若不加控制地继续增长，在 2050 年将突破 100 亿，超过地球人口生态容量的警戒线。因此，控制人口增长，以保障人类的需求与自然再生产的供给相协调，是一项紧迫任务。② 人类改造自然的行为应与生态运动规律相适应。改造自然不应是人类对大自然的掠夺性控制，而应是调整性控制、改善性控制和理解性控制，即对自身行为的理智性控制。③ 把排污量控制在自然界自净能力之内，促进污染物排放与自然生态系统自净能力相协调。倘若人类排放的污染物超过了大自然的自净能力，污染物就会在大气、水体、生物体内积存下来，对生物和人体产生持续性危害。④ 促进自然资源开发利用与自然再生产能力相协调，为人类的持续发展留下充足空间。对于可再生资源的开发利用也必须坚持开发与保护并重的原则，促进自然再生产能力的提高，以保证在长期内物种灭绝不超过物种进化，土壤侵蚀不超过土壤形成，森林破坏不超过森林再造，捕鱼量不超过渔场再生能力等，使人类与自然能够和谐相处。

（2）企业伦理中要赋予生态伦理新内容。企业在追求利润的同时履行社会责任和环境责任：① 视生态系统为有效率的经济系统而加以尊重；② 谨慎对待罕见和脆弱的生态；③ 尊重生命；④ 尊重物种；⑤ 尊重自然；⑥ 爱地球如爱己。

（3）公民公德建设中应强化生态伦理。实行有益于生态的生活方式，可以从我们每个人身边的小事做起。比如，从易拉罐、牛奶盒、旧报纸杂志等可利用资源的回收开始，到随手关掉电源等。

（4）生态伦理观将促使发展观的转向。生态伦理观告诉我们：不仅地球的资源是有限的，而且以牺牲生态质量为代价追求经济增长，到头来遭受惩罚的还是人类自己。传统的工业文明追求经济的高增长和高效率，而生态伦理观则主张"可持续发展观"。生态伦理观有助于我们更好地认识发展的目的和手段，更好地处理发展中的矛盾和冲突。

8.1.2　生态伦理观的主要内容

8.1.2.1　生态伦理观的主要观点

生态伦理观的产生有其必然性。① 生态危机呼唤生态环境伦理。道德是社会意识形态之一，是调整人和人之间及个人和社会之间关系的行为规范的总和。今天，当人类面临环境和生态危机的时候,在人们重新审视人和自然关系的时候,认识到人在改造自然的同时,还必须承担人对自然进行保护的道德义务和道德责任。因此,我们必须扩展道德功能的领域,把传统道德调整人和人之间关系扩展到调整人和社会以及人和自然关系,重视道德保护环境、保护自然的功能。② 人类文明的进步需要建构与之相适应的生态伦理道德。生态伦理标志着人类道德的进步和完善,是新时代人类处理环境和生态问题的新视角、新思想,是人类道德的新境界。新的绿色文明关于人与自然关系的观点,既克服了人类中心主义的片面性,同时又肯定了人类伟大的能动作用,对人类在自然中的地位和作用给予了明智而合理的规定。

生态伦理是指人对自然的伦理。它涉及人类在处理与自然之间的关系时,何者为正当、合理的行为,以及人类对于自然界负有什么样的义务等问题。代表性的观点有:生命中心主义、地球整体主义、代际均等的生态伦理观 3 种。

8.1.2.2 树立生态伦理观须批判两种观点

(1)在处理人类社会与自然生态关系上,生态伦理观有着鲜明的态度。生态环境伦理以尊重和保护生态环境为宗旨,以未来人类继续发展为着眼点。生态环境伦理强调人的自觉和自律,强调人与自然环境的相互依存、相互促进、共存共融。这种绿色文明同以往的农业文明和工业文明具有共同点,那就是在改造自然中发展社会生产力,不断提高人类的物质文化生活水平。但它们之间又有明显的不同,即生态伦理突出强调在改造自然中要保持自然的生态平衡,要尊重和保护环境,不能急功近利,吃祖宗饭,断子孙路,不能以牺牲环境为代价取得经济的暂时发展。

但是,生态伦理也不是主张人在自然面前无能为力,消极无为,不是叫人们"存天理、灭人欲",少吃少喝少消费,而是让人们在认识和掌握自然规律的基础上,在爱护环境和保持生态平衡的前提下,能动地改造自然,使自然更好地为人类服务。

(2)树立生态伦理观须批判"生态中心主义"和"人类中心主义"两种极端的伦理观。主张人类在自然面前无能为力是消极的、片面的,主张人类在自然面前可以为所欲为也是不对的。在人类对自然的态度上,既不能搞"无能论",也不能搞"万能论"。古希腊哲学家普罗泰戈拉提出一个著名的命题:人是万物的尺度,是存在事物存在的尺度,也是不存在事物不存在的尺度。这就把人类看作判断一切事物是否存在的评判者。"人类中心主义"认为,道德只是对人而存在,只有人才能得到道德上的关怀和尊重,道德义务也只有对人而言才应该承担,在人类生活之外不存在道德关系。因此,强调人对自然的权利,人是宇宙之灵,万物之主,太阳为人而生,星斗为人而亮,自然为人而存在,人是自然的主人,一切从人的利益出发,一切为人的利益服务。这种"人类中心主义",必然导致"人类沙文主义",产生对自然资源进行无限度、无休止、肆无忌惮的索取和掠夺,忽视人对自然的道德责任和道德义务,把人和自然置于绝对对立的位置。这种反自然的价值观,不能不说是导致今天生态危机的道德根源。

我们要加强生态伦理的道德教育,唤起人们对自然的"道德良知"和"生态良知",使人们全面认识人和自然的关系。人既有改造自然的权利和自由,同样有保护自然的义务和责任。人有责任有义务尊重自然和其他物种存在的权利,因为人与其他物种都是宇宙生物链中不可缺少的有机组成部分,享用自然并非人类的特权,而是一切物种共有的权利。要使人和自然共同迈向未来,人类要在维护生态平衡的基础上合理地开发自然,把人类的生产方式和生活方式规范在生态系统所能承受的范围内,倡导在热爱自然、尊重自然、保护自然和维护生态平衡的基础上,积极能动地改造和利用自然。

(3)要把握生态伦理观的核心。平等观是生态伦理观的核心。在当前,建构生态伦理要特别强调人类平等观和人与自然的平等观,主张人与人及人与自然的生存平等、利益平等和发展平等,即一部分人的发展不能以牺牲另一部分人的利益为代价,既要求代内平等,也要求代际平等。

代内平等的道德原则强调当代人在利用自然资源,满足自身利益上机会均等,在谋求生存与发展上权利均等。宇宙只有一个地球,其空间、资源、能源和环境都是有限的,任何国家和地区的发展都不能以损害其他国家和地区发展为代价,特别要注意维护后发展国家和地区的利益。然而放眼全球,代内不平等现象相当严重。发达国家在工业化的过程中也严重地污染了环境。因此,发达国家对"全球生态赤字"理应负有更大责任。发展中国家也要结束"杀鸡取卵,竭泽而渔"的开发行为,避免走"先污染后治理"的老路。

所谓代际平等的道德原则,就是当代人与后代人在享用自然、利用自然、开发自然的权利均等。要利在当代、功在千秋,不能吃祖宗饭、断子孙路,要尊重和保护子孙后代享用自然的平等权利。现在代际不平等现象也十分严重,人口膨胀、资源短缺、环境污染、生态失衡,已严重威胁后代人的生存发展权。大量事实说明,工业文明的发展造成对自然资源的过量开采,已严重威胁子孙后代的生存发展。

解决这种代际不平等现象,必须建构生态伦理,用理性约束人类的行为,树立可持续发展观念，求得社会发展、经济效益和生态效益的统一。在绿色文明的新时期，人类应站在可持续发展的高度，正确行使人对自然的权利和义务，使人类由牺牲环境和后代人利益为代价换来的"黄色文明""黑色文明"转变为以人和自然和谐发展为特征的"绿色文明"。

8.1.2.3 生态伦理观的基本思想

主要体现在如何处理人与自然、人类自身、当前与未来几大关系上。

（1）尊重与善待自然。从地球生态系统的进化来看待自然，可以发现，地球作为一高级的自组织结构形式是有其内在的价值的。对地球这一内在价值的充分肯定，并不是说要否定地球生态系统对人类的工具性价值。对自然生态价值的认识与承认导致了人类对它的责任和义务。具体来说，须做到以下几点：① 尊重地球上一切生命物种；② 尊重自然生态的和谐与稳定；③ 顺应自然生活。

（2）关心个人并关心人类。生态伦理包括两个方面的问题：伦理立场和伦理规范问题。前者牵涉到看待自然生态的一整套思维模式、思想方法和思想观念，它更多地指整体人类对待自然的根本态度；后者则是人们在自然交往中必须遵从和奉行的行为准则。在生态问题上处理人与人之间关系上须把握正义、公正、权利平衡、合作等原则。

（3）着眼当前并思虑未来。在生态伦理中，人类与子孙后代的关系问题之所以突出，是因为生态问题直接牵涉到当代人与后代人的利益，如何从自然生态的价值与种族繁衍的角度来看待生态问题，在处理生态问题时取得个体利益与种族利益的平衡，是生态伦理应该面对的重要问题。生态问题在涉及后代人的利益时，须考虑如下几条准则：① 责任原则；② 节约原则；③ 慎行原则。

8.2 我国传统文化中的生态伦理观

我国古代的生态伦理思想蕴藏于我国传统文化之中，千百年来一直延续。有明确文献记载的生态伦理思想始于《易经》中的天人关系。自《易经》以后，各家各派生态伦理观慢慢涌现：

生生之德，以天地始；

易依造化，感念阴阳；

万物一体，道法自然；

参赞化育，以和为贵；

自皈依佛，普度众生。

8.2.1 《易经》中的生态伦理启蒙思想

天地之大德，曰生。

语出《易经·系辞》，意思是生养万物是天地最大的美德。宇宙的万物就是宇宙的"大业"，而万物都处在"日新"之中，即新陈代谢之中，就是所谓"生生不已"。

8.2.1.1 尊天合法

天道演化，人居其间；感念天地，广生之德。

"立天之道，曰阴曰阳，立地之道，曰柔曰刚，立人之道，曰人曰义。兼三才而两之，故易六画而成卦。"（《易经·说卦》）在易经的卦体中，每一卦六画，上面两卦指天，中间两卦指人，下面两卦指地。天地人各占其位，人与自然万物和谐相处。古人常说，"上天素有好生之德"，人虽处于天地之间，但天地不是为人而存在，体恤众生是因为它固有的"利生"规律，所以人们应该感念天地广生之德。

8.2.1.2 顺天而化

刚柔始交，勿往宜建；后天奉时，合德天地。

《易经》"屯"卦有言"有天地而万物生焉"（《易经·序卦传》），此时称为"屯"，万物刚刚有所发展。如果遇到这种情形，要求人们应做到"勿利有攸往，利建侯"，在这种情况下，不要盲目躁进，应先建立领导机构，审时度势，顺应事物演变的一般规律。《易经·乾卦》有言，"后天而奉天时"。在审时度势之后，人们应该"与天地合其德"，遵循天地万物固有的自然规律来办事，才能使天地"应乎人"。

8.2.1.3 用天至易

天地交通，否极泰来；制天而用，崇德广业。

"天地变化，草木蕃"（《易经·坤卦·文言》）。天地只有不断变化，才会创造万物，正所谓"乾父坤母，生万物"。天地变化，草木生长；天地不变化、交融，就到了否卦。所以说事物只有不断变化、演化，才会有"否极泰来"的时候。"夫易，圣人所以崇德而广业也"（《易经·系辞传上》），意思是说，圣人要想成就崇德广业，"制天命而用之"便是其成功的主要途径。也就是说，人们可以在遵循自然规律的前提下，有限度地改造自然，让自然为其所用。

8.2.2 老庄国际生态伦理思想

　　人法地，地法天，天法道，道法自然。

语出《道德经》第二十五章，意思是说人需要遵循地的规律特性，地的原则是服从于天，天以道作为运行的依据，而"道"就是效法自然、遵循万物自有的规律。

8.2.2.1 物我合一

　　天地本道，以一贯之；物我为一，天人一体。

在道家看来，天地本是混沌一体的。一即可表示"道"，"天得一以清，地得一以宁"（《道德经》第三十九章），由此可得，"道"是构成一切事物所不可或缺的要素，如果失去了"道"，天地万物就不能存在下去，"是以圣人抱一为天下式"（《道德经》第二十二章）。

天地万物本是一体，庄子有语"天地万物与我并生，而万物与我为一"（《庄子·齐物论》）。"万物一受其成形"，即一旦形成了某种形体，在与外物的相残相磨的过程中，最终的结果还是死亡。任何事物不管是以什么样的状态存在，它们的终极结果是一致的。它们都是以灭亡为结果，或者说是以另一种生而存在为结果。庄子终极结果看万物，认为万物是"复通为一"的论证物我相存并行，以相同的终极结果进一步论证了"万物一体"的哲学观点。

8.2.2.2 知常曰明

　　虚极静笃，知常曰明；心斋坐忘，齐物逍遥。

万物都是由动而生，由静而归根。虽生生不已，但却终而无不归其本。树木春生夏长，秋收冬藏，终而落叶归根。天有天根，物有物蒂，人有本源，天下没有无根之事物。万物之根在何处？盖在将开未开、将动未动的静态之中。人与万物未生之时，渺茫而无象。既育之后，则生生不息，终有灭时。唯将生未生时的虚清状态，才是万物之本根。老子有言 "致虚极，守静笃；万物并作，吾以观复。夫物芸芸，各复归其根。归根曰静，静曰复命。复命曰常，知常曰明。"（《道德经》第十六章）在老子看来，要保持大自然的美好环境，做到良性循环（往复）生生不息，不使之受到破坏，必须从维护"万物并作"的立场出发，讲究"知常"的辩证法，不肆意妄为，这样人类终究不会有毁灭自身的危险。"知常曰明"即认识了自然规律才不会乱来。

庄子在《人间世》中借由孔子回答颜回的问话而阐发出"心斋"一词，即心志专一（"若一志"），放下耳目听闻，静心修炼。消除由眼、耳、鼻、舌、身向外驰求所产生的无止境的欲望，摆脱为满足欲望而带来的种种牵累，凝神聚气，反观内照，真正做到"坐忘"，人才能集"道"于内心，以心灵之"虚"来体悟道的本性，这样便达到人道合一的境界。"逍遥乎翱翔于天地之间"，依照万物固有的规律来办事，才能真正做到"知常曰明"。

8.2.2.3 知止不殆

知足不辱，知止不殆；无厚入间，物我两忘。

名誉与生命相比哪个更重要？生命与财产相比哪个更重要？生命与财产相比哪个与自己的利害关系较为密切？所以，太过看重名誉与财富，往往会招致更大的损失，因此，"知足不辱，知止不殆，可以长久。"（《老子》第四十四章）人生的历程就是这样，要在恰到好处时知止。所以老子说，"功成、名遂、身退"，这句话意味无穷，所以知止才不会有危险。这是告诉我们知止、知足的重要，也不要被虚名所骗，更不要被情感得失蒙骗自己，这样才可以长久。

在老子之后，庄子提出了要在矛盾是非的空隙中保全性命的观点，"以无厚入有间"（出自《庄子·养生主》），这样才能"保身""全生""养亲""尽年"，达到一种与万物融为一体，物我合一，"物我两忘"的状态。人类社会是复杂的，人的生命是有限的，生活在这样一个复杂的社会中，要顺应自然之道，把它作为处世的常法。不要为善去追求功名，也不要为恶而遭受刑辱，要善于避开矛盾、是非，在矛盾是非的空隙中保全性命。总之，人生就是这样，懂得满足就不会受到屈辱，懂得适可而止就不会遇到危险，这样才可以长久的平安。

8.2.3 儒家生态伦理思想

赞天地之化育，与天地参。

语出《中庸》，"可以赞天地之化育，则可以与天地参矣。"意思是说能帮助大地培育生命，就可以与天地并列为三了。《说文》中提到"参者：同'省'。视也。""赞者：见也。"那么所谓"参赞天地之化育"，即目睹看见、知道了解天地生化孕育。这里的"赞"，多倾向于"见到"之功能本身，而之后的"参"，则多倾向"以天地视角",即以第三方角度观察。从这里,其实并未看到有明确意向表示作为观察者的"我"有喜怒变化,只是说明了:通过至诚尽性,可以知道化育,了达天地,共赞同参。

8.2.3.1 成就"大人"

爱众亲仁,止于至善;仁者爱人,得和众生;无物非我,推恩万物。

《论语·学而》有语"弟子入则孝,出则悌,谨而信,泛爱众而亲仁。行有余力,则以学文。"这是早期儒家对仁爱思想的论述。作为年轻人,应该广施爱心,亲近仁人志士,才能早日有所作为;修身育人,必须达到完美的境界而毫不动摇。正如《礼记·大学》所言"大学之道,在明明德,在亲民,在止于至善。"

"仁"是儒家思想的核心之一,儒家认为仁者是充满慈爱之心,满怀爱意的人。充满爱心,并且将这份爱心给予别人的人,别人也会爱他;尊敬别人的人,别人通常也会尊敬他。正如《孟子·离娄下》第二十八章中所言"君子以仁存心,以礼存心。仁者爱人,有礼者敬人。"儒家也会将这种仁爱之心加以推广,进而成为一种对自然万物的博爱之心。继孔子、孟子之后,荀子又有言"万物各得其和以生,各得其养以成。"(《荀子·天论》)儒家的仁爱思想又进一步向博爱思想扩展。

"其视天下无一物非我,孟子谓尽心则知性知天以此。"(《正蒙·大心》)这是宋代的张载关于"大我"思想的论述。继博爱思想之后,宋明理学又将儒家的博爱思想发展成了一种成就"大人"的生态理念。这种"大人"的生态理念对于具体的个人来说,就是一种"大我"意识,在明代的王阳明看来,作为"圣人","视天下之人无外内远近,凡有血气,皆其昆弟赤子之亲,莫不欲安全而养之"[1]。也就是说,以自身仁爱之心,推己及人,博施于众,以天下为己任,从而实现一种内在德性的"大我"境界。

8.2.3.2 拯救社会

节用爱人,使民以时;民贵君轻,本固邦宁;视人犹己,尽心天下。

《论语·学而》有语"道千乘之国,敬事而信,节用而爱人,使民以时。"孔子要求统治者严肃认真地办理国家各方面事务,恪守信用,节约用度,爱护官吏,役使百姓应注意不误农时。这是治国安邦的基本点。使民以时,表面上看只是一个时间和机会选择的问题,实质上体现了君王应以民为本,尊重人民,也才能真正体现

---

① 王阳明:《王阳明全集》(卷一),北京:线装书局,2012 年版,第 132 页。

其"爱人"的思想，人民也才能真真切切地感受到"被爱"的实际意义。

继孔子之后，孟子又将孔子的"爱人"思想具体化，提出了民本思想。他认为"民为贵，社稷次之，君为轻。"(《孟子·尽心（下）》)也就是说，国君和社稷都可以改立更换，只有老百姓是不可更换的。《尚书》也说："民惟邦本，本固邦宁。"老百姓才是国家的根本，根本稳固了，国家也就安宁了。这是孟子民本思想最为典型、最为明确的体现。

人的本心自发地知仁、知义、知礼、知是非，这就是人的良知。明代的王阳明又将民本思想进一步深化。王阳明认为："良知之在人心，无间于圣愚，天下古今之所同也。世之君子唯务致其良知，则自能公是非，同好恶，视人犹己，视国犹家，而以天地万物为一体。"(《传习录·答聂文蔚（一）》)[①]可见，天、地、人、万物一体同在、民不可分；此外，人们要"尽心"，要有关怀社会、关切生命的社会理想。正所谓"心尽而家以齐，国以治，天下以平。"

8.2.3.3 救赎万物

参赞化育，礼乐天地；仁民爱物，不忍杀生；万物一体，天地立民。

儒家认为，人是万物创造过程中的一个辅助者、参与者，《中庸》中就说道"可以赞天地之化育，则可以与天地参矣。"人处在天地之间，就应该负起天下一家、宇宙一体之责，这就是"参赞化育"——仁者的"仁德"。另外，作为仁者，应该"礼施天下"，礼，代表了天地间万物最有序的情态；乐，代表了天地间万物最和畅的情态。礼施天下，万物就能获得和畅，拥有秩序，从而能自然孳生华育，井然有别，各得其宜。

作为仁者，应该"亲亲而仁民，仁民而爱物。"(《孟子·尽心（上）》)这是孟子对"仁德"主张的进一步阐述。孟子认为，仁是人的普遍德性。孟子从齐宣王"以羊易牛"的故事，看到人人都有对动物的不忍之心，不忍动物被杀时的"觳觫"，即恐惧的样子，并从这里引申出仁政学说。正是这种"不忍"之心，促使人类去爱护动物、保护动物，而且只有人类才能做到。这正是人类的伟大之处，也是人类的责任和义务之所在。

"仁者以天地万物为一体，有一物失所，便是吾仁有未尽处。"在王阳明看来，天地万物本是一体，"仁民爱物"是一种生态的责任。继王阳明之后，王艮更进一

---

① 王阳明：《王阳明全集》（卷二），北京：线装书局，2012 年版，第 351 页。

步将这种救赎万物的责任推向整个宇宙，延续了北宋张载的"为天地立心，为生民立命，为往圣继绝学，为万世开太平"（《张子语录·语录中》）的人生理想。在他的《鳅鳝赋》中，勾描出了鳅雨解救樊笼之鳝的壮举，以鳅鱼这一"小人物"拯救"奄奄然若死之状"的鳝鱼这一举动，彰显了儒者"万物一体"之仁心。

8.2.4　佛学中的生态伦理智慧

自皈依佛，当愿众生，体解大道，发无上心。

语出《华严经·净行品》，意思是说，发起誓愿将自己皈依于佛宝，同时愿一切众生，都能皈依佛宝，使佛法兴盛，发起无上的菩提心，即成佛之心。我们皈依佛陀，所求的是要解脱、要觉悟，所作所为自己都要负责任，所以我们自己要去努力、去体悟，还要让更多的人受益，就得要发愿修成佛道度化无量无边的众生，同时，也希望所有的众生都能够悟透解脱的大道，发起成佛的心。

8.2.4.1　万物平等

佛性无变易，众生常相依。

《大般经》卷 27 有语"一切众生悉有佛性，如来常住无有变易。"众生是平等的。在佛学中，天地万物是一个不可分割的整体，在佛面前，人与其他生物并无地位的差别，是一种平等的关系。众生皆有佛性。日本佛教人物道元曾指出"一切即众生，悉有即佛性。"佛是生命的最高境界。著名佛学家阿部正雄就道元的理解进一步指出，"悉有即佛性"中的"有"，在道元那里囊括了宇宙间的一切实体与过程，不仅指人指生物，而且指无生命存在，从而达到了"草木国土皆能成佛""山河大地悉现法身"的意境。根据道元的见地，人类只有具备"有界"即宇宙的宽广胸襟，带着对"有界"即天地万物的关切心怀，才能最终解决自己的生死之忧①。

8.2.4.2　普度众生

同乐乃慈悲，拔苦曰大悲。

《大智度论》有语"大慈与一切众生乐，大悲与一切众生苦。"前者意味着给所有的人和生物以快乐，后者意味着拔除所有生命的痛苦。在佛法上，"与乐"叫做慈，"拔苦"叫做悲，佛教教导人们要对所有生命大慈大悲。任何生命都把保护自

---

① 王国聘：《中国传统文化中的生态伦理智慧》，载《科学技术辩证法》，1999 年第 1 期，第 33～37 页。

己的生存当做至高无上的目的，这是生命世界的准则，佛教的慈悲并不否定对自身生命本能的保护，但它更为强调的是对他人和他物的关怀、给予和帮助。为了对他人和他物的爱或"慈悲"，需要放弃自己的一部分利益，需要抑制自己的贪欲，甚至会舍弃自己生存的权利[①]。

8.2.4.3 放生戒杀

众生得长命，放生布恩惠。

《佛为首迦长者说业报差别经》有语"有十业能令众生得长命报……十者，以诸饮食惠施众生。"放生蕴含着佛教众生平等、尊重生命的慈悲情怀，自他相关、因果回馈的辩证智慧，善待众生、普度众生的宗旨追求。佛教基于因缘果报、众生平等的系统理念，倡导彻底戒杀并积极护生放生，为历代众多高僧大德所推崇，更有文人居士的大力倡导，如著名诗人白居易笃信佛教，以《鸟》为题作诗："谁道群生性命微？一般骨肉一般皮。劝君莫打枝头鸟，子在巢中望母归。"近代弘一大师和丰子恺师徒二人合作完成《护生画集》，形成了丰富的护生放生文化。放生文化的意义在于践行、涵养仁恕精神、慈悲之道，如果人人都能够爱护生命、保护生命，就能从根本上削减乱捕滥杀。总之，放生文化对于促进生态平衡、人心良善、社会和谐、世界和平具有重大意义。

8.3 西方的生态伦理观

相比于我国的生态伦理思想，西方的生态伦理思想具有更强的周期递变性与被动性。从自然神圣化的生态伦理观到人类中心主义，从人类中心主义再到自然中心主义，包括动物中心主义、生物中心主义以及生态中心主义，无不体现着西方生态伦理思想从顺应自然到征服自然再到改造自然的周期递变规律，以及为确保自身利益不受侵害的生态保护思想。

西方生态伦理学萌动于19世纪末到20世纪初，主要是迫于工业革命给人类自身所带来的生存环境压力而产生的，这一时期，西方生态伦理思想过于强调人类在伦理观、价值观方面具有的特殊中心性，以人类中心论为其主流思想。西方生态伦理学创立于20世纪初，到20世纪中叶生态伦理思想初具规模，以敬畏生命、尊重

[①] 王国聘：《中国传统文化中的生态伦理智慧》，载《科学技术辩证法》，1999年第1期，第33~37页。

自然的自然中心主义为其主流思想。从 20 世纪中叶到现在，西方生态伦理学体系日益完善，各学派思想争奇斗艳，生态伦理学思想在早期自然中心主义的基础上，进一步产生了动物中心主义、生物中心主义以及生态中心主义。

8.3.1　生态伦理观的发端

国内学界通常把现代的西方生态伦理学实质上划分为两个学派：人类中心主义和自然中心主义（傅华，2001）。人类中心主义学派以人类为中心，将"人类中心主义"作为一种价值论，信仰人类自己的价值，但也承认和尊重自然的"内在价值"。而自然中心主义学派以整个自然界作为视域，认为生命和自然也像人类一样同时具有外在价值和内在价值，强调人类在生态系统中的特殊作用，即人类肩负着维护生态平衡，促进人与自然协调发展的责任。下面将对这两大学派思想的产生的历史渊源作出进一步的论述。

8.3.1.1　神学似的生态伦理观

"我要照着我的形象，按照我的样式造人，使他们管理海里的鱼，空中的鸟，地上的牲畜……"这是《圣经》中上帝在创造万物之后说的。上帝的本质就是人的利益的代表。也就是说，在这个世界上，除了上帝之外，人就是地位最高的事物。实际上，现实生活中上帝并不存在，那么人就成了能主宰世界的最高管理者。在这种观点的背景下，"上帝—人—万物"的宇宙等级体系形成了，随后，人类中心主义开始"萌发"。

8.3.1.2　敬畏生命的伦理学

生态系统是一个"系统的"整体。在地球这一个大的生态系统（生物圈）中，人类扮演着极其重要的角色。只有当人认为所有生命，包括人的生命和一切生物的生命都是神圣的时候，他才是伦理的。也就是说，伦理学的范围不光只涉及人与人的行为，也包括人对自然界其他生命的行为。这是史怀泽关于敬畏生命的伦理学的观点，同时也是后来自然中心主义学派的主流观点。

8.3.2 当代生态伦理观比较

8.3.2.1 人类中心主义的分类及其主要观点

人类中心主义学派以人的利益为中心。就其强调人类利益的重要程度，可将其分为强式人类中心主义和弱式人类中心主义。强式人类中心主义强调人类的至高无上性，即人类是整个生态系统的"中心"，是世界绝对的"主人"；而弱式人类中心主义则强调人虽处于生态系统的"中心"，但也需要为自己的子孙后代着想，不可随心所欲地驱使自然，要与之统一、协调，即人类应该走可持续发展的道路。

就人类中心主义的立论基础而言，历史上共有四大理论来支撑人类中心论。

（1）自然目的论。所有的动物都是为了人类的生存而存在的。亚里士多德曾指出：植物的存在是为了给动物提供食物，而动物的存在是为了给人提供食物——家畜为他们所用提供食物，而大多数（即使并非全部）野生动物则为他们提供食物和其他方便，诸如衣服和各种工具。

（2）神学目的论。在伟大的存在链中，即"上帝、天使、人、动物、植物与纯粹物体"中，上帝是最完美的，其他存在物的价值取决于其与上帝的接近程度。阿奎那曾宣称：在自然存在物中，人是最完美的存在物，……，他物之所以存在，仅仅是为了人类。

（3）二元论。人是一种比动物和植物更高级的存在物，因为人不仅有躯体，而且还有不朽的灵魂或心灵；而动植物仅具有物质属性，与无生命的客体无本质区别，因而可以被人们随意使用。在笛卡儿看来，动物是无感觉无理性的机器。它们像时钟那样运动，但感觉不到痛苦……因此，人类活体解剖动物和人对环境的所有行为就具有了合理性。

（4）理性优越性。人是理性存在物，动物不是理性存在物，只有理性存在物才有资格获得道德关怀。康德认为，只有人才是理性世界的成员，动物不具有自我意识，仅仅是实现一个目的的工具，因而把它们仅仅当做工具来使用是恰当的。

8.3.2.2 动物中心主义的生态伦理观

随着人类道德的进步，西方伦理学中的道德关怀范围也从人扩大到了动物。日常生活中，人离不开动物的帮助，动物的影子也长存于人的精神世界中。西方生态伦理观发展到了动物中心主义。

就人类对动物权利的重视程度而言,可以将动物中心主义的生态伦理观分为动物解放论和动物权利论,而动物权利论又可分为强式动物权利论和弱式动物权利论。下面分别介绍动物解放论和动物权利论。

所谓动物解放论,就是以辛格(Peter Albert David Singer)为代表人物的动物解放主义者认为动物在任何情况下都不应被杀死。正如否认道德身份在种族和性别上是平等的这种做法在道德上是错误的一样,不承认道德身份是基于物种成员平等的这种观点也是错误的。动物解放论有两个基本原则:平等原则和功利原则。也就是说,主张平等的理由,并不依赖于智力、道德能力、体能或类似的真实性特质;一物如果有了利益,就应当给予道德考虑。动物解放论以实现动物的解放为目标,即释放被拘禁于实验室和城市动物园中的动物、废除"工厂化农场"、素食主义和反对以猎杀动物为目的的户外运动。

动物解放论把对动物的道德地位的辩护建立在功利主义的基础上是不充分的。只有假定动物也拥有权利,我们才能从根本上杜绝人类对动物的无谓伤害。在这种观点的感召下,动物权利论随即产生。强式动物权利主义认为动物也像人类一样拥有"一种对生命的平等的天赋权利",因而人们应该以尊重动物身上天赋价值的方式对待它们,避免它们遭受不必要的痛苦。与辛格一样,雷耿也反对那些对动物有影响的人类活动,诸如虐待动物、食用动物或杀害动物等。弱式动物权利主义认为动物拥有利益,所有拥有感觉的动物都拥有权利。与动物的权利相比,人类权利的范围要广泛得多;与人类的死亡相比,动物的死亡是一种较小的悲剧,但这并不能证明动物没有生存权。至少在逻辑意义,有感觉能力的动物是道德权利可能的拥有者(林红梅,2008)。

8.3.2.3 生物中心主义的生态伦理观

继动物中心主义之后,西方伦理学中的道德关怀范围扩展到了以生物为中心的生态伦理观。其主要流派有由早期敬畏生命的伦理学发展而来的尊重自然界的伦理学和阿提费尔德的综合性生态伦理观。

尊重自然界的伦理学以沃伦·泰勒为代表人物,继承和发展了敬畏生命的伦理学,强调有其自身之善是一个生命拥有固有价值的必要条件。尊重自然界的伦理学遵循"生命原则",即只有生物(有生命的存在物)才有资格成为道德关怀的对象。尊重自然界的道德态度包括所有生物都应获得同等的关心和照顾,每个生命都应该被视为一种终极目的来加以保护,以及道德代理人应该承担起尊重自然的责任,履行尊重自然的义务。

综合性生态伦理观是继泰勒之后，阿提费尔德（Robin Attfield）整合各家观点，集百家之所长，总结出了综合性的生物中心主义观点。其基本思想为：① 绝大多数无感觉的生物与所有有感觉的生物都具有道德地位；② 所有生物都具有内在价值并不意味着所有生物的内在价值都是平等的，只有个体事物才可能具有内在价值；③ 相同利益应该给予相同的考虑，当较大利益的实现被危及时，较大利益应得到优先考虑；④ 环境主义者与发展主义者应该互相支持。

8.3.2.4　生态中心主义的生态伦理观

生态中心论把人类道德关怀和权利主体的范围从所有存在物扩展到了整个生态系统。其流派主要包括大地伦理学、深层生态伦理学和自然价值论。生态中心论认为，生态伦理学必须把道德客体的范围扩展至生态系统、自然过程以及其他自然存在物。生态中心主义虽然也属于非人类中心主义或自然中心主义，但与以往的生态伦理观不同，生态中心论更加关注生态共同体而非有机个体，是一种整体主义的而非个体主义的伦理学。

大地伦理学以利奥尔多·利奥波德（Aldo Leopold）为代表人物，强调人不仅应当尊重大地这一个共同体，而且也有义务尊重共同体中的其他成员。大地伦理学的作用就在于把人种的角色从大地联合体的征服者改造成大地联合体的普通成员和公民，使地球从高度技术化了的人类文明的手中获得新生。大地伦理学是一种整体主义的生态伦理学。在这种整体主义的思想下，大地伦理学有以下 3 个方面的主张。① 主张道德考虑必须扩及整体。整个生态系统都具有道德地位，那种把物种区分为"好"与"坏"的观念，是人类中心主义的偏见产物。② 主张整体大于部分之和。每一生物物种都对生态系统起着重要的作用，一旦缺少了某个物种，整个生态系统的稳定性就可能受到威胁。③ 生物共同体的完整、稳定和美丽是大地伦理学中最高的善。只有多样性才有助于共同体的稳定，独立于各种关系和联系的个体是不存在的。

深层生态伦理学以奈斯（Arne Naess）为代表人物，认为今日的生态环境危机是起源于现代人的价值观和生活方式。唯有改变现代人的思维观念，培养生态良知，方能缓解当下的生态环境危机。根据齐默尔曼等（1993）的环境哲学，深层生态伦理学包含以下八条基本原理：① 人类与非人类生命的福利和繁荣本身具有天赋价值，这些价值不依赖于人类出于自身利益而对非人类世界的使用；② 生命形式的丰富性与多样性有助于上述价值的实现，因而它们本身也有其内在价值；③ 人类无权削弱这种丰富性和多样性，除非是为了满足其最低限度的基本生存需要；④ 人类生活和人类文化的繁荣同实质性的小规模人口相适应，非人类生命的繁荣要求人类只有比较少的人口数量；⑤ 当今人类对非人类世界作了太多的干预，非人类世界的状况正在急剧地恶化；⑥ 必须改变现行的各项政策，这些政策影响了基本的、经济的、技术的和意识形态的结构；⑦ 意识形态的改变将主要表现为珍视生命与生活的质量，而生活的质量在于体现天赋价值的场合中，而不在于日益增长的更高生活水准；⑧ 一旦信奉上述要点，那么，人们就有直接或间接的义务去实行必要的变革。

对于深层生态主义者来说，科学与宗教是其颠覆工业社会价值范式、建立理想生态社会的两件重要工具，科学即生态学的科学原理，宗教即东方的生态智慧。在他们看来，东方古老的生态哲学与西方现代的生态科学有着密切的交融关系。有了东方古老的生态哲学就等于说在人与自然的鸿沟之上架起了一座道德的桥梁，这就为深层生态主义者建立生态社会提供了一个有效途径。

自然价值论以霍尔姆斯·罗尔斯顿（Holmes Rolston）为代表人物，强调自然界的价值属性。自然界的价值属性主要体现在：① 荒野创造了人类，荒野是一切价值之源，也是人类价值之源；② 自然界不仅承载了以人为尺度的工具主义的价值，而且也承载了以其自身为尺度的非工具主义的内在价值；③ 人类的伦理生活应该建立在效率和道德的双重意义上，其作用在于对生态系统进行治理，而不是对生态系统的施暴。

8.3.3 西方两大生态伦理学观点的扬弃与超越

20 世纪以来，随着全球性环境问题的日益严重和环境保护运动的发展，人们开始将生态环境纳入伦理关系中。迄今为止已出现了人类中心主义学派与以自然中心主义为主的非人类中心主义学派，这两大学派在发展过程中都为人类的生态环境保护运动提供了一定的理论养分，但同时也存在许多不足。

8.3.3.1 人类中心主义学派的观点缺陷

（1）人类中心主义以人的利益和价值为最根本的尺度，会破坏那些人们认为物种数量比较多或目前人类需求不多的自然物。

（2）人类中心主义保护生态资源与环境的目的是为了更好地利用。当人的利益与自然利益发生冲突时，人就会为了自身的利益而使其他物种和生态系统受到危害。

（3）现代人类中心主义要求把人类这一物种当做一个共同体看待，但这种严格的纯粹的人类中心主义在现实中无法贯彻。只有当人类真正形成一个同呼吸共命运的共同体时，才会有真正意义上的人类中心主义。

总之，无论是传统的人类中心主义，还是现代的人类中心主义都无法为正确处理人与自然的关系提供充分的道德基础和伦理保障。

8.3.3.2　非人类中心主义的观点缺陷

（1）非人类中心主义企图从没有物种歧视的立场来证明世界上一切存在物其自身固有的"内在价值"（或"天赋价值"），造成只有非存在（无）才是没有价值的结果。这是把价值论和存在论等同起来了。

（2）非人类中心主义讲的是离开人这个价值主体的自然界自身的价值。只要是价值，总有好坏、善恶、效用的大小之分，而离开了价值主体（只能是人），又该如何去衡量事物的优劣、好坏呢？

（3）人类的生存必须以一定的动植物为基础，而从其平等主义理论出发极易导致极端地贬低人或把人与猪狗并提，人类哪还有生存的机会？

（4）非人类中心主义运用于解决生态危机不具有实施性。地球上大多数国家和地区仍不具备物质量充足的现实基础，去要求他们停止对资源的挖掘和对动物的猎捕，是威胁他们的基本生活。

总之，非人类中心主义在强调自然的内在价值的同时矫枉过正，也就"至多可以看成是一种信仰或是一种带宗教色彩的劝人为善的说教，而无法成为一种以生态学和伦理学为基础的能从整体上协调人与自然关系的理论。"

8.3.3.3　生态人本主义的新观念

在对"人类中心主义"和"非人类中心主义"观点不足的扬弃之后，一种新的生态伦理观——生态人本主义出现了。生态人本主义主张人与自然只有在彼此的关系中才能明确自身规定的伦理观念。在人与自然的相互作用中，生态人本主义将人类共同的、长远的和整体的利益置于首要地位的同时，还考虑兼顾非人存在物乃至外部生态环境整体的利益。这就保留了人类中心主义和非人类中心主义中人与自然的整体性，摒弃了以人为中心的主仆关系和以物种为中心的民主关系。其主要观点有以下四点：强调生态、讲求人本、宣扬人与自然的共生共存、支持生态文明。

8.4　我国当代的生态伦理观

8.4.1　科学发展观的生态意蕴[①]

8.4.1.1　人与自然和谐发展的生态伦理意蕴

　　人与自然的和谐发展，是科学发展观"五个统筹"中明确提出的科学论断。科学发展观总结了马克思主义经典作家关于人与自然的关系的论述，结合我国的国情提出了人与自然和谐发展的要求。这一理念强调人与自然的协同进化，《环境科学大辞典》把人与自然的协同进化定义为："反对把地球的承载力看成是固定不变的，只有停止经济增长才能与环境保持和谐。"该定义认为人类发展好科技和生产力，可以增强地球环境对人类活动的承载能力，以科技的进步来构建和谐的人与自然的关系。实际上在科技不断进步的过程中，人类对自然界的破坏并没有终止。虽然各界人士从哲学、社会学、生态学、人类学、经济学等领域阐述了人与自然的关系，但都没有解决在经济社会快速发展的背景下，人与自然的关系问题。科学发展观的生态伦理观在生态学强调的生态系统的整体性的基础上做出"人与自然和谐发展"的具体要求，不仅肯定人的主观能动性，也强调尊重自然生态发展的客观规律，更强调人在处理人与自然关系的主导地位中，应当摆正位置，主导地位不代表优势地位，事实上滥用主导地位的后果是毁灭性的。人与自然的和谐发展，充分体现着协同进化所要求的相互依存、协调发展的生态伦理准则。任何物种的存在既是一种保持本种延续的利己存在，又是一般协调其他物种的利他存在，人类作为自然界大家庭的一员当然概莫能外。就人类与自然界的发展来说，两者实现协同进化，才能实现可持续发展。在共同发展的过程中，人必须充分尊重自然规律，顺应和利用自然规律，不打破自然规律，不破坏生态平衡，促进人与自然的和谐共生，实现人与自然协同进化。

---

① 该小节引用了李冬（2013）的观点。

8.4.1.2 "全面、协调、可持续发展思想"的生态伦理意蕴

科学发展观倡导"协调"发展，体现在人与自然的关系上，即人与自然要协调发展、和谐发展。这是对我国现阶段国情和发展的实质做出的正确要求，是对辩证唯物主义和历史唯物主义的生态思想的全面继承和发展，将现代生态学理论和我国生态环境现状相结合做出的科学决策。

马克思指出："生产不仅为主体生产对象，而且也为对象生产主体。"[①] 认为"人（和动物一样）靠无机界生活，而人比动物越有普遍性，人赖以生活的无机界的范围就越广阔。……在实践上，人的普遍性正表现在把整个自然界：首先作为人的直接的生活资料，其次作为人的生命活动的材料、对象和工具，变成人的无机的身体。"[②]认为人与自然两者间是以实践为纽带的对象性关系，两者相互依存也相互制约。恩格斯也提出了同样的观点，认为"我们统治自然界，绝不像征服者统治异民族一样，绝不像站在自然界以外的人一样，相反地，我们连同我们的肉、血和头脑都是属于自然界，存在于自然界的。"[③]马克思和恩格斯都认为人类的生存和发展离不开自然界，而且绝不能以征服者和统治者的地位来无限制地向自然索取物质资料。人类的发展不能以牺牲环境为代价，正如恩格斯所说："我们不要过分陶醉于我们人类对自然界的胜利。对于每一次这样的胜利，自然界都对我们进行报复。每一次胜利，起初确实取得了我们预期的结果，但是往后和再往后却发生了完全不同的、出乎预料的影响，常常把最初的结果又消除了。"[④]人与自然的发展，应当是协调性的发展，共同发展。协调发展的生态伦理观，反对粗放型的经济发展模式，反对资源浪费型的发展，反对人与自然不协调的发展。

8.4.1.3 "统筹人与自然协调发展"的生态伦理意蕴

人类发展的历史上，人类的发展不断打破自然环境的承受能力，不断以牺牲环境为代价满足人类的基本需要和生存需要，人与自然的关系实质上是对立关系。历史和事实一再证明，人与自然的对立，最终的结果就是两败俱伤，亡族灭种。我国对人与自然关系的认识始于古代，《易经》中即有过相关的论述："大哉乾元，万物

① 《马克思恩格斯全集》第 8 卷，北京：人民出版社，1961 年版，第 574 页。
② 《马克思恩格斯全集》第 42 卷，北京：人民出版社，1979 年版，第 95 页。
③ 《马克思恩格斯选集》第 3 卷，北京：人民出版社，1972 年版，第 517～518 页。
④ 《马克思恩格斯全集》第 42 卷，北京：人民出版社，1979 年版，第 169 页。

资始，乃统天。云行雨施，品物流行。"①体现了朴素的人与自然合一的思想。"大明终始，六位时成，时乘六龙以御天。乾道变化，各正性命。保合太和，乃利贞。"②描述了一种包括人在内的自然万物整体的和谐状态。西方的泰勒斯认为"水是万物的始基"，赫拉克里特认为"火是万物的本原"，体现了相互唯物主义的思想。马克思提出："自然界，就它自身不是人的身体而言，是人的无机的身体。人靠自然界生活，这就是说，自然界是人为了不致死亡而必须与之处于持续不断地交互作用过程的人的身体。所谓人的肉体生活和精神生活同自然界相联系，不外乎是说自然界同自身相联系，因为人是自然界的一部分。"③认为人类对自然界有着天然的依赖性和归属感。随着对人与自然关系的认识的不断深化，可持续发展的生态伦理应运而生。可持续发展的生态强调缓解和改变人与自然的对立关系，强化人类发展与保护环境的同一性，使人与自然的关系达到和谐共生、共存共荣的状态。

人与自然和谐发展，其生态目标体现在以人为本，实现最广大人民群众的根本利益。人民群众在追求物质生活富裕的同时，更需要优美的自然环境、良好的生态平衡和丰富的自然资源。科学发展观提出统筹人与自然的和谐发展，提出构建"资源节约型""环境友好型"社会。环境友好，首要的是人与自然关系的"友好"，该"友好"即"和谐"。与自然的和谐发展对人的全面发展和社会的全面发展有着重大意义。

8.4.2 契合社会主义核心价值体系

恩格斯认为："道德归根结底都是当时经济状况的产物。"④遭到破坏的生态环境制约着经济的可持续发展，使生态伦理成为当下中国经济发展中处理人与自然关系的重要伦理规范。我国社会主义生态伦理以马克思主义为指导，以建设生态人本主义为核心，培养人们与自然和谐相处的责任意识，并成为与社会主义核心价值体系相匹配的社会价值，为践行社会主义核心价值体系增加了新亮点，提供了新途径。

---

① 王辉编译：《易经》，长春：时代文艺出版社，2003 年版，第 357 页。
② 张再林：《对话主义哲学与中国古代哲学》，载《世界哲学》，2002 年第 2 期，第 66～70 页。
③ 《马克思恩格斯选集》第 1 卷，北京：人民出版社，1995 年版，第 45 页。
④ 《马克思恩格斯选集》第 1 卷，北京：人民出版社，1995 年版，第 435 页。

8.4.2.1 生态伦理是践行社会主义核心价值观的应有态度

保护生态环境、走可持续发展道路、实现人与自然的和谐相处，已经是全人类的共识。党的十八大报告明确指出，要将生态文明建设与经济建设、政治建设、文化建设、社会建设并列，"五位一体"地建设中国特色社会主义。报告指出，面对资源约束趋紧、环境污染严重、生态系统退化的严峻形势，必须树立尊重自然、顺应自然、保护自然的生态文明理念。将生态文明建设置于突出地位是党中央在科学研判当下人与自然之间的关系所作出的社会主义事业的总体布局。此时，生态伦理建设显得尤为突出，已置于国家的角度，成为践行社会主义核心价值体系的应有态度。从生态伦理角度审视践行社会主义核心价值体系，重点要发挥引领作用。党的十八大鲜明指出，"用社会主义核心价值体系引领社会思潮、凝聚社会共识。"在生态危机日益严重，生态伦理自觉不足的情况下，就要用社会主义核心价值体系引领人们认识生态环境对于人类的重要性，让人们学会与自然和谐相处，以感恩之心对待为我们提供生存环境的大自然。在人们的意识层面，要体现为人们理解社会主义核心价值体系的生态伦理禁约，认同其科学内涵，以及内化为自身价值标准，指导其与自然的互动行为实践。

8.4.2.2 生态伦理凸显了马克思主义的灵魂地位

在生态伦理实践的过程中，人类社会的强权与不公是生态失衡的深层次原因，消除人与人之间的不平等就是使人与自然协调的前提条件。而马克思主义的全部理论都是围绕着如何使无产阶级摆脱剥削和压迫、实现人的解放和发展而展开的，并把解放全人类、实现人的自由和全面发展作为人类奋斗的理想目标。马克思主义认为，只有在共产主义社会，才能彻底消灭阶级、消灭剥削，实现人人平等，未来的共产主义社会是通过人的解放来实现大自然的解放，实现人与自然的真正意义的和谐相处。因此，旗帜鲜明地坚持马克思主义的指导地位，才能构建科学合理的生态伦理。同时，我们清醒地看到，生态伦理建设让人民大众看到了要实现人与自然的和谐相处，根本的解决之道就是坚持马克思主义，从生态伦理的维度进一步加深对马克思主义指导地位的认可与接受。

8.4.2.3 生态伦理焕发了民族精神和时代精神

我国特色社会主义事业是充满艰辛又充满创造的伟大事业，伟大的事业需要崇高的精神支撑与推动。同样，一种伦理价值的形成也不是一朝一夕的，同样需要民族精神和时代精神为其丰厚底蕴。我国传统文化所蕴含的生态伦理的精髓思想，为当今我国生态伦理学奠定了深厚的思想基础。这些理念经过几千年的传承与发展，已渗透到国人的精神世界。党的十八大报告明确将生态文明建设纳入社会主义事业的总体布局，沉淀着传统文化浓重色彩的生态伦理价值被国人接受。专家、学者以及教育工作者再次从中华民族巨大的文化库藏中挖掘生态伦理的思想宝藏，并努力在实践中将其融入我们的民族意识、民族品格、民族气质之中。根植在我国人民心灵深处的对于祖国的热爱通过文化传承与发展而表露无遗，以爱国主义为核心的民族精神再次焕发了瑰丽的色彩。以改革创新为核心的时代精神是我国各族人民为中国特色社会主义共同理想而积极奋斗、努力实践所展现出来的精神面貌。改革创新既是一个时代的实践精神，又是一个时代的实践活动。中国经济改革、创新需要有生态伦理的牵引和约禁，人们的行为不能突破生态伦理的实践理性。生态伦理如此重要，如何使其获得人们认同并成为他们行为的实践原则，还需要以改革创新为核心的时代精神的引领和推动。在改革创新的实践活动中，把生态伦理逐步纳入时代精神的培育中，成为塑造中国特色社会主义重要品格的规范。从这个意义上讲，坚守与建设生态伦理再次焕发了以改革创新为核心的时代精神，已然为践行社会主义核心价值体系增加了新的亮点。

8.4.2.4 生态伦理契合了践行社会主义核心价值的责任品质

社会主义核心价值体系从核心价值观层面回答了"什么是社会主义的人""如何塑造社会主义的人"的问题，其内涵是对人的全面发展的新要求。马克思主义认为，人是类存在物，既是社会存在物，又是自然存在物。由此，人与社会发展、自然发展应是共赢的关系。凡破坏了此共赢关系，人的自身能力、自由个性即使得到发展也只能是社会垃圾。社会主义的人与自然应是共存、共生、共荣的关系，必须对自然负责，必须尊重自然，既要看到自然界有满足人类需要的外在"工具性价值"，更要负责任地看到自然有满足人类需要的内在"生态价值"。因此，从人的全面发展的角度看，生态伦理折射出人对自然的一个重要的伦理品质，那就是责任。只有责任，才能唤起人的生态伦理的自觉性，人的全面发展才会自觉地建立在关爱自然的基础上。而如果没有这份责任，就无法体验马克思主义指导地位的科学性，无法融入中国特色社会主义共同理想，无法自觉坚持民族精神和时代精神，践行社会主义荣辱观就成为空话。社会主义生态文明建设所折射出的伦理道德的要求，再次构建了社会主义人的责任意识和道德自觉，此责任意识和道德自觉正与践行社会主义核心价值体系相契合。

8.4.3 "美丽中国"的生态伦理意义

党的十八大提出建设"美丽中国",就是以大力推进生态文明建设,着力推进绿色发展、循环发展、低碳发展为目标,还原生态空间的山清水秀、赋予生活空间的宜居适度、促进生产空间的集约高效,给子孙后代留下天蓝、地绿、水净的美好家园。建设"美丽中国"固然需要我们自觉地珍爱自然,积极地保护生态,同时也需要我们坚持科学的生态伦理原则、整合丰富的生态伦理资源、完善生态伦理保障制度以及规范伦理行为。

8.4.3.1 坚持科学的生态伦理原则

所谓生态伦理原则,就是通过对价值、良知等道德尺度来指导人类科学地处理自己与自然关系的基本准则。我国建设"美丽中国"应当遵循以下的生态伦理原则:

(1) 公平原则。包括代内公平、代际公平、地区公平、不同要素主体之间的公平。

(2) 和谐原则。包括社会关系和谐、人与自然和谐。

(3) 理性原则。追求经济效益、社会效益与生态效益的统一,以最小代价和最小成本实现人类福利最大化。

(4) 系统原则。经济、社会、生态3个系统相互影响、相互作用,互利共存。

(5) 可持续发展原则。经济、社会、生态3个方面的可持续发展。

8.4.3.2 树立文明的生态伦理理念

泰勒提出"生态伦理学关心的是存在于人与自然之间的道德关系,支配着这些关系的伦理原则决定着我们对自然环境和栖息于其中的所有动物和植物的义务、职责与责任"。[1]所以,当代文明的生态伦理理念,应当准确地反映出社会实践对理论的时代性要求和历史性规定。党的十八大,反思资源约束趋紧、环境污染严重、生态失衡的严峻形势,立足民族发展、人与自然和谐发展的长远大计,达到建设天蓝、地绿、水净的"美丽中国",强调了树立尊重自然、顺应自然、保护自然的生态文明理念。

---

[1] 胡皓:《超系统思维与可持续发展研究》,载《科学技术与辩证法》,1996年第5期,第1~10页。

8.4.3.3 整合丰富的生态伦理资源

所谓生态伦理资源是指东西方文化、文明自古迄今有利于生态保护和建设的理论资源和精神信念，它们或深或浅地渗透着古今中外的社会、人民的智慧结晶，或强或弱地作为一种持久稳定的信念弥散在人们的生活之中。整合这些丰富的、密切结合长久历史的生态伦理资源，投入我们迫切的生态保护情感和意志，将其诉诸实践，有利于形成我们建设"美丽中国"的伦理理论体系。我国建设"美丽中国"应当整合的生态伦理资源主要包括继承马克思主义生态伦理思想、整合中国古代生态伦理思想、借鉴西方生态伦理思想 3 个方面。

8.4.3.4 践行符合生态伦理的行动

构建"美丽中国"是系统而复杂的巨大工程，它包含了生态文明建设、经济建设、政治建设、文化建设和社会建设 5 个部分。其中，建设生态文明是构建"美丽中国"的具体落实，它是人类文明思想发展的新进程，与精神文明、物质文明并称为"三个文明"。在党的十八大之后，天蓝、地绿、水净的"美丽中国"已然成为生态文明建设的标志，在具体的建设过程中要求人与自然伦理关系的回归，需要以生态可持续发展的伦理意识、伦理规范和伦理行为为支撑点实现社会发展追求的无限性和自然环境支持有限性的平衡发展，自觉转变生产生活方式、优化经济发展模式，加大自然生态系统和环境保护力度，实现中华疆域清澈河流、秀美山川。

第 **9** 章

绿色发展与物质文明的双赢之道——生态经济

生态经济是实现绿色发展与物质文明建设的双赢之道，绿色经济作为代表新型技术范式、增长方式与发展模式的发展方向，在具体经济形态上就是生态经济。其中，生态产业是生态经济的物质基础，生态设计是生态经济的理念导向，生态工业园、生态城市、生态社区是绿色文明的空间载体和发展形式。

9.1 绿色经济及相关概念界定

9.1.1 绿色经济相关概念辨析

9.1.1.1 绿色经济内涵

"绿色经济" 一词最早由生态经济学家皮尔斯在 1989 年出版的《绿色经济蓝皮书》中提出，他主张建立一种社会及生态条件 "可承受的经济"。联合国环境规划署（UNEP）在其发布的《绿色经济报告》中所做出的定义是 "从长期看，能够使人类的福利水平改善、使不平等程度降低，同时不会使后代面临环境风险和生态稀缺的经济形式"。

综合多种定义，绿色经济可表述为：以市场为导向，以传统产业经济为基础，以生态环境建设为基本产业链，以保护和完善生态环境为前提，以珍惜并充分利用自然资源为主要内容，以经济和社会与环境协同发展为增长方式，以可持续发展为目的的经济形态。其本质是实现生态与经济协调发展，环境合理性与经济效率性相统一，是一种可持续的经济发展模式。

9.1.1.2　绿色经济：技术范式、增长方式与发展模式的变革

范式研究成为学术界研究经济增长方式转变的新视角，传统增长方式具有反生态性特质，表现为异化的利润最大化、技术异化的技术范式和熵增的工业化过程，这种与人文社会——自然生态系统存在尖锐价值冲突的技术经济范式，直接造成高碳高熵的路径依赖，表现为结构性锁定和规模性锁定，范式与系统要素的综合作用导致多重累积性矛盾。

要规避这些累积性矛盾的爆发，亟须寻求战略突破口，降低危机产生的风险。首先强力推行循环经济，通过相应的制度法规倒逼产业升级，包括清洁生产制度、资源价格体制、生态补偿机制、区域协调机制等，为战略性新兴产业的培育和发展赢得时间和空间；以低碳技术为核心，深化、扩散新能源技术的产业化，提升传统产业的低碳化水平；以经济系统低熵化运行为目标，改革现有经济体制和资源配置方式，对传统的发展理念、增长目标、决策模式、政绩考核进行全面改革，为技术低熵化提供制度低熵化保障；改革现有的要素分配体制，改变金钱至上、资本至上、人类至上的片面价值观，树立尊重劳动、尊重创造、尊重自然的伦理观，构建有利于经济持续、生态协调、社会和谐的利益分配格局。

9.1.1.3　生态经济的概念

生态经济是指在生态系统承载能力范围内，运用生态经济学原理和系统工程方法改变生产和消费方式，挖掘一切可以利用的资源潜力，发展一些经济发达、生态高效的产业，建设体制合理、社会和谐的文化以及生态健康、景观适宜的环境。

作为一种新型的文明形式，绿色文明的实现形式有很多，主要包括产业形态上的生态产业、空间形态上的生态工业园、区域形态上的生态城市等。

9.1.2　生态经济的特征

生态经济主要有 3 个特征：

（1）时间性。指资源利用在时间维度上的持续性。在人类社会再生产的漫长过程中，后代人对自然资源应该拥有同等或更美好的享用权和生存权，当代人不应该

牺牲后代人的利益换取自己的舒适，应该主动采取"财富转移"的政策，为后代人留下宽松的生存空间，让他们同我们一样拥有均等的发展机会。

（2）空间性。指资源利用在空间维度上的持续性。区域的资源开发利用和区域发展不应损害其他区域满足其需求的能力，并要求区域间农业资源环境共享和共建。

（3）效率性。指资源利用在效率维度上的高效性。即"低耗、高效"的资源利用方式，它以技术进步为支撑，通过优化资源配置，最大限度地降低单位产出的资源消耗量和环境代价，来不断提高资源的产出效率和社会经济的支撑能力，确保经济持续增长的资源基础和环境条件。

9.2 生态经济的表现形式

9.2.1 生态经济的形态

生态经济的形态主要体现在 3 个层面：① 小层面，即单个企业层面的生态经济，简称单一型生态经济；② 中观层面，即企业之间的生态经济链，简称结合型生态经济；③ 宏观层面，即社会层面的生态经济层，简称复合型生态经济。

3 个层面的生态型经济，体现出从单一到结合，从结合到复合，层层推进，每一次的推进，都将促使经济运行质量得到改善和提高。企业作为发展生态经济的基本个体和基础，是实施生态经济的主体，也是体现生态经济效益最直接的个体，结合型生态经济和复合型生态经济都是建立在发展生态企业这一层面之上的。只有企业积极参与其中，实行生态管理，实现"最佳生产，最佳经营，最少废弃"，才会更好地推动整个社会经济的可持续发展。

9.2.2 生态产业及其构成

9.2.2.1 生态产业

所谓生态产业，就是按生态经济原理和知识经济规律组织起来的基于生态系统承载能力、具有完整的生命周期、高效的代谢过程及和谐的生态功能的网络型、进化型、复合型产业。

生态产业是继经济技术开发、高新技术产业开发发展的第三代产业。生态产业是包含工业、农业、居民区等的生态环境和生存状况的一个有机系统。通过自然生态系统形成物流和能量的转化，形成自然生态系统、人工生态系统、产业生态系统之间共生的网络。生态产业横跨初级生产部门、次级生产部门、服务部门。

9.2.2.2　生态产业的构成

生态产业包括生态工业、生态农业和生态服务业。

生态工业是指根据生态学与生态经济学原理，应用现代科学技术所建立和发展起来的一种多层次、多结构、多功能、变工业排泄物为原料、实现循环生产、集约经营管理的综合工业生产体系。生态工业与传统工业相比具有以下几个特点：

（1）工业生产及其资源开发利用由单纯追求利润目标，向追求经济与生态相统一的生态经济目标转变，工业生产经营由外部不经济的生产经营方式向内部经济性与外部经济性相统一的生产经营方式转变。

（2）生态工业在工艺设计上十分重视废物资源化、废物产品化、废热废气能源化，形成多层次闭路循环、无废物无污染的工业体系。

（3）生态工业要求把生态环境保护纳入工业的生产经营决策要素之中，重视研究工业的环境对策，并将现代工业的生产和管理转到严格按照生态经济规律办事的轨道上来，根据生态经济学原理来规划、组织、管理工业区的生产和生活。

（4）生态工业是一种低投入、低消耗、高质量和高效益的生态经济协调发展的工业模式。

生态服务业既包括以提供生态服务为主要内容的服务业（如生态旅游业、生态餐饮业、生态娱乐休闲业），也包括具有生态化特征的现代服务业。

随着人们的生态理念和环境意识的不断增强，人们对服务业的发展提出了更高的生态要求，生态化也因此成为现代服务业发展的重要转向。这种转向主要表现在两个方面：① 服务过程的清洁化、生态化。由于环境规制和消费理念的转变，服务企业逐渐把实现服务过程的清洁化和生态化作为服务改进的重要目标。开展绿色营销，不断创建清洁化、生态化服务的新途径。实施绿色服务，注重资源能源的节约，强调清洁生产、循环利用和环境保护。② 生态型服务业的创生发展。随着生活质量的不断提高，人们的消费观念开始向崇尚自然、追求健康方面的转变。适应新的绿色消费需求，服务业不断发展创生出诸如氧吧、生态旅游等生态型服务业，为人们提供绿色健康、亲近自然的服务产品。

关于生态农业的介绍将在第 10 章展开。

9.2.3　生态设计（Ecological Design）

9.2.3.1　生态设计的定义

生态设计指按生态学原理进行的人工生态系统的结构、功能、代谢过程和产品及其工艺流程的系统设计。生态设计遵从本地化、节约化、自然化、进化式、人人参与和天人合一等原则，强调减量化、再利用和再循环。

广义的生态设计包括所有按照自然环境存在的原则，并与自然相互作用、相互协调，对环境的影响最小，能承载一切生命迹象的可持续发展的设计形式。

生态设计活动主要包含两方面的含义：一是从保护环境角度考虑，减少资源消耗、实现可持续发展战略；二是从商业角度考虑，降低成本、减少潜在的责任风险，以提高竞争能力。

9.2.3.2　产品生态设计理念

产品生态设计是指将环境因素纳入产品设计之中，在设计阶段就考虑产品生命周期全过程的环境影响，从而帮助确定设计的决策方向，通过改进设计把产品的环境影响降低到最低程度的设计理念，即设计出的产品既满足对环境友好，又能满足人的需求的设计思想。

以产品为核心，把产品生产过程以及产品的使用和用后处理过程联系起来看，就构成了一个产品系统，包括原材料采掘、生产、产品制造和使用以及产品用后的处理与循环利用。在该产品系统中，作为系统的投入（资源与能源），造成了资源耗竭和能源短缺问题，而作为系统输出的"三废"排放却造成了工业污染问题，因此所有的生态环境问题无一不与产品系统密切相关。因此，从产品的开发设计阶段，就需要进行产品生态设计。

9.2.3.3　产品生态设计与传统产品设计的区别

传统的产品设计是一个将人的某种目的或需要转换为一个具体的物理形式或工具的过程，以人为中心，仅考虑如何满足人的需求和解决问题，而忽视产品生产及使用过程中的资源和能量的消耗以及对环境的排放。

产品生态设计则以产品的环境影响和功能为中心，从产品的孕育阶段即开始遵循污染预防的原则，把改善产品对环境影响的努力凝固在产品设计之中，是生命周期分析（LCA）思想原则的具体实践。换句话说，环境成为产品开发中考虑的一个重要因素，与一般的传统因素（如利润、功能、美观、环境条件与效率、企业形象和整个质量等）有同样的地位。在某些特定情况下，环境甚至比传统的价值因素更为重要。

9.2.3.4 生态设计应遵循的原则和要求

（1）原则。生态设计过程应遵循闭环设计原则、资源最佳利用原则、能源消耗最小原则、零污染原则、技术先进性原则。

（2）要求。产品生态设计要求：选择对环境影响较小的原材料、减少原材料的使用、使用轻质材料、加工制造技术优化、减少运输和包装造成的环境问题、减少使用阶段的环境影响、延长产品的使用寿命、节约资源、减少废弃物以及产品报废系统优化。

案例：施乐公司的 DfE 项目

项目简介：

1997 年，施乐公司采用 DfE 原则开发了一种多功能的办公自动化机器，集传真、打印、复印、扫描于一体，而且可以与网络互连，具有较大的灵活性；具有完全开放的体系结构，便于升级；支持多种辅助设施以及技术革新。

项目目标：

实现无废生产，提高未来市场的竞争力，减少产品在整个生命周期的环境影响，开发无害技术和产品。具体的环境设计方法、技术：

a. 公司将能源协会和欧洲生态标志标准作为开发产品的指南，通过 ISO 14000 环境管理体系认证，建立公司的环境管理系统，在全球范围内开展环境影响评价项目。

b. 建立原材料的环境影响数据库，便于设计者选取毒性影响最小的原材料。

c. 用产品再循环标志或再利用标签，向用户说明产品各个部分再利用的方法。

d. 产品的拆卸过程考虑环境设计。

e. 产品单元部件比同类产品少了 80%～90%，因此此机器的运行噪声比美国政府规定的最低噪声标准低 30%～60%。部件的减少也降低了能源以及原材料的消耗，所消耗的能源少于美国能源协会规定标准的 50%。

f. 用户使用产品的"第六感"诊断系统，减少了上门服务的交通环境影响，也提高了速度。

g. 无废包装。

h. 无废工厂。公司投资超过 1.5 亿美元开展无废工厂项目，实现了 90% 废物的再利用。

i. 无废办公室。实行能源管理项目，配合数字自动化文档管理，其目的在于减少时间、金钱、精力、空间、能源和纸张的使用。回收顾客的产品用于再利用。

9.3　绿色文明的空间载体

9.3.1　生态工业园（Eco-industry Park）是绿色经济发展的主阵地

9.3.1.1　生态工业园的理论基础

生态工业园是建立在一块固定地域上的由制造企业和服务企业形成的企业社区。在该社区内，各成员单位通过共同管理环境事宜和经济事宜来获取更大的环境效益、经济效益和社会效益。整个企业社区能获得比单个企业通过个体行为的最优化所能获得的效益之和更大的效益。

1996 年美国可持续发展总统委员会给下的定义是：为了高效地分享资源（信息、物资、水、能源、基础设施和自然居留地）而彼此合作且与地方社区合作的产业共同体，它导致经济和环境质量的改善和为产业和地方社区所用的人类资源的公平增加。这种有计划地改变物质和能量交换的工业系统，寻求能源和原材料消耗的最小化、废物产生最小化，并力图建立可持续的经济、生态和社会关系。因此它强调经济、环境和社会功能的协调和共进。

生态工业园的发展目标是在最小化参与企业环境影响的同时提高其经济效益。这类方法包括通过对园区内的基础设施和园区企业（新加入企业和原有经过改造的企业）的绿色设计、清洁生产、污染预防、能源有效使用及企业内部合作。

生态工业园区是依据清洁生产要求、循环经济理念和工业生态学原理而设计建立的第三代工业园区。它通过物流或能流传递等方式把两个或两个以上生产体系或环节链接起来，形成资源共享、产品链延伸和副产品互换的产业共生网络。在这个共生网络中，一家工厂的产品或副产品成为另一家工厂的原料或能源，形成产品链和废物链，实现物质循环、能量多级利用和废物产生最小化。

20 世纪发展起来的工业生态学和循环经济是生态工业园的理论基础。工业生态学是专门审视工业体系与生态圈关系的、充分体现综合性和一体化的一种新思维。

它强调用生态学的理论和方法研究工业生产，把工业生产视为一种类似于自然生态系统的封闭体系，其中一个单元产生的"废物"或副产品是另一个单元的"营养物"和投入原料。这样，区域内彼此靠近的工业企业就可以形成一个相互依存，类似于生态食物链过程的"工业生态系统"。

循环经济是对物质闭环流动型经济的简称，它是以物质、能量梯次和闭路循环使用为特征的，以"资源→产品→再生资源"为主的物质流动经济模式。它改变了传统工业经济高强度地开采和消耗资源、高强度地破坏生态环境的物质单向流动模式，即"资源→产品→废物"，使环境保护和经济增长做到了有机结合。

9.3.1.2 生态产业园的类型及要素

（1）生态产业园区大致可分为 3 种园区类型，即改造型、全新型和虚拟型。

☞ 改造型园区：是对现已存在的企业通过适当的技术改造，在区域内成员间建立起废物和能量的交换关系。

☞ 全新型园区：是在园区良好规划和设计的基础上，从无到有地进行开发建设（主要吸引那些具有"绿色制造技术"的企业入园，并创建一些基础设施），使得企业间可以进行废物、废热等的交换。

☞ 虚拟型园区：它不严格要求其成员在同一地区，利用现代信息技术，通过园区内信息系统，首先在计算机上建立成员之间的物、能交换联系，然后再在现实中加以实施，这样园区内企业可以和园区外企业发生联系。虚拟型园区可以省去一般建园所需昂贵的购地费用，避免建立复杂的园区系统和进行艰难的工厂迁址工作，具有很大的灵活性，其缺点是可能要承担较昂贵的运输费用。

（2）生态工业园的构成要件。

生态工业园的一般条件：一个 EIP 网络化副产品交换需要一些基本的硬件，包括：一个单一的副产品交换网络、一个循环利用的企业群、集中一批环保技术公司、集中一批生产绿色产品的公司、围绕一个单一的环境主题设计的产业园区、必要公共基础设施。生态工业园还须具备以下要求：

☞ 高效益的转换系统。即生态工业园的各项活动在其自然物质—经济物质—废弃物的转换过程中，应是自然物质投入少、经济物质产出多，废弃物排泄少。通过发展高新技术使工业生产尽可能少地消耗能源和资源，通过高新技术提高物质的转换与再生和能量的多层次分级利用，从而在满足经济发展的前提下，使生态环境得到保护。

☞ 高效率的支持系统。生态工业园应有现代化的基础设施作为支持系统，为生态工业园的物质流、能量流、信息流、价值流和人流的运动创造必需的条件，从而使工业园在运行过程中，减少经济损耗和对生态环境的污染。工业园支持系统应包括：① 道路交通系统；② 信息传输系统；③ 物资和能源（主副食品、原材料、水、电、天然气及其他燃料等）的供给系统；④ 商业、金融、生活等服务系统；⑤ 各类废弃物处理系统；⑥ 各类防灾系统等。

☞ 高水平的环境质量。对生态工业园生产和生活中产生的各种污染和废弃物，都能按照各自的特点予以充分的处理和处置，使各项环境要素质量指标达到较高的水平。

☞ 多功能的绿地系统。生态工业园的绿地普及应根据联合国有关组织的决定，绿地覆盖率达到50%，居民人均绿地面积达 90 m²、居住区内人均绿地面积为 28 m²，这样才可能维持工业园区生态系统的平衡。绿地系统还应具备多种功能，包括防护功能（保护水体等）；调节功能（空气、水体、温度、湿度等）；美化功能；休闲功能（提供娱乐、休闲场所）；生产功能（绿色食品生产区和花卉草树苗圃生产基地等）。

☞ 高质量的人文环境系统。生态工业园应具有高质量的人文环境系统，包括较高的教育水平和人口素质水平，良好的社会风气和社会秩序，丰富多彩的精神文化生活，发达的医疗条件和祥和的社区环境，以及自觉的生态环境意识，只有这样，才能吸引人才、留住人才。

☞ 高效益的管理系统。生态工业园应具备高效的园区管理系统，对园区内的各个方面，如人口、资源、社会服务、就业、治安、防灾、城镇建设、环境整治等实施高效率的管理，促进工业园区的健康运行。

成功的生态工业园应具备哪些条件？

一个成功的 EIP 对园区企业提出很高的要求,需要企业及企业间关系具备如下特征:

- ☞ 核心产业和主导性产业链。园区内应有特殊的资源优势与产业优势以及多类别的产业结构,形成核心资源和核心产业,构成主导性产业链,进而以此为基础与其他类别的产业链对接,形成生态产业系统。

- ☞ 企业间应具有较强的关联度,以形成互动或互利关系。

- ☞ 产业链中的核心资源具有稳定性,核心产业(企业)具有发展前景。核心企业的要求是:技术先进、产品具有一定的市场竞争力、企业发展前景好、具有较大经济规模和副产品流(物质、能量、水)、在当地有一定影响的重点产业中的龙头企业。

- ☞ 政府的协调指导。

(3)生态工业园案例:卡伦堡生态工业园。卡伦堡生态工业园是世界上最早也是最著名的生态工业园,其主体企业是发电厂、炼油厂、制药厂、石膏板生产厂。以这 4 个企业为核心,通过贸易方式利用对方生产过程中产生的废弃物和副产品,不仅减少了废物产生量和处理的费用,还产生了较好的经济效益,形成了经济发展与环境保护的良性循环。

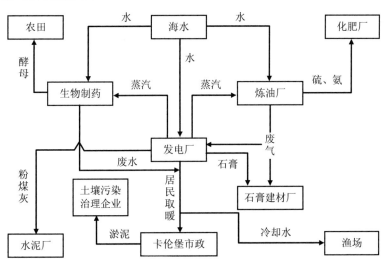

图 9-1 卡伦堡生态工业园副产品交换网络

9.3.2 生态城市是绿色社会发展的大舞台

9.3.2.1 生态城市的含义及评价标准

（1）生态城市的概念。这一概念最早是在 20 世纪 70 年代由联合国教科文组织发起的 "人与生物圈（MAB）" 计划研究过程中提出的，一经出现，立刻就受到全球的广泛关注。关于生态城市概念众说纷纭，至今还没有公认的确切的定义。

生态城市从广义上讲，是建立在人类对人与自然关系更深刻认识基础上的一种新的文化观念，是按照生态学原则建立起来的社会、经济、自然协调发展的新型的社会关系，是一种有效地利用环境资源实现可持续发展的新的生产和生活方式。狭义地讲，就是按照生态学原理进行城市设计，建立高效、和谐、健康、可持续发展的人类聚居（居住）环境。

生态城市是一个经济高度发达、社会繁荣昌盛、人民安居乐业、生态良性循环四者保持高度和谐，城市环境及人居环境清洁、优美、舒适、安全，失业率低、社会保障体系完善，高新技术占主导地位，技术与自然达到充分融合，最大限度地发挥人的创造力和生产力，有利于提高城市文明程度的稳定、协调、持续发展的人工复合生态系统，蕴含社会、经济、自然协调发展和整体生态化的人工复合生态系统。

（2）生态城市的标准。生态城市的创建标准要从社会生态、自然生态、经济生态 3 个方面来确定：① 社会生态的原则是以人为本，满足人的各种物质和精神方面的需求，创造自由、平等、公正、稳定的社会环境；② 经济生态原则，保护和合理利用一切自然资源和能源，提高资源的再生和利用，实现资源的高效利用，采用可持续生产、消费、交通、居住区发展模式；③ 自然生态原则，给自然生态以优先考虑最大限度地予以保护，使开发建设活动一方面保持在自然环境所允许的承载能力内，另一方面，减少对自然环境的消极影响，增强其健康性。

生态城市应满足以下八项标准：① 广泛应用生态学原理规划建设城市，城市结构合理、功能协调；② 保护并高效利用一切自然资源与能源，产业结构合理，实现清洁生产；③ 采用可持续的消费发展模式，物质、能量循环利用率高；④ 有完善的社会设施和基础设施，生活质量高；⑤ 人工环境与自然环境有机结合，环境质量高；⑥ 保护和继承文化遗产，尊重居民的各种文化和生活特性；⑦ 居民的身心健康，有自觉的生态意识和环境道德观念；⑧ 建立完善的、动态的生态调控管理与决策系统。

（3）生态城市的功能。

☞ 能充分利用可持续供给的清洁能源。能量是包括生命运动在内的一切运动的源泉，文明发展水平越高，所耗的能量越大。能量不可能回收利用，最终都会转化成废热，但可以根据它的转化形式而逐层利用。生态城市的可持续发展在于它的能量运转系统具有三大特征：① 能量来源是可持续供给的，长期无枯竭之虞；② 能源本身是清洁的，在生产和利用中不对环境产生污染；③ 能逐层充分利用，能把废热污染减到最低，这一要求既是充分利用能源的要求，又是生命过程和气候现象受温度调节，因而要避免热污染灾害的要求。

☞ 能充分利用可持续供给的清洁材料。物质材料是支撑文明大厦的骨架和砖瓦，文明越发达，对材料的要求越高，由于金属矿物大多面临枯竭，人工合成材料又大多含有毒素，因而物质材料的生产和利用都要有根本性的变革。生态城市的可持续发展，在于它的物质运转系统也具有三大特征：① 材料本身是高性能和清洁安全的，不含有害毒素；② 有完善的材料循环再生利用系统，最终的废弃物可降解或对环境无污染；③ 材料的替代研发和应用能实现材料的可持续供给。

☞ 城市经济、社会、自然复合生态系统形成全面的协调共生网络。这个共生网络系统也具有三大特征：① 网络运转的趋向是系统功能的不断完善，而不是某个组成部分一枝独秀式的增长；② 网络所提供的产品有不断增进人类身心健康和生态平衡的功效，而不是数量的盲目增长；③ 网络系统在演替中不断促进经济、社会、文化、生态等多样性的发展，达到生态学上持续力最强的稳态，而不是多样性衰减的系统脆弱平衡。

☞ 在城市的长期发展中始终具有最佳的生态位和最强的自组织力。整个生态城市系统与各种承载力和限制因素的上下限保持足够的距离，风险始终处于最小。并且在一定范围内城市具有自我调节、自我完善、自我强化系统的功能。生态城市同时还具有不断增强的承受冲击力、利用外力、同化异力的转换融合功能。

9.3.2.2 如何建设生态城市

（1）以绿色文明理念指导城市的建设发展。在城市发展中，遵循优化发展、重点发展、限制发展、禁止发展的原则，科学调整产业布局和安排重大项目，形成各具特色的区域发展格局；在城市建设中，认真遵循绿色文明理念，将绿色文明建设规划贯彻到城乡总体规划、分区规划，落实到城镇空间布局、基础设施、产业发展、环境保护等专项规划中，渗透到建筑、道路、景观、住宅等城市设计各个方面。

（2）以绿色文明理念推进基础设施建设。把交通基础设施建设作为实现区域各生态系统有机联系和协调统一的重要枢纽，充分考虑生态要素，构建区域内部及周边区域的循环网络。把环保基础设施建设作为提升区域环境承载力的重要支撑，完善城乡污水处理和垃圾无害化处理功能，延伸城镇供水、供热、供气网络，推进城乡发展一体化。把信息基础设施建设作为提升区域核心竞争力的重要领域（手段），构建便捷高效的信息网络。

（3）以绿色文明理念构建现代产业体系。把发展第三产业作为产业生态化的重要方向，以现代旅游业为龙头，加快发展集度假、休闲、疗养、养老等为一体的生态服务产业，推动经济结构的调整和产业的优化升级。把发展第二产业作为产业生态化建设的核心动力，以园区建设和产业集群为重点，大力发展循环经济。一方面，做大增量，加快发展新能源、新医药、新材料等高新技术产业以及风电、水电、核电、生物质能和太阳能利用等清洁能源产业，培育新的经济增长点；另一方面，用循环经济模式提升、改造资源性产业，实现资源高效利用和产业清洁发展。

（4）以绿色文明理念强化生态环境保护。始终把生态保护放在绿色文明建设的突出位置，实行严格的环境准入制度和干部生态政绩考核制度，保障绿色、节约、安全发展。努力把生态意识转化为全民意识，使生态文化渗透到市民行为、社会风气、城市精神等方方面面。坚持大力度、硬措施推进节能减排，凡是污染严重的落后工艺技术和生产能力一律淘汰，凡是不符合环保要求的项目一律不建。同时，把节能环保的政策措施渗透到经济社会发展的各个领域，形成资源节约、环境友好的生产生活方式。

9.3.3 生态社区（Ecological Community）是绿色品质生活的栖息地

9.3.3.1 生态社区的概念辨析

生态社区，也被称为绿色社区（Green Community）或可持续社区（Sustainable Community），强调人群聚落（"社"）和自然环境（"区"）的生态关系整合，是居民家庭、建筑、基础设施、自然生态环境、社区社会服务的有机融合。生态社区的建设必须发挥规划设计者、房地产开发商、政府部门、社区居民、物业管理部门（社区居委会）等各利益相关主体的作用。

生态社区是在社区概念基础上的延伸，是以生态学原理为主旨，以整体的环境观来组合相关的建设和管理要素，具有现代化环境水准、生活水准和持续发展的人类生活居住区。因此生态社区的"生态"不是简单的生态学含义而是广义的概念，包含"环境生态化，社会生态化，经济生态化"。作为城市的基本组成单元，生态社区以人居环境为支撑，以一定范围的居住空间为尺度，有合理的人口结构、和谐的邻里关系和良好的生态环境，是"具有适当的地域范围与人口规模，具备共同的生态文化意识，是环境宜人、社会和谐和经济高效的可持续发展的居住区"。

9.3.3.2 生态社区主要特征

（1）环境布局上应具有合理性特征。生态社区是一个以生态为目的的社区，而生态意味着节约土地资源与能源。坚持合理布局的原则，以保护宝贵的土地资源。这是生态社区的应有之义。因此，在土地开发与利用上，生态社区通过适当的容积率、紧凑度及人口密度来形成有活力的社区，并提高土地与基础设施的利用效率。在社区内部，生态社区通过合理分配住宅用地、公共服务设施用地、公共绿地以及道路用地之间的比例以提高效率，达到节约土地的效果。

（2）功能要素上应具有和谐性特征。生态社区强调人与自然、人与社会、社会与自然的和谐，它是一个多功能的社区组合，充分体现出各功能要素的协调一致。一座建筑，既可以用于住宅，又可以用于商业；一个特定的空间，如区内的一个小广场，既可以晨练，又可以作为社区活动场所；社区中或者社区之间住宅、商店、工作单位、学校及公共设施等居民生活中不可缺少的各项设施与活动场所，既为社区所有人服务，也为社区外各群体服务，形成多功能的综合体。

（3）构建理念上应具有可持续性特征。生态意味着环境保护。环境保护应渗透到社区开发、建设以及运行等每一个环节：① 生态社区设计的原则与出发点是"3R"，即 Reduce（减少使用）、Reuse（重复使用）和 Recycle（循环使用）；② 生态社区在选址、布局方面要尽可能地顺应自然，尽可能减少对环境的破坏；③ 生态社区实施全面的节水设计，在设施上、居民的消费引导上应充分体现对水资源的节约；④ 在社区建造过程中应在全过程体现环保意识，如建筑材料使用环保材料、绿色材料以及再生型材料，以减少环境的负担；⑤ 生态社区实施垃圾回收，建立垃圾分类回收制度并提供相应的设施支撑，回收垃圾的一部分用做社区养花、种树材料，自我分解一部分，以减轻环境的负担。通过一系列的措施，使生态社区的构建不但不会破坏环境，还会为社会的循环经济发展添砖加瓦。

9.3.3.3　生态社区思想发展历程

20 世纪 20 年代巴洛斯和波尔克等提出"人类生态学"，把生态学思想运用于人类聚落研究，标志着生态社区思想的雏形形成。70 年代以来，随着生态意识的进一步觉醒，国际性的绿色运动兴起，生态社区思想的发展也开始加快。1972 年斯德哥尔摩联合国人类环境会议成为生态社区理论发展的重要里程碑。会议发表了《人类环境宣言》，明确提出"人类的定居和城市化工作必须加以规划，以避免对环境的不良影响，并为大家取得社会、经济和环境三方面的最大利益。"

1976 年联合国在加拿大温哥华召开的第一次人类住区大会上成立了联合国人居中心（UNCHS），开始关注包括从城镇到乡村的人类居住社区的发展，并认为"人类住区不仅仅是一群人、一群房屋和一批工作场所。必须尊重和鼓励反映文化和美学价值的人类住区的特征多样性，必须为子孙后代保存历史、宗教和考古地区以及具有特殊意义的自然区域"。

进入 21 世纪后中国人类居住地的建设有了更大的发展，中国对居住区的环境规划设计越来越重视，国家相应出台了很多居住区建设方面的政策和指导性文件，如《国家康居工程建设要点》、《小康型城乡住宅科技产业工程城市示范小区规划设计导则》（2000 年）、《绿色生态住宅小区建设要点与技术导则》（2001）等，这些措施的推出标志着中国居住区环境规划已经跨上新的台阶，正向生态社区环境规划方向发展。

9.3.3.4　生态社区的国外发展概况

当前发展状况总体特点是小规模、自发性。有国外学者对全球生态社区网（Global Ecovillage Network，GEN）所登录的已建成或正在实施的生态社区项目进行统计分析，并按生态社区所处的位置、规模大小等特征，把它分为乡村生态社区、城市绿化带地区项目、城市更新项目、生态城镇 4 种类型。

生态社区主要分布于欧美等经济发达国家或地区。一方面是由于发达国家或地区的生态环境保护意识相对较强，另一方面是发达国家或地区能够为生态社区的建设提供足够的资金、技术等方面的支持和保障。

国外生态社区的人口规模都比较小，大部分在 300 人以下。这主要是因为国外大多数生态社区都位于乡村，以独立式住宅为主，社区的人口密度都比较低。从生态社区的类型看，大部分都是位于乡村或者城市郊区绿化地带等自然化程度较高的区域，而作为城镇规模的生态社区目前还比较少。这是因为在乡村或郊区建设生态社区，可以借助所在区域原有良好的生态因子，较好地达到社区的生态良性循环。

国外生态社区大部分是由社会志愿组织一起自发建设。特别是乡村型生态社区，一般是由那些有志于环境保护、建设可持续社区的志愿者共同出资建造，大家一起规划、建设与管理。他们往往过着一种自给自足的生活，如自己生产粮食、进行食品加工等。可以说，乡村生态社区往往带有一种实验性质，是人们对环境低影响、可持续的新型生活方式的一种有益的探索。

国外生态社区的未来发展趋势可概括为以下两点：

（1）紧凑式的空间形态。最初国外学者对生态社区的研究重点集中在生态建筑本身，到了 20 世纪 90 年代，以梅尔·希尔曼（Mayer Hillman）、纽曼、肯沃西等为代表的西方学者们开始从城市空间形态研究社区的可持续发展问题。他们受到欧洲传统名城的高密度发展模式的启发，针对西方发达国家（特别是美国）城市郊区化、分散化发展所带来的交通、环境、社会等一系列问题，提出了紧凑型城市理论，认为未来城市应该是紧凑发展，强调土地混合使用、较高居住密度、步行交通友好，以达到节约资源（包括土地资源）和能源、减少环境污染、保护自然环境、实现城市的可持续发展的目标。

（2）建筑的生态高技术发展。生态社区的发展在很大程度上离不开生态技术的支撑和推动，为了实现社区的可持续发展，就必须重视生态技术水平的提高。通常上讲，生态技术可以分为 3 个层次，即简单技术（Simple-tech）、常规技术（Normal-tech）和高新技术（High-tech）。从国外建筑的技术运用趋势看，目前欧美等发达国家更加重视高新技术的运用，呈现建筑的高技术发展趋势，并出现了许多高技术建筑。到了 20 世纪八九十年代，随着全球环境危机的加剧，人们更加重视建筑生态问题，可以说建筑高技术的生态化趋势是建筑对当今世界日益严重的生态环境问题积极主动的回应。这时候，以节约能源、资源，减少污染为核心内容的可持续发展的设计理念逐渐成为建筑师追寻的方向，并开始致力于关注本地文化和地域气候，逐步形成了一套独具特色的气候观，走上一条"高技术"到"生态技术"的发展道路。

第 **10** 章
生态文明社会的生存之道——绿色农业

　　绿色农业是绿色文明社会解决生存和长期发展问题的基础,是可持续农业的发展方向。在广义绿色农业的探索中,节水农业、节能农业、设施农业和立体农业等发展模式具有直接的资源节约功能,高效农业和小尺度农业则从提高效益和减少生态足迹角度实现绿色发展。狭义绿色农业主要通过生态农业、循环农业和低碳农业等形式体现出来。

10.1　绿色农业与生态文明

　　生态文明是人类对传统文明形态特别是工业文明进行深刻反思的成果,是人类在发展物质文明过程中保护和改善生态环境的成果。作为一种崭新的文明形态,生态文明追求的是生产发展、生活富裕、生态良好的经济社会发展目标,建设生态文明,实质上就是要建设以资源环境承载力为基础、以自然规律为准则、以可持续发展为目标的资源节约型、环境友好型社会。其核心问题是如何科学理解和正确处理人与自然的关系,从而实现人与自然和谐共生、经济社会与资源环境协调发展。人们可以认识自然规律,适应自然规律,也可以运用自然规律。大量历史事实证明,人类不是跳出自然界的统治者,仅是其生态链条中的一部分。生态文明需要全方位的,要把生态文明建设融入经济建设、政治建设、文化建设、社会建设的全过程,当然也要体现到农业生产和农业经济发展之中。

　　绿色农业是以生态为基础、科技为主导的新型现代化农业模式。民以食为天，食以安为先。绿色农业不仅为人类提供优质、安全的食品，而且有助于维持良好的农业生态环境，优化生态系统。发展绿色农业不仅能够适应建设生态文明的客观要求，而且对建设生态文明具有十分重要的促进作用。建设生态文明、实现人与自然的和谐相处和可持续发展需要良好的自然条件和物质基础，绿色农业则为实现这一目标提供基础性物质条件，是人类持续发展的生存之道。

10.1.1　农业可持续发展

　　起源于西方的工业文明既给人类社会创造了巨大的社会财富，极大地提高了人类的生活质量，在表象上感觉到人类对自然界的"征服"，但在实际中使人类的发展陷入了前所未有的困境。一方面，工业文明大量消耗甚至浪费了自然资源；另一方面，工业文明严重污染了环境，破坏了生态，产生一系列生态问题。如果不及时有效地制止一些不良的经济发展方式，人类必将为自己以前对大自然的过分行为付出沉重的代价，为走出这种困境，人们逐渐认识到节约资源和保护环境的重要性，建设生态文明，实现可持续发展成为世界各国的共识。以过度资源利用为基础的发展模式已经难以为继，加快转变经济发展模式，实现生态绿色发展已经刻不容缓。其中一个方面的要求就是在农业生产中树立生态文明理念，扭转农业与生态、产业与资源的关系，使其形成和谐共生、良性循环的可持续发展模式。

　　农业作为人类文明发展和社会进步的物质基础，从古至今，农业的发展大致可以分为3个阶段：原始农业、传统农业和现代农业。当今，农业的发展正面临着一系列的问题，如土地资源约束趋紧、农产品废弃物利用率较低、生态环境恶化等。绿色农业是广义的"大农业"，其包括：绿色动植物农业、白色农业、蓝色农业、黑色农业、菌类农业、设施农业、园艺农业、观光农业、环保农业、信息农业等。在具体应用上我们一般将"三品"，即无公害农产品、绿色食品和有机食品，合称为绿色农业。发展绿色农业不仅要求生产过程的生态化和产出品的安全、无污染，还要求农业发展的可持续性，即为维护良好的农业生态系统，为农业持续发展提供和谐、稳定的生态系统。

　　绿色农业不仅适应了现代农业的发展趋势，也体现了生态文明的理念。绿色农业所提供的是绿色产品，所倡导的是绿色消费。通过培育优良农作物品种、改善土壤质量和利用生态循环机制来促进农业的发展，大大降低了农业生产对农药和化肥的依赖，较好地保护了生态环境。因此，绿色农业是一种最佳的适应现代生态文明客观要求的农业发展模式，在我们这个传统的农业大国里具有非常巨大的发展潜力和广阔的发展前景。

农业是我国国民经济的基础，农业可持续发展是经济可持续发展的重要基础。农业可持续发展的内涵表现在其持续性、公平性、多重性和高效性4个方面。

持续性是首要的特征，农业发展的持续性强调的是农业发展的永续和持久发展，在考虑当前农业发展需要的同时，更要保证发展的长期性，不以牺牲未来的发展空间为代价换取当前的高速发展。单纯追求高产出，不计高消耗、高污染的发展方式必然会被包容性发展模式所取代。

公平性包括代际公平和代内公平。代际公平是一种纵向公平，代内公平是一种横向公平。代际公平指后代人与当代人有同样的生存与发展机会，实现代际公平要确保维持一定的资源存量和环境不退化。代内公平指不同地域或国家在同一时期应具备同样的发展机会，农业发展水平落后的地区或国家较之发达国家有同样的发展机会。

农业可持续发展的高效内涵是指农业发展中的高效率，在有限的资源环境下，采用帕累托最优的资源配置方式，注重农业发展的质量，追求高效、优质、低耗的集约型农业增长。

农业可持续发展的多重内涵是指农业发展过程中目标的多重性，在提高农业经济指标的同时，保持环境、生态、资源水平的稳定是农业可持续发展的多重目标。

农业可持续发展是整个社会可持续发展的物质基础。因而在实践我国各个方面的可持续发展战略时，必须研究农业的可持续发展问题，以加强农业的物质基础支撑作用，促进经济社会的可持续发展。党的十一届三中全会后，粮食生产等农业取得了巨大的成就，大大促进了我国现代化的进程。但我们也不得不承认，农村可持续发展面临着资源、环境、人口以及科学技术等诸多方面的压力和严重的困境，大大地阻碍了农业的可持续发展和科学技术的进步。因此，中国农业的发展之路，只能选择从原有的资源大量消耗的粗放式农业生产方式，转到尽量节约资源消耗、提高资源利用效率，依靠现代科学技术的生产方式，致力于走农业经济的可持续发展道路。

农业可持续发展作为一种新的发展现、新的发展理念和发展战略，通过联合国环境与发展大会，已被世界不同意识形态、不同社会制度和不同信仰的各个国家所接受。围绕环境与发展这一永恒的主题，国际上已形成可持续发展经济学、生态学等研究方向。农业可持续发展研究趋向于多学科围绕同一个主题在理论规范中逐步融合和投合，预示着农业可持续发展体系理论与实践研究正在孕育着一门跨学科的新兴学科——农业可持续发展学。实现农业的可持续发展一方面有利于解决农业发展和环境保护的双向协调，注重发展经济的同时，也要注意对环境和资源的保护，以求环境与资源能够永续地支撑农业发展；另一方面有利于重新认识农业的地位，促进农村全面发展，增加农民收入，增加农村就业，缩小城乡差距。

10.1.2　发展绿色农业对生态文明建设的促进作用

绿色农业是现代农业的主导模式，在我国，发展绿色农业对生态文明建设有重要的促进作用。一方面，绿色农业有利于促进农业的持续、稳定发展，为生态文明建设创造基本的物质基础。绿色农业并不是完全摒弃以前的农业发展模式，而是对所有农业模式的总结和提高。发展绿色农业可以利用有限的资源保障农产品的数量与质量，解决农产品不平衡供应问题。另一方面，绿色农业是以绿色为核心的，发展绿色农业要求生产过程的生态化和产出品的安全、无污染，能够确保产品的质量，提高我国农产品的国际竞争力。因此，绿色农业不仅为建设农业经济的可持续发展创造了条件，还为生态文明建设提供了物质基础。

发展绿色农业对于科技进步具有重要的推动作用，特别是农业科技进步。绿色农业强调资源节约和循环利用，极大地提高资源的利用率，尽可能地减少对资源的利用和消耗。这一系列的要求必然会促进与农业相关的技术进步，而这些技术措施可以在一定程度上为生态文明建设的其他方面所借鉴，可以促进整个生态文明的进步。发展绿色农业还有利于促进公民消费观念、消费行为的转变，对广大公民能够正确认识绿色产品、全面认识农业有促进作用。这将为我国形成健康合理的消费模式提供良好的社会环境和重要的人力支撑。

绿色农业是为了形成较少投入而较大收益的农业生产结构，因此，发展绿色农业可以增加农民的收入、促进农村的繁荣，为缩小城乡差距、建立和谐稳定的社会环境创造良好的条件。这也将为生态文明起到积极促进的推动作用。

10.2　绿色农业的生态文明探索

在当今社会，人们清楚地认识到建设生态文明才是实现人与自然和谐共处的生存之道，在实现绿色农业发展的道路上，各个国家都在努力探索，并已经形成了多种符合生态文明要求的农业发展模式。从不同的角度大致可分为三类：资源节约型农业、优质高效型农业、空间尺度型农业，分别简称为节约型农业、高效农业和小尺度农业。

10.2.1　节约型农业

10.2.1.1　节约型农业的内涵

长期以来，我国的粗放型农业是占据主导地位的农业增长模式，这种发展模式使得农业资源的开发和利用严重浪费，进一步加重了农业资源的短缺。这就要求我们要建设节约型农业，促进农业资源的合理开发利用和高效利用，对农业持续健康发展有重要作用。节约型农业是以提高资源利用率为核心，以节水、节地、节能、节肥和资源的循环利用为重点的农业生产方式，通过采取经济与法律方面的综合性措施，提高资源的利用效率，保证经济社会和谐发展，以求最小的资源消耗来获取最大的经济与社会效益。

节约型农业是继农村经济体制改革、调整农业结构和实施农业产业化经营以后的一项历史性战略工程，是推动农业现代化和可持续发展的一次重大变革。节约型农业以科学发展观为指导，遵循生态和经济发展规律，通过最科学地利用农业资源形式，确保农业持续增长，实现低能耗、高效率、农产品优质的生态环境目标。

10.2.1.2　节约型农业的发展模式

（1）节水农业。我国是农业大国，而水资源对农业是极其重要的，我国的淡水资源是相对匮乏的。因此在农业生产中要节约用水。节水农业是提高用水有效性的农业，是水、土、作物资源综合开发利用的系统工程。保护水资源、节约用水是提升环境承载能力的有效手段，对促进新型农业城镇化发展、建设社会主义生态文明具有重要的意义。

在农业生产中，节约用水的措施主要有以下几点：① 确定水权：根据政府确定的本管辖区水资源的调控、分配、管理和监督权，用户按分配使用水资源，节约和剩余的水量可以进行交易和转让。②建立节超奖罚制度：对于每个水资源的用户实行节约奖励、超出惩罚制度。③建立农业用水协会：将分配的水量细分到农户并发放水权使用证。

（2）节能农业。节约资源与保护环境是我们这个时代永恒的主题。把农业和农村节能减排作为转变农业生产与农民生活方式的重要抓手，大力发展生态农业、循环农业，以提高农业资源利用率为关键环节，以节肥、节药、节能和农村废弃物资源化利用技术推广为工作重点，通过减量化、再利用、资源化等方式，降低能源消耗，减少污染排放，提升农业可持续发展能力，实现农业和农村经济又好又快发展。

节能方面形成的发展模式主要有两种形式：一是秸秆处理利用，形成秸秆—畜牧—肥料—粮多—钱多的良性循环；二是以沼气为纽带，形成养猪—沼气—燃料—沼肥—果园的循环模式。

（3）节地农业。有设施农业和立体农业等模式。

☞ 设施农业：是在环境相对可控条件下，采用工程技术手段，进行动植物高效生产的一种现代农业方式。设施农业涵盖设施种植、设施养殖和设施食用菌等。我国设施农业已经成为世界上最大面积利用太阳能的工程，绝对数量优势使我国设施农业进入量变质变转化期，技术水平越来越接近世界先进水平。设施栽培是露天种植产量的 3.5 倍，我国人均耕地面积仅有世界人均面积的 40%，发展设施农业是解决我国人多地少制约可持续发展问题的最有效的技术工程。

发展设施农业可减少耕地使用面积，降低水资源、化学药剂的使用量和单位产出的能源消耗量，显著提高农业生产资料的使用效率。设施农业技术与装备的综合利用，可以保证生产过程的循环化和生态化，实现农业生产的环境友好和资源节约，促进生态文明建设。

☞ 立体农业：是指利用各种农作物间的时间差和空间差的相互关系，在地面地下、水面水下、空中以及前方后方同时或较互进行生产，通过合理组装、粗细配套，组成各种类型的多功能、多层次、多途径的高产优质生产系统，以获得最大经济效益。立体农业是指充分利用空间，把不同生物种群组合起来，多物种共存、多层次配置、多级物质能量循环利用的立体种植、立体养殖或立体种养的农业经营模式。

立体农业可以提高资源利用率，可以充分利用空间和时间，通过间作、套作、混作等立体种养、混养等立体模式，较大幅度提高单位面积的物质产量，从而缓解食物供需矛盾；同时，提高化肥、农药等人工辅助能的利用率，缓解残留化肥、农药等对土壤环境、水环境的压力，坚持环境与发展"双赢"，建立经济与环境融合观。因此，立体农业的发展对生态文明建设有很大的促进作用。

10.2.2 高效农业

10.2.2.1 高效农业的内涵

高效农业是以市场为导向，运用现代科学技术，充分合理利用资源环境，实现各种生产要素的最优组合，最终实现经济、社会、生态综合效益最佳的农业生产经营模式。发展高效农业、提高农民收入是农业结构调整和农业产业化发展到一定阶段的必然要求，也是加快工业化进程、扩大消费需要的迫切要求，更是社会主义新农村建设的首要任务。高效农业绝不仅仅是赚钱多，经济效益高的农业。效益的内涵包括：经济效益、社会效益、生态效益。高效农业是经济、社会、生态综合效益最佳的农业。

企业的生产与对应的收入之间的关系可以用经济效益来衡量，经济效益要求企业以最小的成本来获取最大的产能。效益的提高会给企业带来更多的利润，因此，农产品生产商会有意识地提高农业的经济效益。人类在农业生产过程中，应该保持生态平衡，不破坏生态系统的稳定，实现人与自然和谐发展。生态效益更看重的是未来的可持续发展，因此，它关系到人类生存发展的根本利益。在发展高效农业的过程中，应该站在更高的角度上，注重产业的长远发展，要以不牺牲生态效益为前提条件下追求经济效益和社会效益。

10.2.2.2 高效农业的发展模式

高效农业正是在农业生产上体现了生态效益与经济效益的"双赢"。发展高效农业，要利用地区的自然资源禀赋优势以及独特的技术，以优势产业为基础，形成多业态融合发展的模式，高效农业主要有观光农业、休闲农业等。

观光农业是一种以农业和农村为载体的新型生态旅游业。近年来，伴随全球农业的产业化发展，人们发现，现代农业不仅具有生产性功能，还具有改善生态环境质量，为人们提供观光、休闲、度假的生活性功能。随着收入的增加，闲暇时间的增多，生活节奏的加快以及竞争的日益激烈，人们渴望多样化的旅游，尤其希望能在典型的农村环境中放松自己。于是，农业与旅游业边缘交叉的新型产业——观光农业应运而生。

生态农业是农业现代化的发展方向，也是发挥农业生态环境保护功能，实现可持续发展的必由之路。生态观光农业则体现出当代中国经济社会发展的客观要求。在我国已进入以城市生活为主体的时代背景下，日益庞大的城市市民群体生活质量全面提高，亲近自然、回归自然，与自然和谐相处的生活方式和消费方式日益成为广大市民的重要需求。因此，发展现代生态观光农业也是城市化和现代农业生产进程中满足社会需求的重要措施。

休闲农业是利用农业景观资源和农业生产条件，是深度开发农业资源潜力，调整农业结构，改善农业环境，增加农民收入的新途径。在综合性的休闲农业区，游客不仅可观光、采果、体验农作、了解农民生活、享受乡土情趣，而且可住宿、度假、游乐。

发展休闲农业，可以充分开发利用农村旅游资源，调整和优化农业结构，拓宽农业功能，延长农业产业链，发展农村旅游服务业，促进农民转移就业，增加农民收入，为新农村建设创造较好的经济基础；可以促进城乡统筹，增加城乡之间互动，城里游客把现代化城市的政治、经济、文化、意识等信息辐射到农村，使农民不用外出就能接收现代化意识观念和生活习俗，提高农民素质；可以挖掘、保护和传承农村文化，并且进一步发展和提升农村文化，形成新的文明乡风。

由于农村基础设施差，农民生态环保意识不强，加上有些地方的过度开发，导致农村环境存在不同程度的破坏。休闲农业以农业为基础，农民为主体，农村村落为单元，旨在利用乡村良好的自然风光、独特的风俗习惯等来吸引顾客，围绕农业生产、农民生活和农村风貌进行开发建设。发展休闲农业必然促进农村生态建设，并促使环境保护和综合治理的力度不断增强，从而改善农业薄弱的基础，缓解资源环境的约束等问题，因此，休闲农业有利于保护农村资源的生态环境，实现农业的可持续发展。

10.2.3　小尺度农业

当前，作为我国农产品主要供应地的农村和农产品需求地城市一般都相距较远，这就会造成成本的增加和资源的浪费。小尺度农业是指形成城乡互动融合，尽量减少碳足迹的一种农业发展模式，如都市农业、社区支持性农业、农超对接、农社对接等。

都市农业是指地处都市及其延伸地带，紧密依托并服务于都市的农业。它是大都市中、都市郊区和大都市经济圈以内，以适应现代化都市生存与发展需要，以大都市市场需求为导向，融生产性、生活性和生态性于一体，高质高效和可持续发展相结合而形成的现代农业。

社区支持性农业，是指社区的每个人对农场运作作出承诺，让农场可以在法律上和精神上，成为该社区的农场，让农民与消费者互相支持以及承担粮食生产的风险和分享利益。社区支持性农业的理念是建立起本地的食品经济体系并创造一个环境，在这个环境下，农民和消费者一起工作来实现食品保障和经济、社会与自然环境的可持续性。

农超对接指的是农户和商家签订意向性协议书，由农户向超市、菜市场和便民店直供农产品的新型流通方式。农超对接可以使产品与超市直接对接，市场需要什么，农民就生产什么，既可避免生产的盲目性，稳定农产品销售渠道和价格，同时，还可减少流通环节，降低流通成本，通过直采可以降低流通成本 20%～30%，给消费者带来实惠。

农社对接是指农田主到社区居民楼下的点对点的直销模式，由农业生产的组织者向社区的消费者直供农产品的新型流通方式。农社对接可以使消费者直接监督农产品的质量，农民有了稳定的销售渠道后，将更注重于产品生产过程的质量、安全；同时，还可以降低流通环节费，用合作社自身网络渠道销售或者专业的物流公司运送，减少中间环节，降低采购环节费用，将更多利益留给了农民和消费者。

在城市发展小尺度农业，可以有助于城市生态系统的维护，使城市的生态结构保持完整，符合生态系统的客观要求。小尺度农业极大地减少了中间的运输环节，在保证农产品的新鲜程度和质量的基础上，很大程度地减少了运输成本，避免了运输过程中人力成本与自然资源的浪费，促进了生态文明的发展。

10.3　绿色农业的具体发展模式

　　绿色农业是指充分运用先进的科学技术、先进的工业装备和先进的管理理念，以促进农产品安全、生态安全、资源安全和提高农业综合经济效益的协调统一为目标，以倡导农产品标准化为手段，推动人类社会和经济全面、协调、可持续发展的农业发展模式。绿色农业的具体发展模式主要有生态农业、循环农业和低碳农业。

10.3.1　生态农业

10.3.1.1　生态农业概述

　　生态农业是按照生态学原理和经济学原理，运用现代科学技术成果和现代管理手段，以及传统农业的有效经验建立起来的，能获得较高的经济效益、生态效益和社会效益的现代化高效农业。它要求把发展粮食与多种经济作物生产，发展大田种植与林、牧、副、渔业，发展大农业与第二、第三产业结合起来，利用传统农业精华和现代科技成果，通过人工设计生态工程、协调发展与环境之间、资源利用与保护之间的矛盾，形成生态上与经济上两个良性循环，经济、生态、社会三大效益的统一。

　　生态农业具有如下特征：

　　（1）综合性。生态农业强调发挥农业生态系统的整体功能，以大农业为出发点，按"整体、协调、循环、再生"的原则，全面规划，调整和优化农业结构，使农、林、牧、副、渔各业和农村第一、第二、第三产业综合发展，并使各业之间互相支持，相得益彰，提高综合生产能力。

　　（2）多样性。生态农业针对我国地域辽阔，各地自然条件、资源基础、经济与社会发展水平差异较大的情况，充分吸收我国传统农业精华，结合现代科学技术，以多种生态模式、生态工程和丰富多彩的技术类型装备农业生产，使各区域都能扬长避短，充分发挥地区优势，各产业都根据社会需要与当地实际协调发展。

　　（3）高效性。生态农业通过物质循环和能量多层次综合利用和系列化深加工，实现经济增值，实行废弃物资源化利用，降低农业成本，提高效益，为农村大量剩余劳动力创造农业内部就业机会，保护农民从事农业的积极性。

（4）持续性。发展生态农业能够保护和改善生态环境，防治污染，维护生态平衡，提高农产品的安全性，变农业和农村经济的常规发展为持续发展，把环境建设同经济发展紧密结合起来，在最大限度地满足人们对农产品日益增长需求的同时，提高生态系统的稳定性和持续性，增强农业发展后劲。

10.3.1.2 生态农业与其他农业模式的比较

生态农业是以合理利用农业自然资源和保护良好的生态环境为前提，因地制宜地规划、组织和进行农业生产的一种农业，是 20 世纪 60 年代末期作为"石油农业"的对立面而出现的概念，被认为是继石油农业之后世界农业发展的一个重要阶段。主要是通过提高太阳能的固定率和利用率、生物能的转化率、废弃物的再循环利用率等，促进物质在农业生态系统内部的循环利用和多次重复利用，以尽可能少的投入，求得尽可能多的产出，并获得生产发展、能源再利用、生态环境保护、经济效益等相统一的综合性效果，使农业生产处于良性循环中。

生态农业不同于一般农业，它不仅避免了石油农业的弊端，并发挥其优越性。通过适量施用化肥和低毒高效农药等，突破传统农业的局限性，但又保持其精耕细作、施用有机肥、间作套种等优良传统。它既是有机农业与无机农业相结合的综合体，又是一个庞大的综合系统工程和高效的、复杂的人工生态系统以及先进的农业生产体系。以生态经济系统原理为指导建立起来的资源、环境、效率、效益兼顾的综合性农业生产体系。中国的生态农业包括农、林、牧、副、渔和某些乡镇企业在内的多成分、多层次、多部门相结合的复合农业系统。20 世纪 70 年代的主要措施是实行粮、豆轮作，混种牧草，混合放牧，增施有机肥，采用生物防治，实行少免耕，减少化肥、农药、机械的投入等。

10.3.1.3 生态农业的基本原理

生态农业是以生态学与生态经济学原理为基础，遵循生态及经济规律，运用系统工程方法，通过经济与生态良性循环实现农村经济高效、持续、协调发展的现代化农业生产体系。生态农业规划与设计要遵循以下基本原理：

（1）生物与环境协同进化原理。生物与环境之间是紧密联系、相互作用、共存与统一的关系。受生物生存、繁衍和活动过程中影响得到改变的环境反过来又影响生物，使得生物与环境处于不断的相互左右、协同进化的过程中。生态农业必须遵循这一原理，通过因地、因时制宜，合理布局，用养结合，确保环境资源的可持续利用。首先可以根据不同地域的生态环境，安排不同的农作物，以求获得较高的生产率，并且要特别注意对生态环境的保护。否则会导致环境与生物的失衡，最终使农业生产力降低甚至衰退。

（2）生物种群相生相克原理。生态系统中的生物之间，通过食物营养关系相互依存、相互制约。由于食物链的量比关系，促使处于相邻两个链接上的生物，无论个体数目、生物量都有一定的比例。生态农业通常是以农牧结合作为农业结构的核心，首先要调整好农牧直接的平衡关系，寻求种植业与养殖业之间的物质供给平衡。

在生态农业建设过程中，应该利用生物种群相生相克原理，组建合理高效的复合系统，如立体种植、混合养殖等，在有限的空间内生产更多的产品。我国普遍运用的多熟制种植（间作、套种、混种、复种）及立体种养等都是利用各物种间的竞争互补关系建立合理的群体结构，实现高效生产的目的。同时利用生物物种间的相克作用，可有效控制病、虫、草害。

（3）能量多级利用与物质循环再生原理。生态系统中的食物链，既是一条能量传递链，又是一条物质转换链，同时还是一条价值增值链。根据能量传递的"十分之一"法则，食物链越短，结构越简单，净生产力越高。所以，生态农业就是要合理设计食物链，物质分层利用，促进光合产物转化增值，废弃物资源化。生态农业要尽可能适量或较少的外部投入，通过立体种植、选择归还率较高的作物、合理轮作以及增施有机肥等建立良性物质循环体系，尤其要注意物质再生利用，使养分尽可能在系统中反复循环利用，实现无废弃物生产，提高营养物质的转化及利用效率。

（4）结构稳定性与功能协调性原理。农业生态系统是开放性的半人工生态系统，必须保持协调的物质投入和物质输出关系。在农业生产中，如果某种物质投入量过大，则可能在生态系统中产生滞留并带来结构的非稳定态；反之，如果物质输出量过大，而补偿不足，则可能使生态系统的资源耗竭，导致结构崩溃。

（5）生态位原理。农业生态系统中的生态位丰富、充实，有利于系统组分多样化，并使系统稳定性强、生产力高。但实际的农业生态系统中，存在许多空白生态位，应当由人工去填补；而这种填补是否成功，则取决于人们对该生态位的生态条件及其周围关系认知的程度。

（6）整体效应原理。农业生态系统内能量流、物质流、信息流及价值流进行着转化、传递、交换及各种补偿活动，各组分间还进行着正、负反馈作用。而促使这一系统整体纳入良性循环轨道，是人们决策的目标与调控的方向，即能流的转化效率高、物流的循环规模大、信息流的传递通畅及价值流的增值显著。同时整体功能高又意味着系统的稳定性高。

（7）生态效益与经济效益统一的原理。农业生态系统是由社会、经济、自然组成的复合生态系统，具有多种功能与效益。只有生态效益与经济效益相互协调，达到共同最佳点，才能发挥生态农业的综合效益。

（8）食物链原理。农业生态系统的食物链较短而简单，不利于能量转化和物质的有效利用，而且降低了生态系统的稳定性。生态农业要根据食物链原理组建食物链，将各营养级上因食物选择所废弃的物质作为营养源，通过混合食物链中的相应生物进一步转化利用，使生物能的有效利用率得到提高。如用谷物喂鸡、鸡粪还田、蚯蚓喂鸡、鸡粪喂猪等形式都是食物链原理的应用。

10.3.2　循环农业

10.3.2.1　循环农业概述

循环农业是相对于传统农业发展提出的一种新的发展模式，是运用可持续发展思想和循环经济理论与生态工程学方法，结合生态学、生态经济学、生态技术学原理及其基本规律，在保护农业生态环境和充分利用高新技术的基础上，调整和优化农业生态系统内部结构及产业结构，提高农业生态系统物质和能量的多级循环利用，严格控制外部有害物质的投入和农业废弃物的产生，最大限度地减轻环境污染。

循环农业具有如下主要特征：① 注重农业生产环境的改善和农田生物多样性的保护，并将其看做是农业持续稳定发展的基础。② 提倡农业的产业化经营，实施农业清洁生产，改善农业生产技术，适度使用环境友好的"绿色"农用化学品，实现环境污染最小化。③ 利用高新技术优化农业系统结构，按照"资源→农产品→农业废弃物→再生资源"反馈式流程组织农业生产，实现资源利用最大化。④ 延长农业生态产业链，通过废物利用、要素耦合等方式与相关产业，形成协同发展的产业网络。⑤ 在地区实现"清洁"生活和节约型生活方式，倡导现代生活文明。

10.3.2.2　循环农业的本质原理

循环经济遵循物质平衡和能量守恒定理，重在对资源循环利用和能源梯次利用，实现资源利用效率最大化和污染排放最小化。追求的是资源效率、环境效益和经济效率的统一。而循环农业是循环经济的一种类型。

循环农业在经济本质上是一种生态经济，与传统农业经济相比，农业循环经济的不同之处在于传统农业经济的流向形式是单向的，即"资源—农产品—废弃物排放"，其特征是高开采、低利用、高排放。农业循环经济倡导的是一种与环境和谐的经济发展模式，它要求把经济活动组织成一个"农业资源—农产品—再生资源"的反馈式流程，其特征是低开采、高利用、低排放。农业循环经济是循环经济系统的一个子系统，它和其他子系统之间存在着互相依存的共生共进关系，它要求协调农业生产要素（包括自然资本、物质资本和人力资本）之间的发展关系，统筹处理农业资源利用、经济发展、环境保护中的各种相互关系问题，将农业大系统的经济活动过程有机结合成一个资源→产品→消费→废物→资源的经济循环链。只有农业生产要素协调共进，才能促进社会、经济与自然环境的全面、协调和可持续发展。

现代循环农业经济是解决我国农业发展面临资源短缺、环境污染、效益低下困境的有效出路。

（1）现代循环农业经济可以提高资源利用效率。实施现代循环农业经济发展模式，其实质是发展生态经济，使人类农业经济系统和谐地纳入自然生态系统中，最大限度地提高自然资源利用率，缓解资源供需矛盾，保证资源的永续利用，确保子孙后代的生存生活资源得以延续。农业是一个多副产品的行业，现代循环农业经济将原有的副产品进行有效开发，使农业产出价值得到极大提升，也大大提高了农业的比较效益。

（2）实施现代循环农业经济模式，可以尽可能减少外界的资源投入。特别是减少化学物品的投入，促进我国农业绿色技术支撑体系建立，采用清洁生产技术和无公害的新工艺、新技术，生产出符合人们需要的绿色食品，提高农产品国际市场的竞争力。

（3）现代循环农业经济模式可以减少各种农业污染。现代循环农业经济实施"资源—产品—再生资源"的模式，因此没有或很少有废弃物，不仅可以减少农业污染，还可以实现我国农业增长方式的根本转变和产业结构的调整，使农业向生态型转化，促进生态农业、绿色农业、观光农业、体验农业等新型农业的发展，实现现代农业功能的转型。

（4）现代循环农业经济发展模式可以提升农业产业化水平，实现产业之间、区域之间的资源优化配置。现代农业循环经济通过产业间的循环，延伸农业产业链，可以增加就业机会，并增加农业附加值。

10.3.2.3　国内循环农业的经典模式

国内循环农业主要有以下 3 种经典模式：

（1）以沼气为纽带的资源利用型发展模式。该模式是以沼气为纽带，把养殖业和种植业以及加工业紧密结合起来，把"植物生成—动物转化—微生物还原"的生物链连接起来。通过沼气发酵来处理大量的农业废弃物，包括人禽兽粪尿、农作物秸秆、农产品加工废弃物等，不仅可防治环境污染，而且有机物厌氧发酵产生的沼气，可以用于炊事、照明、储粮、保鲜、发电等多项生活、生产活动；同时，沼气发酵的残余物沼液和沼渣，可以种稻、种菜、种果、浸种育苗、饲养畜禽、养鱼等，起到改良土壤、提高生物产量和质量、生产无公害和绿色食品等作用，从而实现农村和农业废弃物的循环利用。

（2）立体复合型发展模式。该模式通过利用自然生态系统中各种生物物种的特点，能使处于不同生态位的生物类群（如林木、农作物、鱼、食用菌等）在系统中各得其所、相得益彰、互惠互利，既充分利用了太阳辐射能、土地资源、水分和矿物质营养元素，又为农作物形成一个良好的生态环境，从而建立一个空间上多层次、时间上多序列的产业结构，提高资源的利用和生物产品的产出，获得较高的经济效益和生态效益。

（3）种养加相结合、农工贸一体化的循环农业模式。该模式主要是立足本地资源优势和市场需要大力发展的、以农畜产品加工为主的第二产业，使种、养、加、贮、运、销、服务相配套，同时不断改善农业生态环境，形成以工补农、以农带牧、以牧促农、以农牧发展推进工业生产的生态经济大循环和开放复合式的结构。

10.3.3　低碳农业

10.3.3.1　低碳农业概述

低碳农业是一种现代农业发展模式，通过技术创新、制度创新、产业转型、新能源开发利用等多种手段，尽可能地减少能源消耗，减少碳排放，以实现农业生产发展与生态环境保护"双赢"。低碳农业是生态农业、绿色农业的进一步发展，它不仅像生态农业那样提倡少用化肥农药，进行高效的农业生产，而且在农业的能源消耗越来越多，种植、运输、加工等过程中电力、石油和煤气等能源的使用都在增加的情况下，低碳农业还更注重整体农业能耗和碳排放的降低。

低碳农业具有如下特点：① 低耗性。低碳农业体系是科学地安排不同生物在系统内部的循环利用或再利用，最大限度地利用农业环境条件，以尽可能少的投入得到更多更好的产品。② 高优性。低碳农业是生产绿色产品的过程，既要收获优质产品，又要保护生态环境，实现生产、生态双安全。③ 协调性。低碳农业运作与发展涉及多领域，尤其是生产与生态的协调。④ 系统性。发展低碳农业，要有统筹的思维，避免农业生产对环境的破坏作用，实现农业环境友好；提高农业生态环境质量，实现节约和可持续利用，保障食品安全和人民健康。

以往的环保农业、循环农业、绿色农业在于培育高产、优质、高效、安全、生态的可持续农业功能，低碳农业除此之外，更拓展了现代农业功能。这些功能包括：① 气候调节功能。通过减少使用化石燃料、发展循环和立体农业，减轻农业生产对气候变暖的压力。② 生态涵养功能。发展配合农业生产的自然与生态湿地，利用湿地固碳、净化水源等功能，保护水资源，减少面源污染，改善农业生态环境，保护自然生态资源。③ 生产功能。满足在气候变化压力和能源短缺条件下提供粮食、副食品、工业原料、资金和出口物资的基本需要。④ 安全保障功能。采用资源节约、环境友好的农业生产体系，通过节能减排技术，发展生物质能源，改善农业生态环境，保障农业。⑤ 金融功能。通过发展低碳农业所减少碳排放量的市场交易获得收益。据统计，我国每年减少 1.5 亿～2.25 亿 t 的 CO_2 核定排放额度，可带来近 2.25 亿美元的收入。⑥ 提升国际竞争力功能。国际市场对农产品安全指标要求日益提高，低碳农业可满足国际市场有机、清洁、绿色食品的需要。⑦ 调整农业生产结构功能。低碳农业能引导、促进农民调整生产结构，发展低能耗、低污染、低排放的新型农业。⑧ 改善农村环境功能。发展低碳农业可解决农业面源污染、农产品污染、农机废气、焚烧秸秆、畜禽粪便乱排等大气污染问题，提高农民生活质量。

10.3.3.2 低碳农业的基本原理

低碳农业属于低碳经济的一种。低碳经济是经济发展的碳排放量、生态环境代价及社会经济成本最低的经济，是以改善地球生态系统自我调节能力为目标的可持续发展的新经济形态。

低碳经济是以低能耗、低排放、低污染为基础的经济模式，核心是技术创新、制度创新和发展观的转变；发展低碳农业除了秉承低碳经济的内涵之外，要突出资源高效利用、绿色产品开发、发展生态经济，要突出科技进步、产业升级、固碳减排。其关键在于提高农业生态系统对气候变化的适应性并降低农业发展对生态系统碳循环的影响，维持生物圈的碳平衡，其根本目标是促进实现碳中性，即人为排放的 CO_2 与通过人为措施吸收的 CO_2 实现动态平衡。

农业排放温室气体，尤其以 CH_4 和 N_2O 为重。同时农业也是巨大的碳汇系统，农作物通过光合作用固定大量的碳，而土壤也是一个巨大的碳库。但农业是个复杂的系统，不同利用方式，尤其是土地利用方式的不同，对碳吸收与排放之间的动态平衡影响甚大，进而难以明确各类作物不同生长阶段是碳源还是碳汇，以及两者之间演变过程的影响因素。发展低碳农业的现实目标之一就是，使农业生产系统适应全球变暖并减缓温室气体排放。

因此，发展低碳农业要遵循以下原理：

（1）温室效应原理。温室效应又称"花房效应"，是大气保温效应的俗称。大气能使太阳短波辐射到达地面，但地表受热后向外放出的大量长波热辐射线却被大气吸收，这样就使地表与低层大气温作用类似于栽培农作物的温室，故名温室效应。自工业革命以来，人类向大气中排入的二氧化碳等吸热性强的温室气体逐年增加，大气的温室效应也随之增强，已引起全球气候变暖等一系列极其严重问题，引起了全世界各国的关注。低碳农业的要求之一就是要减少温室气体的排放。而在我们的农业生产过程中还存在诸如"秸秆燃烧"等与低碳农业理论相违背的行为。

（2）碳足迹理论。碳足迹是指人类生产和消费活动中所排放的与气候变化相关的气体总量，相对于其他碳排放研究的区别，碳足迹是从生命周期的角度出发，分析产品生命周期或者与活动直接和间接相关的碳排放过程。碳足迹理论的产生就是要研究从生产的全过程来控制碳的使用，间接控制温室气体的排放，在农业生产过程中我们也要遵循碳足迹理论来有效控制温室气体对气候的影响。

（3）技术创新原理。低碳经济是建立在现代经济高度发展的前提下，更关注人与自然、人与社会、当代人与后代人和谐共生的可持续发展的人类理性自觉的经济发展模式。技术创新的目的在于解决制约经济发展的瓶颈性问题。技术创新可以极大地促进经济的发展，技术进步是推动经济发展的重要条件和手段。经济发展就是技术资源稀缺的约束使得企业必须转变经济发展模式。一方面，被持续大量耗费的不可再生资源已经不能支撑原有的粗放经济增长模式，当不可再生资源越来越稀缺的时候，如果不转变经济增长模式，企业就难以生存，整个社会就难以发展。另一方面，随着环境污染和气候变化问题日益严重，控制大气中二氧化碳浓度增加，缓解全球气候变暖，是现代人类得以生存与发展的内在要求和迫切需要。通过技术创新来改变能源资源和环境资源的制约就成为发展低碳经济的核心，没有技术创新就不可能真正实现低碳经济。低碳技术创新的面很广，涵盖了节能技术、无碳和低碳能源技术、二氧化碳捕捉与封存技术等。节能技术通过提高能源利用效率，在实现相同经济效果的前提下，减少能源耗用量，也就是降低产品或产值的能源单耗。无碳和低碳能源技术主要是通过开发新型能源技术，如核能、风能、太阳能、生物质能等，这些能源在使用过程中不排放或只是排放很小量的二氧化碳，通过这些能源技术的应用一方面可缓解化石能源的制约，另一方面又可减少对环境的污染。

第 **11** 章
绿色文明的资源节约之道——循环经济

循环经济是新型发展理念、生产方式和产业形态的综合体现，其生态化要求就是减物质化和功能经济，循环经济系统运行的生态化表现为技术经济的绿色化和物质流多重循环，在动力机制上实现物质流、能量流、信息流、价值流的统一。

11.1 经济循环的生态化模式：循环经济

在传统经济学（包括马克思经济学和西方经济学）中，只有资本循环和劳动循环（亦即资本和劳动力的再生产），而没有物质循环和环境再生产。以此为指导的工业化模式则是大量生产、大量消耗和大量废弃的生产方式，导致资源耗竭、环境恶化和生态破坏。在传统工业化模式难以为继、可持续发展成为全球共识的今天，循环经济为人类经济活动走出增长极限的阴影提供了新的发展道路。那么，从经济循环到循环经济是一个怎样的逻辑过程呢？

11.1.1 从经济循环到循环经济

经济循环和循环经济不是可以等同的两个概念，但是二者有着密切的联系。那种认为循环经济与经济循环没有任何关系的观点是对经济学基本精神理解的不透彻，而把二者混为一谈的观点则是对循环经济核心理念认识不够。只有把这两者的内在联系搞清楚了，才能在已有的经济学理论基础上加深对循环经济的理解，并对现存的经济学理论进行拓展和创新，进而为循环经济理论的深入研究提供新的方法论，否则，割裂二者关系只会成为无源之水或了无新意的无病呻吟。

经济循环是以资本循环的形式表现出来的，实质上是价值转移、价值增值和价值补偿，即价值循环的过程。资本的本性是追逐利润，这种利润动机是经济活动的动力所在，在客观上起到促进经济增长的作用。但是如果听任市场规律的作用，资本就会脱离价值创造领域转向价值分配领域，进而脱离实体层面转向虚拟层面。在资本强权的逻辑之下，资本的非生产功能可能会超过生产功能。资源配置因此由生产领域转移到非生产领域。当前整个世界范围的价值生产和价值实现出现大分流，中国以世界近30%的实物生产仅获得占全球6%份额的价值是对这种现状和趋势的最好证明。就中国而言，经济增长陷入一种高投入、高消耗、高污染的增长路径依赖，导致价值流和物质流（能量流）的背离。

循环经济作为经济系统和生态系统的复合体，有助于弥合价值流与物质流的裂缝，使资本循环和物质循环统一起来。但是，由于循环经济存在巨大的外部性和公共品特点，循环经济不可能完全靠自发成长起来，需要通过设计市场运行的相关制度，让经济主体产生激励和约束。这样，复合而成的生态经济系统才会进入良性的自运行轨道。另外，在知识经济和信息技术的支撑下，信息成本降低；交易关系的增强和交易制度的完善，经济活动的信任程度提高，将会导致经济系统运行中物质流和信息流的同步性。

资本循环和物质循环的统一使经济学的"Economise"的本义从狭隘的节约财务资本转向既节约财务资本又节约物质资源。经济学既研究资源的配置问题也研究资源的利用问题，其核心是基于成本的资源节约问题。但是传统的观点把资源仅仅局限为财务资本（即货币资本），或以货币数量衡量一切资源的价值，在不完善的市场条件下，从而扭曲了自然资源的真实价值。最后，导致资本循环和物质循环的背离，集中体现为资源、环境生态问题的恶化。经济学作为一门研究节约的学问，包含对财务资本和物质资源节约的研究。在这个意义上，循环经济理论与经济学是完全一致的，同时经济学的基本理论对循环经济的解释力是毋庸置疑的（图11-1）。

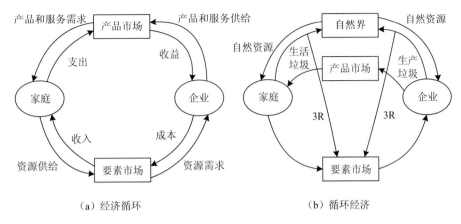

图 11-1　经济循环和循环经济的区别与联系

11.1.2　资源节约的二重性

循环经济资源节约具有物质形态节约和价值形态节约的二重性。循环经济要求既循环又经济，追求经济效益与生态效益的统一，即通过资源的循环利用，提高资源生产率，实现资源节约使用和资源消耗成本降低、资源利用效益增加的目的。因此，循环经济本质上仍然是一种经济活动，具有资源节约的经济含义。从系统经济学的角度就是实现"物质流、价值流与信息流协同"。这种含义可以进一步解释为三点：

（1）生产成本的节约。通过资源耗费的减少，节约资源购买成本，进而降低生产成本，达到"价值流与物质流的协同"。

（2）交易成本的节约。通过信息替代物质，通俗地说，就是用比特（byte）代替原子（atomy），减少资源的使用和流动，进而减少能量的消耗，最终节约现金流量和资金成本，实现"价值流与信息流的协同"。

（3）生命成本的节约。由于资源流量的减少，物质流动一定程度上为信息流动和知识交换所代替，经济活动的减物质化导致商品变得耐久和轻巧，能量消耗也大为降低，因此，原本需要消耗的大量人类体能被节约下来，节约了劳动时间，降低了劳动强度，闲暇增加，工作轻松，劳动者的生命成本大大节约，生活质量和工作效率大大提高，从而实现"物质流、价值流与信息流协同"。

从经济循环到循环经济，不是简单地理解为经济活动的形态发生转变，根本性的应是经济运行机制的转换，而经济运行机制的转换是以微观经济主体行为（包括约束条件、决策目标、均衡状态）的变化、微观基础（经济主体之间的利益关系调整，经济组织形态的变化）、经济运行条件（经济体制、产权、非正式规则）、产业技术支撑等为条件，实现经济系统调节方式的创新、治理机制的演化，从而形成更具资源生产率的经济体系。这些最终构成经济增长方式转变的基础和关键。

11.1.3　循环经济的内涵及外延

循环经济内涵的 3 个层次：

（1）循环经济是一种新的发展理念。发展循环经济要体现"节约资源"和"保护环境"的精神，在工业化和城乡建设过程中，重视"从摇篮到摇篮"的生命周期管理。循环经济可以发展，是坚持以经济建设为中心，将发展作为"第一要务"，用发展的思路解决资源约束和环境污染的重要途径。

（2）循环经济是一种新的生产方式。循环经济与传统生产方式的根本区别在于：传统的经济增长模式将地球看成是无穷大的取料场和排污场，系统的一端从地球大量开采自然资源生产消费产品，另一端向环境排放大量废物，以"资源—产品—废弃"为表现形式，是一种线性增长模式；这是因为经济活动中的实物流量越大 GDP 就越大。循环经济强调在生产和再生产的各个环节利用一切可以利用的资源，按"物质代谢"和"共生"关系延伸产业链，以"资源—产品—再生资源"为表现形式，是对"大量开采、大量消费、大量废弃"的传统发展模式的根本变革，是可持续的生产方式和消费模式。更详细的区别见表 11-1。

（3）循环经济是一种新的产业形态。循环经济可以通过发展资源节约产业和产品、综合利用产业和产品、废旧物资回收以及环保产业，为经济社会可持续发展提供保障。经济是相对于产业而言的。没有产业也就无所谓经济；不落到产业上，循环经济也就难以持续发展。发展循环经济的核心是"变废物为财富"，提高资源利用效率，从源头减少废弃物排放，实现经济社会发展与资源、环境的协调和良性循环。例如，利用焦炉煤气来发电，既可以增加能源供应，又可以减少废弃物排放，一举两得。从这个意义上说，我国大力推进循环经济的目的是贯彻以人为本的科学发展观，是建立资源节约型、环境友好型社会的重要途径，是实现我国经济社会可持续发展的重大实践。

表 11-1　传统生产方式和循环经济生产方式的比较

传统生产方式	循环经济生产方式
大量生产	最优生产
假定不存在资源约束	假定存在资源约束
利润最大化，不承担环境责任	正利润，承担环境责任
以资源低价格维持大规模生产	资源价格反映资源稀缺程度
资源依赖性增长模式——物质经济（产品经济）	非物质化增长模式——知识经济（功能经济）
生产者责任止于销售环节	生产者责任延伸（延长产品寿命、服务创新、生态设计、产品回收等）
大量消费	最适消费
片面追求产品的便利性而不顾资源浪费和环境污染	追求便利性同时兼顾环境负荷
产品周期缩短，即用即丢	延长产品寿命，循环使用
占有产品，强调数量，排他性使用	获得服务，重视功能，尽可能共享
大量废弃	最少废弃
大量生产造成大量排放，大量消费造成大量废弃	尽可能减少排放物进入环境，或无害化处理
废物排放速率超过环境吸纳能力	废物排放速率与环境吸纳能力相适应
末端治理	全程控制

11.1.4　循环经济视角下生态文明的实践形式

11.1.4.1　循环经济与资源综合利用和废物回收利用的关系

　　二者既有相同之处，也有区别。① 涵盖内容不同。资源综合利用包括 3 个部分：一是资源开采过程中对共生、伴生矿的综合开发和合理利用，二是对生产过程中产生的"三废"物质和余热、余压的回收利用，三是对社会生活中产生的各种废旧物资进行回收和再生利用。循环经济不仅注重资源的循环、再生利用，还强调资源减量使用和高效利用。② 侧重点不同。资源综合利用主要针对生产资料的回收利用，以解决工业生产中物资短缺和供应紧张；而循环经济还强调城市生活垃圾的综合处理，以实现资源节约和环境友好。③ 运行机制和实施方式不同。资源综合利用主要靠行政命令和计划手段来实施，循环经济则主要靠市场机制、经济手段来实现。

11.1.4.2 循环经济与污染治理、环境保护的关系

循环经济是全过程、系统化地对经济系统进行规划和管理的经济活动方式，而污染治理则是末端治理模式的主要做法。二者的功能和目的有着显著的差异。需要指出的是，循环经济是环境污染的解决途径之一，但代替不了污染治理措施；并非所有污染物都能达到"零排放"，因而需要终端处理和最终处置；目前我国局部地区的大气污染、水污染已相当严重，问题的最终解决还是要靠"末端治理"；国外发展循环经济，最初是从垃圾或废弃物减量化和循环利用角度提出的，国外河流的污染也是靠末端治理才取得成功的。

11.1.4.3 循环经济与清洁生产的关系

二者在资源利用效率和废物减排方面有着共同之处，主要区别在于循环经济侧重于社会经济领域，追求"从摇篮到摇篮"，实现人与自然的和谐；而清洁生产则主要限于生产领域的技术层面，追求"从摇篮到摇篮"，最大限度减少污染排放。二者关系也非常紧密，清洁生产是从产品生产角度推行循环经济，属于微观层面的循环经济；而且清洁生产主要解决的一系列技术问题，为循环经济的实施提供技术保障。因此，清洁生产是循环经济的基础和保障。

11.1.4.4 循环经济与绿色消费的关系

绿色消费为循环经济的推行提供群众基础和社会舆论。作为新型消费模式，"绿色消费"有三层含义：从消费倾向看，它是倡导消费者在消费时选择未被污染或有助于公众健康的绿色产品；从消费后果看，它是在消费过程中注重对垃圾的处置，避免环境污染。从消费意识看，它引导消费者转变消费观念，崇尚自然、追求健康，在追求生活舒适的同时，节约资源和能源，实现可持续消费。这些特征表明绿色消费为循环经济发展提供内在动力。

11.1.4.5 循环经济与生态工业的关系

生态工业是模拟生态系统的功能，建立起相当于生态系统的"生产者、消费者、分解者"的工业生态链，以低消耗、低（或无）污染、工业发展与生态环境协调为目标的工业。资源生产部门、加工生产部门和还原生产部门三大工业部门分别扮演生产者、消费者、分解者的角色，由此构成工业生态链。循环经济不仅包括工业部门的生态生产链，还包括农业部门和服务业生态链；不仅包括生产领域还包括消费领域和整个社会的资源循环利用；不仅通过规划设计和科学管理，还需要政府统筹

协调、市场经济驱动和公众积极参与。由此看来，生态工业只是循环经济的一个重要组成部分，循环经济的范围和内涵更广泛、更深厚。

11.2 循环经济的生态化特征

11.2.1 循环经济的生态理念：减物质化

11.2.1.1 减物质化：循环经济的理念创新

（1）减物质化（非物质化）与循环经济的关系。循环经济的本质是生态经济，其基本理念是经济系统的减物质化（Dematerialization）。经济的减物质化理论主张以最少的自然资源实现人类的舒适生活，以最少的原料获得经济效益。其根本意图就是满足相同效用的条件下削减消费的物质数量，变供应产品为提供服务。简言之，就是"make more with less"。

非物质化则提供了一个充满希望的战略，它有助于实现可持续的、以知识为基础的和服务导向的经济更快更系统的发展。作为一种高度创新的模式，减物质化是一个面向知识经济、促进结构变迁的战略。非物质化的目标不管是 10 倍还是 4 倍都很重要。后者以目前知识和技术水平就可实现，但它对结构变迁的速度影响是有限的；前者则形成了对新知识新技术的强烈挑战，因此可视为结构变迁的发动机。减物质化的理念通过提高资源生产率、知识基础的新服务经济、生态智能产品（服务）来实现。

（2）减物质化的含义。循环经济是以"3R"为基本原则，通过物质循环利用和能量梯次利用，达到资源节约使用和环境保护的目的，实现经济与生态的和谐共生。因此，其本质意义就是经济系统的减物质化（Dematerialization）。"减物质化"概念最早是在 20 世纪 90 年代由菲德烈·斯密特-布列克（Friedrich Schmidt-Bleek）提出，他认为，经济达到可持续发展水平时，物质流量应该减少一半。

减物质化又称为解物质化或低物质化。它是指使用环保再生原料和先进设计工艺，提倡环保优先设计，回收优先设计，强调生产者责任，形成闭合循环回路以便重复使用元器件，从而降低生产过程中的资源消耗，避免或减少资源消耗和废弃物排放。

对减物质化的理解包括以下几个方面：

☞ 减物质化的经济含义就是在实现一定的经济增长目标的同时尽可能地减少进入经济系统的物质（能量）流动。

☞ 减物质化的生态学含义是以最少的自然资源实现人类的舒适生活，以最少的原料获得经济效益，在满足同样的效用水平时，不降低生态水平，甚至通过生态化设计更有利于提高生态系统的质量，增强其运行功能。其根本意图就是削减消费数量，变供应产品为提供服务。简言之，就是"make more with less"。

☞ 减物质化的系统学含义是物质流、价值流和信息流的协同运行。通过信息流替代或节约物质流，同时带动更大的价值流；通过价值流补偿物质流而使经济系统和生态系统和谐互动。信息流和价值流的协调可以导致交易成本的节约，物质流和价值流同步则带来生产成本的节约，物质流、价值流和信息流的协同则导致财务成本和物质资源的整体和共同节约。

☞ 与减物质化密切相关的一个概念是非物质化（Immaterialization）。非物质化又称为去物质化或脱物质化。它是指用非物质形式取代有形物质的产品和消耗方式，从源头上控制废弃物的产生，实现社会经济的良性循环。非物质化是消费与生产的一种理想状态，提倡非物质性服务和消费，通过改变消费者行为，建立以满足基本生活需求为前提的可持续消费观，从而避免或减少资源消耗和废弃物的产生。

（3）减物质化的技术方法和管理方法。主要技术方法有 5 种：① 替代，如四乙基铅、氟利昂等的禁用；② 创新，25 kg 光纤传输量相当于 1 t 铜线传输量（生产中的能耗减少 95%）；③ 信息化，无纸办公等；④ 高性能化，高强度、低密度、材料制造工艺；⑤ 分子租用（Rent a Molecule），如溶剂、催化剂等。

通过提高生态效率来实现减物质化的管理方法变革。具体的减物质化的方法见表 11-2。

表 11-2　减物质化的管理方法

管理方法	产品改善	生产方式	生态效率：可期望提高倍数
工艺改进：生产改进（Production Improvement）	更合理地生产同种产品	钢生产连铸连轧	1.5～2
产品改进：产品再设计（Product Redesign）	同样产品，性能提升	超高强度微晶钢	2～4
产品替代：功能创新（Function Innovation）	产品不同，而功能相同	光导纤维替代铜线传输信号	4～10
消费转型：系统创新（System Innovation）	更有效地使用产品，生产—消费结构变革	占有产品的"使用功能"而不是产品本身，如催化剂、溶剂租用	10～20

11.2.1.2　减物质化的影响因素

减物质化又称为物质减量化，它要求绝对或者相对地减少生产或服务过程中的物质消耗和废物产生，即用更少的资源来实现社会功能。去物质化理念是由多种因素引起的。

（1）资源稀缺性与成本因素。经济的发展导致资源短缺程度越来越严重，基本资源及材料的价格、加工成本和能耗等越来越高，于是原材料成本上升，因此就出现了去物质化的思想。物质减量化意味着减少稀缺资源的使用，从而降低生产成本。

（2）替代材料的产生进一步推动了物质减量化的进程。材料科学的发展以及新材料技术的运用，改变了资源的经济属性。随着新材料技术的产业化水平提高，新材料产品大规模生产导致成本下降，新材料的替代性增强，进而改变稀缺资源对经济活动的"瓶颈"制约。

（3）服务业的发展也促进了物质减量化的发展，随着服务业的发展，产品的生命越来越长，消耗的产品量越来越少，必然减少了资源的消耗和废弃物的产生。

（4）知识经济发展和信息替代作用。传统经济是物质经济，具有资源依赖性。知识经济则是非物质经济，对资源依赖性大为减弱。知识经济以知识的生产、创造和服务为主，知识的可复制性、传播性、共享性等特点决定了经济活动中物质流量很小。尤其是信息经济的扩展，降低了资源的消耗和物质的流动，通过信息流替代物质流达到同样的目的；另外，信息的先导性和异步性也能减少物质的盲目流动，从而减少经济活动中的资源浪费。

11.2.1.3 物质减量化的实现途径

物质减量化在层次上分为减物质化和去物质化，体现了不同程度的物质减量要求。减物质化使经济活动"轻化"，去物质化使经济活动"软化"。经济活动"轻化"和"软化"最终让经济系统"绿色化"。这些要求可通过多种途径实现。

（1）在减物质化方面的途径有：① 减少特定经济功能的物质消耗，提高物质利用效率。改进生产设备，优化生产工艺，改善生产管理，推广节能降耗技术和产品，减少生产过程中的资源能源消耗。② 使用替代材料（用轻质材料代替重质材料）。例如，在体积上通过小型化、轻型化，在材料上使用环保替代材料，在相同或甚至更少的物质基础上获取更多的产品和服务，或在获取相同产品和服务功能的同时，使新物质和能量投入最小化；在大型工业项目中，采用低能耗和低物耗的高科技产品，减少对钢铁、化工产品和化石燃料的依赖。③ 物质再利用/再循环。利用二次物质资源以减少对一次资源的需求。④ 减少单个消费者对产品的需求。例如，产品的维护和升级，大型昂贵商品的共同使用。

（2）在非物质化方面的途径有：① 信息替代与产品智能化。非物质化通常表现在数字化技术的替代作用上，即在传递信息和交流中不再使用实物形态的手段。这种非物质化技术也被称为可持续替代性服务（Sustainable Service Substitution，3S）。非物质化还要求经济发展不再依赖于自然物质资源，而是取决于人类的创造力，取决于人类创造"内容"的质量和效率。[①] ② 产品服务化。借助产品服务来延长产品的使用寿命，这种产品服务系统（Product Service and System，PSS）要求在产品设计时，考虑易于维护和修理，并使这种服务成为生产者的核心能力。③ 商业模式创新。在传统的商业模式下消费者购买的是产品，在非物质化的商业模式下，消费者购买的是服务，是产品的功能。因此，通过商业模式创新有助于实现非物质化。具体的新型商业模式有绿色营销、集约使用、产品租赁、延长使用周期等。

非物质化的经济含义是物质流、价值流和信息流的协同运行。通过信息流替代或节约物质流，同时带动更大的价值流；通过价值流补偿物质流而使经济系统和生态系统和谐互动。信息流和价值流的协调可以导致交易成本的节约，物质流和价值流同步则带来生产成本的节约，物质流、价值流和信息流的协同则导致财务成本和物质资源的整体和共同节约。

---

① 黄海峰、刘京辉等：《德国循环经济研究》，北京：科学出版社，2007年版，第318页。

非物质化的经济活动导向是功能经济。所谓功能经济，就是为了满足人们需要，产品必须具备"效用传递机器"的功能。人类因这些产品和服务所产生的功能而满足，并不是因其存在而满足。功能经济的价值来源于产品是实际表现特征和使用价值。

11.2.2　经济效率与生态效率的统一：功能经济

莱斯特·R·布朗（2003）在其新著《B 模式 2.0：拯救地球延续文明》提出了"新经济模式"，其中一个重要部分就是发展功能服务产业和循环经济。比如说，与目前以汽车为中心的模式相比，未来的交通体系将更加多样化，广泛利用轻轨、自行车和汽车。其目标是加强移动性，而不是汽车的所有权，促进服务业的大力发展。目前的丢弃式经济也将被综合性重复利用和循环利用经济所取代，从汽车到电脑等消费品将被设计成可以分解成零件并被充分地循环利用，一次性饮料包装等丢弃式产品将被淘汰。

11.2.2.1　循环经济以功能经济为发展导向

（1）循环经济是功能经济。传统工业的产品经济与产业生态学所倡导的功能经济的区别在于前者的经济价值来源于以物质形式存在的产品的交换，而后者的经济价值来源于系统的服务和实际效果。在功能经济条件下，满足消费者效用的是产品所提供的功能而不是产品自身，生产商生产的目的是满足消费者的某种功能需求，而不是提供某种包装精美的固定产品。

循环经济模式下的生产和消费活动不是获得对物质产品的占有权，而是使用权。循环经济应该是功能导向的经济，而不是产品导向的经济。功能经济以产品功能最优而非产品数量最大为生产目的。在功能经济下，产品仍由生产者拥有，生产者可以在适当的时间将产品回收进行再加工，从而实现以产品再利用代替物质的再循环。循环经济推动经济活动由物质消耗向价值提升转变，由数量扩张向质量、功能改进转变；循环经济不是单纯的经济要素，而是一个价值创造过程。

（2）功能经济的内涵。所谓功能经济，就是为了满足人们需要，产品必须具备"效用传递机器"的功能。人类因这些产品和服务所产生的功能而满足，并不是因其存在而满足。对物质产品及其功能和服务概念的分析，系统边界以及相应的生态基准就会扩大。企业在服务传递方面的绩效可以从 4 个方面评价和度量：① 需要层次。企业行动的结果是满足人们的需要。因此，生态基准始于主要服务的决定因素，那么，相关需要的系统边界必须界定。② 功能层次。由于需要因功能和功能集合而满足，还由于同样功能可由完全不同的产品或技术来实现，因此，对那些用于传递给终端用户服务的功能性效率进行生态基准调查和比较，如资源生产率、有毒物质的潜在风险等。③ 产品层次。对贯穿服务的整个生命周期的产品效率进行生态基准调查和比较。④ 产品的生产、包装、运输和分配层次。从经济单位到消费者对不同流程效率进行生态基准调查和比较。

11.2.2.2　功能经济的原理和要求

功能经济的基本原理是：增加财富，但不扩大生产，通过优化产品和服务的使用方法和功能，来优化现有财富（产品、知识和资源）的管理，从而减少自然资源的使用和废物的产生。功能经济的目标是：最充分、最长时间地利用产品的使用价值，同时消耗最小的物质资源和能量，因此这种经济是可持续的、减物质化的（王如松等，2003：44）。

功能经济的价值来源于产品的实际表现特征和使用价值。由于功能经济中的生产者以提供产品的功能为目的，这对企业建立灵活多样、面向功能的生产结构和体制，并随时根据市场及环境的变化调整产品、产业结构及工艺流程，实现产品的升级换代有促进作用，从而对产品设计是否具有可升级性提出要求。

如果说减物质化的经济运行引导企业从制造和销售产品转向为消费者提供基于产品的服务，并促进环境友好型资源消费和产品使用。那么，功能经济则引导消费者从拥有产品实体转向享受产品的功能。这样生产者从关注产品的数量转变为关注产品的质量，消费者从关注产品特征转变为关注服务特征。当产品使用和产品回收成为服务活动的内在组成部分时，产品生产者的外部成本现在被内部化了。当消费者关注产品服务和功能价值后，消费者消费的负外部性就大大减少了。

11.2.2.3　从产品经济到服务经济

从产品占有到功能占有，产品提供商的主要业务由出售产品转向提供服务，见表 11-3。

例如，美国化工巨头 Dow 化学公司最近推出了一种关于含氯溶剂的"分子租用"（Rent a Molecule）的新概念。Dow 的用户不再购买分子本身，而是购买它的功能。他们在使用完之后把溶剂还给 Dow，由 Dow 将其再生处理。

表 11-3 产品的服务化

产品类别	产品服务 （产权归业主）	使用服务 （使用权归业主）	安全服务 （产权归服务单位）
地毯、花木、热带鱼景观	维持保洁	清洗、补足、回收，更新品种	短期租赁中保证废弃物处置
洗衣机、汽车	维护、保护运行，保险	产品租赁，大修，更新换代，型号提升	洗衣店全面服务，公共汽车
催化剂、溶剂	质量保证，适用性保证	产品配方保证，再生、提纯，使用后废产品回收处理	
大型起重机械			短期租赁

11.3 循环经济系统运行的生态化

11.3.1 循环经济的运行特征

11.3.1.1 循环经济的技术经济要求

循环经济的技术体系以提高资源利用效率为基础，以资源的再生、循环利用和无害处理为手段，循环经济具有以下四点技术经济特征：

（1）提高资源利用效率，减少生产过程的资源和能源消耗。这是提高经济效益的重要基础，也是污染排放减量化的前提。

（2）延长和拓宽生产技术链，将污染尽可能地在生产企业内进行处理，减少生产过程的污染排放。

（3）对生产和生活用过的废旧产品进行全面回收，可以重复利用的废弃物通过技术处理进行无限次的循环利用。这将最大限度地减少初次资源的开采，最大限度地利用不可再生资源，最大限度地减少造成污染的废弃物的排放。

（4）对生产企业无法处理的废弃物集中回收、处理，扩大环保产业和资源再生产业的规模，扩大就业。

11.3.1.2 循环经济的物质流过程

循环经济按照经济运行的流程存在多重物质流，并归一到生产过程。在更大范围内，社会经济的不同层面也存在多重物质流，如社区循环经济、城市循环经济、区域循环经济以及跨区域循环经济。循环的空间尺度越大，对循环经济产业链的构建越具有完整性。不过从低碳角度考虑，由于大范围的物质流通带来能量的消耗以及为保障物质运输的安全性而支付更高的经济成本和能源成本，则与循环经济的初衷发生偏离。

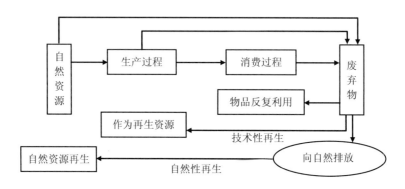

图 11-2　多重循环的物质流

11.3.2　循环经济系统的动力机制

循环经济系统运行的动力机制是物质流、能量流、信息流、价值流的运动、变化、相互作用，推动经济系统可持续发展。这种关系表现为物质流、能量流、价值流的循环转化，信息流与价值流的动态匹配，物质流、能量流、信息流的协同，最终达到物质流、能量流、信息流、价值流的统一[①]。

11.3.2.1　物质流、能量流、价值流的循环转化

物质流、能量流、价值流的循环转化表现为物质流、能量流、价值流的融合与分离。既可从微观层面产品全生命周期考察物质流动和价值流动，也可从宏观层面经济运行的流程考察产品流动和货币流动。

（1）物质流、能量流与价值流的融合。融合过程分为两个阶段：第一阶段是价值流转化为物质流和能量流阶段。这是社会生产活动的准备阶段，即把货币转化为

---

① 沈满洪：《生态经济学》，北京：中国环境科学出版社，2008 年版，第 101～106 页。

生产所需要的物质、能量和劳动。生产一经开始，货币的作用就退出，代之而起的是在科技手段作用下的货币转化形态：经济物质和能量的运动。生产过程的经济物质和能量实际上是价值流的物质承担者。第二阶段是经济物质和能量流与生态物质和能量流的融合阶段。也就是人造资本和自然资源的结合，在这个过程中，人的劳动成为经济物质和能量流与生态物质和能量流融合的纽带，使经济物质和能量流与生态物质和能量流融合生成新产品，物质和能量的流动转化形成新产品的转移价值，劳动形成产品的新增价值。需要指出的是，循环经济中，当物质循环利用和能量梯次利用时，不是简单的价值转移，还包含资源环境价值的再发现和再恢复。

（2）物质流、能量流与价值流的分离。分离过程可分为两个阶段：交换过程的部分分离和消费阶段的完全分离。前者是指商品交换的所有权让渡和价值转移，此时没有发生物质和能量的流动，主要是信息流动；当交换完成后，才发生商品流动，因此，这一过程物质（能量）流与价值流是分离的。由于交换过程也发生一定的物质（能量）流动，并需要投入人类劳动，即使是信息流动也需要凝结大量的人类劳动，因此说，这种分离是部分分离。这一过程越短、信息流动越充分，越有利于经济效率和生态效率的提高，否则容易发生经济系统的紊乱，甚至是生态系统与经济系统的冲突。

在消费阶段，物质流、能量流与价值流是完全分离的。消费者获得商品并消耗商品，把商品和商品服务转化为自身再生产需要的物质和能量，形成自身的脑力和体力。这一过程是纯粹的物质流动和能量流动，不存在价值流动。

11.3.2.2 信息流与价值流的动态匹配

信息具有资源配置、要素联结和协调的功能，还由于它具有异步性特征，可以解决意识与实事的超前以及时空差异问题。它将使人类社会的制度、组织、管理结构以及生产方式、消费方式和思维方式产生一系列的变化；信息资源也将在很大程度上减少不可再生资源的消耗，使其得到更合理的配置。这种建立在高效的信息反馈和信息控制基础上的新机制，是实现事前交换的客观基础。价值流是经济主体为实施经济活动、获取经济效益而投入的死劳动和活劳动。在市场经济中，个体是理性决策的，但由于决策短视、合成谬误和囚徒困境等因素，会产生集体非理性，整个经济系统的价值流是否能够正确反映经济运行的规律，以及能否科学地引导物质流和能量流，需要足够的信息来支持个体决策和政府决策。

11.3.2.3　物质流、能量流、信息流的协同

协同学原理认为，系统由于其各子系统的协同作用可达到熵产生为最小的有序结构。任何一个系统都存在物质、能量和信息的交换，在时间和空间上形成物质流、能量流、信息流（在经济系统中还存在人员流和价值流），它们之间相互依存，相互作用。如果把整个生态经济系统视为一个大系统，物质流、能量流、信息流分别是其 3 个小系统，那么，通过这 3 个小系统的协同作用达到熵产生最小的有序结构，从而使整个大系统达到最佳效果。物质流、能量流、信息流都具有一定的熵。通常，物质流、能量流的熵因流动而增加，而信息流的熵因流动而减少。因此，可以通过信息流的熵减来弥补物质流、能量流的熵增，从而使大系统的熵值最小，以达到物质流、能量流、信息流的协同。

11.3.2.4　物质流、能量流、信息流、价值流的统一

社会生产和再生产过程是物质转换的生态过程和价值形成与增值过程的统一，在物质流、能量流、价值流的循环转化过程中，信息流始终存在并贯穿其中，形成复杂的信息网，在物质流、能量流、价值流三者之间不断储存、传递、转化，对生态经济系统起着调控和指导作用。信息流对物质流、能量流、价值流相互融合和分离的作用必不可少，是物质流、能量流、价值流的外化形式和客观反映。因此，社会生产和再生产过程是物质流、能量流、信息流、价值流的汇合。

在整个生态经济系统中，物质流、能量流是系统运行的物质基础，物质流是系统的活动载体，构成系统的"骨架"；能量流是系统的动力功能，牵引和推动系统的运转。信息流是系统的"神经功能"，调节和控制系统运行的方向、速度和规模。价值流是系统的"造血功能"，为系统运行和发展提供活力和刺激。四大功能相互联系、相互作用，共同推动生态经济系统协调运转与和谐发展。

第 **12** 章

绿色文明的节能减排之道——低碳经济

低碳经济具有强烈的节能减排要求，不但直接表现为低碳能源、低碳产业、低碳技术等表观形式，而且推动经济社会在七大领域的低碳化，引发经济社会转型。发达国家的先行探索有助于我国低碳经济制度的建设。

12.1 低碳经济与绿色文明

12.1.1 能源革命引领产业升级

12.1.1.1 能源产业结构变革

所谓低碳经济，是指在可持续发展理念指导下，通过技术创新、制度创新、产业转型、新能源开发等多种手段，尽可能地减少煤炭、石油等高碳能源消耗，减少温室气体排放，达到经济社会发展与生态环境保护"双赢"的一种经济发展形态。它是以低能耗、低污染、低排放为基础的经济模式。

低碳经济有两个基本点：①它是包括生产、交换、分配、消费在内的社会再生产全过程的经济活动低碳化，把二氧化碳排放量尽可能减少到最低限度乃至零排放，获得最大的生态经济效益；②它是包括生产、交换、分配、消费在内的社会再生产全过程的能源消费生态化，形成低碳能源和无碳能源的国民经济体系，保证生态经济社会有机整体的清洁发展、绿色发展、可持续发展。

低碳经济实质是改造传统生产和需求、提高能源利用率、清洁能源开发、追求绿色 GDP，其中的核心问题是能源技术和减排技术创新、产业结构和制度创新以及人类生存发展观念的根本性转变。

能源是我们人类赖以生存和发展的重要物质基础。当前我国经济正处于快速增长阶段，各项建设取得了举世瞩目的成就，但是高碳模式的发展必然会导致资源匮乏与环境破坏。我国当前的工业化是以煤为主的能源结构和以重工业、化工业为主的产业结构，随着化石能源被大量的消耗，碳排放日益增大，全球生态系统出现前所未有的破坏。气候变暖对人类的生存与发展产生了严峻的挑战，而大气中二氧化碳浓度升高带来的全球气候变化已经是不争的事实。在此背景下，遏制全球温度继续升高，减少经济发展对资源的依赖和对环境的破坏是刻不容缓的。转变经济发展方式，大力发展低碳经济，快速使能源产业结构变革，才能使经济稳定可持续发展。① 国际能源和资源产品不断大幅涨价，对之依存度越高，抗风险能力就越差，严重影响经济增长的稳定性；② 碳排放正在成为发达国家新的"绿色壁垒"，限制中国传统优势产品的出口；③ "碳排放权"将成为未来国际重要的战略资源。

世界各发达经济体都在大力发展低碳经济，把开发新能源、新的汽车动力、清洁能源、生物产业等作为经济增长的重要动力，走出国际金融危机新的增长点。在我国，面对传统经济增长方式的不合理，稀缺资源以极不经济的方式被消耗，党的十八大报告提出转变经济发展方式，其中要把关注 GDP 向科学发展转变，而低碳经济是科学发展的必然选择。在保持经济稳定增长的同时，要解决环境污染的问题，重点应该在资源节约与环境友好两个方面实现经济转型。

（1）升级传统工艺技术，发展资源节约型产业，提高资源利用效率。调整和升级产业结构，大力发展聚集型的低碳产业链，推动产业链内部的循环利用，优化能源结构。尽可能地以较少的能源代价制造出尽可能多的产品。当前，我们还没有有效地利用可替代资源，传统的资源利用方式在较长的一段时间内仍然是主要的生产方式，升级传统资源利用的技术，使得更为有效地利用每单位资源比开采更多的资源更具有经济意义。

（2）大力研发环境友好型的新能源利用技术。推广自主创新研发、国内外技术合作开发以及购买国外技术的战略发展低碳经济。现阶段的清洁能源主要包括作为一次可再生能源的太阳能、风能、水能、生物质能、潮汐能等，作为一次不可再生资源的核能，作为二次能源的氢能等。应用清洁能源不会污染环境，可以极大地减少二氧化碳等温室气体的排放，降低温室效应。

12.1.1.2 以低碳经济为核心的产业革命来临

2009 年哥本哈根气候变化会议的召开，以低能耗、低污染、低排放为基础的经济模式——"低碳经济"呈现在世界人民面前，发展"低碳经济"已成为世界各国的共识，倡导低碳消费也已逐渐成为世界人民新的生活方式，低碳发展将逐步成为全球意识形态和国际主流价值观，低碳经济以其独特的优势和巨大的市场已经成为世界经济发展的热点，低碳经济必将成为未来社会经济发展的主流模式。

世界各发达经济体都把发展低碳经济，把发展新能源、新的汽车动力、清洁能源、生物产业等作为走出国际金融危机的新增长点。奥巴马上任之后就在美国国内积极推动气候立法，令众议院通过了《清洁能源安全法案》（ACES）。欧盟提出在 2013 年前投资 1 050 亿欧元，用于环保项目和相关就业，支持欧盟区的绿色产业，保持其在绿色技术领域的世界领先地位。英国在 2009 年 7 月公布的低碳转型规划中，明确提出企业要最大限度地抓住低碳经济这一发展机遇，在经济转型中确保总体经济资源和利益的公平分配。日本则制定了"最优生产、最优消费、最少废弃"的经济发展战略。

一场以低碳经济为核心的产业革命已经出现，低碳经济不但是未来世界经济发展结构的大方向，更已成为全球经济新的支柱之一。发展低碳经济，大力发展低碳产业、低碳能源和低碳技术，不仅是建设"两型"社会和生态文明的重要载体，也是转变发展方式，确保能源安全，有效控制温室气体排放、应对国际金融危机的根本途径。从长远看，发展低碳经济更是着眼全球新一轮发展机遇，实现我国现代化发展目标的重大战略任务。

12.1.2 低碳经济契合绿色文明的内在要求

12.1.2.1 人类文明进程中的低碳化诉求：第四次浪潮

全球低碳化掀起的第四次浪潮正在加速来临。在人类发展进程中，世界文明先后经历了三次浪潮，每次浪潮都有不同的内涵和特点。第一次浪潮是农业文明，实现人类农耕文明的兴起，带动农业的辉煌发展；第二次浪潮是工业文明，由农业文明向工业文明转变，带来工业化的飞速发展；第三次浪潮是信息化，引领信息化改革,全球进入知识经济时代。继工业化、信息化浪潮之后,世界将迎来第四次浪潮,即低碳化浪潮。走向低碳化时代是大势所趋。一直以来,人类对碳基能源的依赖,导致 CO_2 排放过度,带来温室效应,对全球环境、经济,乃至人类社会都产生巨大影响,严重危及人类生存,这比经济危机更为可怕。解决世界气候和环境问题,低碳化是一条根本途径,也是人类发展的必由之路。

工业文明时代的经济是碳基能源经济,是不可持续发展的经济;生态文明时代的经济是低碳无碳能源经济,是可持续发展经济。生态文明与低碳经济是在人类面对生态严重破坏与能源不可再生而提出的新的文明价值观,目的是为了解决生态危机与能源危机的问题,分别作为一种文明发展形态和一种经济发展模式,发展低碳经济,使得高碳经济与能源结构向低碳无碳结构转型,体现了工业文明转向生态文明,因此,发展低碳经济是建设生态文明的内在要求和重要标志,在本质上,它们有相同的核心价值。

12.1.2.2 低碳经济与绿色文明的同等价值观

生态文明是指人类遵循人、自然、社会和谐发展这一客观规律而取得的物质与精神成果的总和,是指以人与自然、人与人、人与社会和谐共生、良性循环、全面发展、持续繁荣为基本宗旨的文化理论形态。现代的生态文明自然系统观把人与人类社会归为地球生态系统的一个组成部分,而人类社会的发展状况和程度在很大程度上是受到地球生态系统的平衡状态约束的,所以人类的任何经济活动都要以保护地球自然生态系统为首要,绝不能肆意破坏。

低碳经济是一种新的经济发展模式,它将人、自然资源与科学等要素作为一个整体来考察人类的实践活动。低碳经济要求人类应该遵循生态学规律和经济学规律,合理约束对自然资源的利用,对资源的使用决不能超出生态系统的承载能力。因此生态文明与低碳经济在生态自然系统观上的价值观是相同的。

生态文明要求我们树立科学的自然伦理观,我们决不能以牺牲环境为代价来换取一时的经济增长,因此,我们要高效、公平、有节制地利用和开发自然资源,世界各个国家、民族和地区的人们都应共同承担保护地球生态环境的责任。科学的自然伦理观不仅应该成为每个人世界观、人生观和价值观的重要组成部分,而且应该将这些理念纳入国家法律法规体系,在全社会树立生态环境保护的氛围,为我国及世界生态文明建设创造思想和社会道德典范。从本质上讲,生态文明的伦理观念是一种责任伦理,要我们对未来人类负责任。

低碳经济是以生态伦理为基础的。在理念上强调人类在享有自然环境生存权利的同时，应该承担起保护和改善自然环境的责任和义务；强调人类享有利用自然资源的权利，同时负有保障自然资源合理开发的义务，在实践中强调能源的高效利用和清洁能源的开发，从而促进整个社会朝高能效、低能耗和低碳排放的模式转型，实现控制气体排放的全球共同愿景。低碳经济和生态文明具有同样的责任伦理价值取向。

可持续发展是指我们的发展是一种能满足当代人的需要的同时，又不对后代人满足其需要的能力构成危害的发展。可持续发展满足三大原则，所谓公平性原则，是指本代人之间的公平、代际间的公平和资源分配与利用的公平。人类社会的各代都处于同一生存空间，应该享有同等的生存权，我们不能为了满足自己的发展，而掠夺我们子孙后代人的发展机会。所谓持续性原则，是指人类经济和社会的发展不能超越资源和环境的承载能力。尽管人类的发展受到诸如人口数量、环境、资源与技术等限制因素的制约，但是，最为主要的制约因素是自然资源与环境，为此，我们应该将当前利益与长远利益有机结合起来，不能仅仅为了当前的利益而采用非持续性的发展模式。所谓共同性原则，是指各国可持续发展的模式虽然不同，但公平性和持续性原则是共同的。各个国家应该共同努力，来实现可持续发展的总目标，将人类的局部利益与全人类的整体利益结合起来。

生态文明不同于工业文明最明显的特点就是，生态文明是以环境的承载力为基础的，以人与自然、人与人、人与社会和谐共生为宗旨，着力强调所谓的代际正义，即人类与现代的其他成员以及过去和将来的世代一道，共有地球的自然、文化环境，使每代人都能享有平等地接触和使用气候资源的权利。这种代际公平是可持续发展的核心要义。

低碳经济倡导绿色消费、绿色经营模式。其指导思想是通过技术革新、制度创新，在不影响当前经济社会的发展的基础上降低能源和资源的消耗、最大限度地减少温室气体的排放、最大化利用有限的现有资源、大力开发新型绿色低碳能源，实现可持续发展战略。因此生态文明和低碳经济在可持续发展理念上的追求是一致的。

12.1.2.3 低碳经济与生态文明协同发展

低碳经济是一种新的经济发展模式，生态文明是一种新的发展理念。新的理念催生新的模式，新的模式又可以促进新的理念不断完善与发展。

工业文明是一种不可持续的社会发展形态,以生态文明理念为指导的未来社会是基于化石能源高效利用和可再生能源开发的低碳排放的经济发展模式,是将温室气体排放有效控制到尽可能低的一种经济发展方式,作为一种能够改善地球生态系统自我调节能力的可持续发展的经济形态,生态文明所倡导的从关注碳氢化合物的开发利用转向关注碳氢化合物的研究利用,构建以低碳或无碳能源为核心的技术体系和基础设施,正是低碳经济的核心内涵,生态文明不仅从理论上为低碳经济提供目标引导,而且在实践中也支撑着低碳经济的快速发展。

从人类社会进入工业文明之后,最大限度地开发利用自然资源,以此形成了高能耗、高开发、高污染和低利用的一种经济发展模式。与此同时,人类也遭受了自然界的惩罚,大量的温室气体的排放导致了全球气候变暖、生态系统退化、冰川融化等影响人类发展的灾害。为应对这些变化,低碳经济便作为一种伟大的能源变革方式应运而生,逐渐摆脱以化石能源为核心的能源结构,重视新能源技术的研发,使经济社会系统与自然生态系统保持一种稳定和谐的发展趋势,这正是生态文明所描绘的自由王国理念的要求之一。低碳文明可以极大地促进生态文明建设。

12.2 低碳经济发展模式

12.2.1 低碳经济的表现形式

在低碳经济背景下,"碳足迹""碳经济""低碳技术""低碳发展""低碳生活方式""低碳社会""低碳城市""低碳世界"等一系列新概念、新政策应运而生。而能源与经济以至价值观实行大变革的结果,可能将为逐步迈向绿色文明走出一条新路,即摒弃 20 世纪的传统增长模式,直接应用 21 世纪的创新技术与创新机制,通过低碳经济模式与低碳生活方式,实现社会可持续发展。

12.2.1.1 低碳能源

能源低碳化就是要发展对环境、气候影响较小的低碳替代能源。

低碳能源主要有两大类:一类是清洁能源,如核电、天然气等;另一类是可再生能源,如风能、太阳能、生物质能等。核能作为新型能源,具有高效、无污染等特点,是一种清洁优质的能源。天然气是低碳能源,燃烧后无废渣、废水产生,具有使用安全、热值高、洁净等优势。可再生能源是可以永续利用的能源资源，对环境的污染和温室气体排放远低于化石能源，甚至可以实现零排放。特别是利用风能和太阳能发电，完全没有碳排放。另外，利用生物质能源中的秸秆燃料发电，农作物可以重新吸收碳排放，具有"碳中和"效应。

12.2.1.2 低碳产业

"低碳产业"是以低能耗低污染为基础的产业。在全球气候变化的背景下，"低碳经济""低碳技术"日益受到世界各国的关注，低碳技术涉及电力、交通、建筑、冶金、化工、石化等部门以及在可再生能源及新能源、煤的清洁高效利用、油气资源和煤层气的勘探开发、二氧化碳捕获与封存等领域开发的有效控制温室气体排放的新技术。

12.2.1.3 低碳技术

低碳技术涉及的范围几乎遍及所有涉及温室气体排放的行业部门，包括电力、交通、建筑、冶金、化工、石化等。而在可再生能源及新能源、煤的清洁高效利用、油气资源和煤层气的勘探开发、二氧化碳捕获与封存等领域，开发的一些新技术，可以有效地控制温室气体排放，当然也是低碳技术。

低碳技术的类型可分为三类：第一类是减碳技术，是指高能耗、高排放领域的节能减排技术，煤的清洁高效利用、油气资源和煤层气的勘探开发技术等。第二类是无碳技术，如核能、太阳能、风能、生物质能等可再生能源技术。在过去 10 年里，世界太阳能电池产量年均增长 38%，超过 IT 产业。全球风电装机容量 2008 年在金融危机中逆势增长 28.8%。第三类就是去碳技术，典型的是二氧化碳捕获与封存（CCS）。

目前，中国发展低碳技术的活跃程度仅次于美国，中国政府提出减排目标后也使得中国将能成为全球低碳技术商业化最大的目标市场。① 以高能效技术来看，发达国家的综合能效，也就是一次能源投入经济体的转换效率达到大约 45%，而我国只能达到大约 35%。这两年，虽然有了很大的提高，但整体来看还是很落后，而且发展十分不平衡。② 如果分领域来看，电力行业中煤电的整体煤气化联合循环技术（IGCC）、高参数超超临界机组技术、热电多联产技术等，我国已经初步掌握，而且这两年进步很快，但仍不太成熟，产业化还有一定问题。③ 可再生能源和新能源技术方面，大型风力发电设备、高性价比太阳能光伏电池技术、燃料电池技术、生物质能技术及氢能技术等，与欧洲、美国、日本等发达国家相比，也还有不小差距。④ 在交通领域，如汽车的燃油经济性问题、混合动力汽车的相关技术等，我们虽然掌握了一些，但短时间无法达到产业化的水平。对于冶金、化工、建筑等领域的节能和提高能效技术，我们在系统控制方面，还无法达到发达国家的水平。

12.2.2　经济社会发展的低碳化

低碳化是一项系统工程，必须从经济和社会的整体出发，努力构建低碳化发展新体系。实现低碳经济应该着重在 7 个方面实现"低碳化"。

12.2.2.1　能源低碳化

能源低碳化就是要发展对环境、气候影响较小的低碳替代能源。低碳能源主要有两大类：一类是清洁能源，如核电、天然气等；另一类是可再生能源，如风能、太阳能、生物质能等。核能作为新型能源，具有高效、无污染等特点，是一种清洁优质的能源。天然气是低碳能源，燃烧后无废渣、废水产生，具有使用安全、热值高、洁净等优势。可再生能源是可以永续利用的能源资源，对环境的污染和温室气体排放远低于化石能源，甚至可以实现"零排放"。特别是利用风能和太阳能发电，完全没有碳排放。利用生物质能源中的秸秆燃料发电，农作物可以重新吸收碳排放，具有"碳中和"效应。

12.2.2.2　交通低碳化

当今交通领域的能源消费比 30 年前翻了 1 倍，其排放的污染物和温室气体占到全社会排放总量的 30%。实施交通低碳化是必然趋势。

积极发展新能源汽车是交通低碳化的重要途径。目前新能源汽车主要包括混合动力汽车、纯电动汽车、氢能和燃料电池汽车、乙醇燃料汽车、生物柴油汽车、天然气汽车、二甲醚汽车等类型。发展电气轨道交通是交通低碳化的又一重要途径。电气轨道交通是以电气为动力，以轨道为行走线路的客运交通工具，已成为理想的低碳运输方式。城市电气轨道交通分为城市电气铁道、地下铁道、单轨、导向轨、轻轨、有轨电车等多种形式。当然，也可以通过科学设计道路系统和科学规划交通体系来实现交通的低碳化。

12.2.2.3　建筑低碳化

目前世界各国建筑能耗中排放的 CO_2 占全球排放总量的 30%～40%。太阳能建筑主要是利用太阳能代替常规能源，通过太阳能热水器和光伏阳光屋顶等途径，为建筑物和居民提供采暖、热水、空调、照明、通风、动力等一系列功能。太阳能建筑的设计思想是利用太阳能实现"零能耗"，建筑物所需的全部能源供应均来自太阳能，常规能源消耗为零。

建筑节能是在建筑规划、设计、建造和使用过程中，通过可再生能源的应用、自然通风采光的设计、新型建筑保温材料的使用、智能控制等降低建筑能源消耗，合理、有效地利用能源的活动。建筑节能要在设计上引入低碳理念，选用隔热保温的建筑材料、合理设计通风和采光系统、选用节能型取暖和制冷系统等。

12.2.2.4 农业低碳化

中国一直重视农业的基础地位，在实施农业低碳化中主要强调植树造林、节水农业、有机农业等方面。

植树造林是农业低碳化最简易、最有效的途径。据科学测定，1 亩茂密的森林，一般每天可吸收二氧化碳 67 kg，放出氧气 49 kg，可供 65 人一天的需要。要大力植树造林，重视培育林地，特别是营造生物质能源林，在吸碳排污、改善生态的同时，创造更多的社会效益。

节水农业是提高用水有效性的农业，也是水、农作物资源综合开发利用的系统工程，通过水资源时空调节、充分利用自然降水、高效利用灌溉水，以及提高植物自身水分利用效率等诸多方面，有效提高水资源利用率和生产效益。

有机农业以生态环境保护和安全农产品生产为主要目的，大幅度地减少化肥和农药使用量，减轻农业发展中的碳含量。通过使用粪肥、堆肥或有机肥替代化肥，提高土壤有机质含量；采用秸秆还田增加土壤养分，提高土壤保墒条件，提高土壤生产力；利用生物之间的相生相克关系防治病虫害，减少农药特别是高残留农药的使用量。有机农业已成为新型农业的发展方向。

12.2.2.5 制造业低碳化

制造业低碳化是建立低碳化发展体系的核心内容，是全社会循环经济发展的重点。制造业低碳化主要是发展节能工业，重视绿色制造，鼓励循环经济。① 节能工业包括工业结构节能、工业技术节能和工业管理节能 3 个方向。通过调整产业结构，促使工业结构朝着节能降碳的方向发展。着力加强管理，提高能源利用效率，减少污染排放。主攻技术节能，研发节能材料，改造和淘汰落后产能，快速有效地实现工业节能减排目标。② 绿色制造是综合考虑环境影响和资源效益的现代化制造模式，其目标是使产品从设计、制造、包装、运输、使用到报废处理的整个产品生命周期中，对环境的影响最小，资源利用率最高，从而使企业经济效益和社会效益协调优化。③ 制造业低碳化必须发展循环经济。其基本要求是：在生产过程中，物质和能量在各个生产企业和环节之间进行循环、多级利用，减少资源浪费，做到污染"零排放"；进行"废料"的再利用。充分利用每一个生产环节的废料，把它作为下一个生产环节或另一部门的原料，以实现物质的循环使用和再利用使产品与服务非物质化。产品与服务的非物质化是指用同样的物质或更少的物质获得更多的产品与服务，提高资源的利用率。

12.2.2.6 服务业低碳化

中国服务业的发展必须走低碳化道路，着力发展绿色服务、低碳物流和智能信息化。

绿色服务是有利于保护生态环境，节约资源和能源、无污、无害、无毒，有益于人类健康的服务。绿色服务要求企业在经营管理中根据可持续发展战略的要求，充分考虑自然环境的保护和人类的身心健康，从服务流程的服务设计、服务耗材、服务产品、服务营销、服务消费等各个环节着手节约资源和能源、防污、降排和减污，以达到企业的经济效益和环保效益的有机统一。

物流业是现代服务业的重要组成部分，同时也是碳排放的大户。低碳物流要实现物流业与低碳经济的互动支持，通过整合资源、优化流程、施行标准化等实现节能减排，先进的物流方式可以支持低碳经济下的生产方式，低碳经济需要现代物流的支撑。

智能信息化是发展现代服务业的必然要求，同时也是有效的服务低碳化途径。通过服务智能信息化，可以降低服务过程中对有形资源的依赖，将部分有形服务产品，采用智能信息化手段转变为软件等形式，进一步减少服务对生态环境的影响。

12.2.2.7 消费低碳化

低碳化是一种全新的经济发展模式，同时也是一种新型的生活消费方式，实行消费的低碳化。消费低碳化要从绿色消费、绿色包装、回收再利用 3 个方面进行消费引导。

绿色消费也称可持续消费，是一种以适度节制消费，避免或减少对环境的破坏，崇尚自然和保护生态等为特征的新型消费行为和过程。要通过绿色消费引导，使消费者形成良好的消费习惯，接受消费低碳化，支持循环消费，倡导节约消费，实现消费方式的转型与可持续发展。

　　绿色包装是能够循环再生再利用或者能够在自然环境中降解的适度的包装。绿色包装要求包装材料和包装产品在整个生产和使用的过程中对人类和环境不产生危害，主要包括：适度包装，在不影响性能的情况下所用材料最少；易于回收和再循环；包装废弃物的处理不对环境和人类造成危害。

　　消费环节必须注重回收利用。在消费过程中应当选用可回收、可再利用、对环境友好的产品，包括可降解塑料、再生纸以及采用循环使用零部件的机器等。对消费使用过可回收利用的产品，如汽车、家用电器等，要修旧利废，重复使用和再生利用。

12.2.3　发达国家低碳经济的发展模式

12.2.3.1　政策引导、法律规范低碳经济发展

　　英国是低碳经济的倡导者，也是最积极推动低碳经济发展的国家。2007 年，英国推出全球第一部《气候变化法案》，2008 年开始实施，从而成为世界上第一个拥有气候变化法的国家；2009 年 4 月，英国又成为世界上第一个立法约束"碳预算"的国家。2009 年 7 月 15 日，英国政府又正式发布了《英国低碳转换计划》，英国能源、商业和交通等部门还在当天分别公布了一系列配套方案，包括《英国可再生能源战略》《英国低碳工业战略》《低碳交通战略》等。

　　日本近年来不断出台重大政策，将重点放在低碳经济上。2004 年，日本发起的"面向 2050 年的日本低碳社会情景"研究计划，其目标是为 2050 年实现低碳社会目标而提出的具体对策。2008 年 5 月，日本政府资助的研究小组发布了《面向低碳社会的十二大行动》。2009 年 4 月，日本又公布了名为《绿色经济与社会变革》的改革政策草案，目的是通过实行减少温室气体等排放措施，强化日本的低碳经济。

　　美国虽然没有签署《京都议定书》，但近些年来，美国十分重视节能减碳，如 2005 年通过的《能源政策法》，2007 年 7 月美国参议院提出了《低碳经济法案》，2009 年 6 月美国众议院通过了《美国清洁能源安全法案》。美国国务卿表示，美国政府致力于支持清洁能源技术和低碳经济发展，以应对全球气候变化。

12.2.3.2　重视低碳技术的研制开发

　　在低碳技术的研发中，欧盟的目标是追求国际领先地位，开发出廉价、清洁、高效和低排放的能源技术。英、德两国将发展低碳发电站技术作为减少 CO_2 排放量

的关键。他们认为，煤在中期和长期内仍将继续发挥作用，因此必须发展效率更高、能应用清洁煤技术的发电站。为此，英、德政府调整产业结构，建设示范低碳发电站，加大资助发展清洁煤技术、收集并存储碳分子技术等研究项目，以找到大幅度减少碳排放的有效方法。

日本作为推动低碳经济的急先锋，每年投入巨资致力于发展低碳技术。根据日本内阁府 2008 年 9 月发布的数字，在科学技术相关预算中，仅单独立项的环境能源技术的开发费用就达近 100 亿日元，其中创新型太阳能发电技术的预算为 35 亿日元。目前日本有许多能源和环境技术走在世界前列，如综合利用太阳能和隔热材料、大大削减住宅耗能的环保住宅技术，利用发电时产生的废热、为暖气和热水系统提供热能的热电联产系统技术，以及废水处理技术和塑料循环利用技术等。这些都是日本发展低碳经济的重要优势。此外，日本还持续投资化石能源的减排技术装备，如投资燃煤电厂烟气脱硫技术装备，形成了国际领先的烟气脱硫环保产业。

美国高度关注市场机制下温室气体减排的能源有效利用的技术创新，政府制定了低碳技术开发计划，成立了专门的国家级有关低碳经济研究机构，为从事低碳经济的相关机构和企业提供技术指导、研发资金等方面的支持，从国家层面上统一组织协调低碳技术研发和产业化推进工作。美国是世界上低碳经济研发投入最多的国家，2009 年 2 月联邦政府向国会提交了它的 2010 年（2009 年 10 月 1 日实施）年度预算。根据该预算，仅对清洁燃煤技术的研究就提供了 150 亿美元的拨款。目前美国正在加速下一代发电技术的研究、开发及示范，计划在 2012 年建成世界上第一个"零排放"发电厂。

12.2.3.3 发展可再生能源

英国是一个岛国，气候多变，能源不足，很重视可再生能源的发展。2009 年英国公布的"碳预算"中，提出到 2020 年可再生能源供应要占 15%，其中 30% 电力来自可再生能源，相应的温室气体排放要降低 20%，石油需求降低 7%。英国风力资源丰富，第一个海上风力发电站于 2000 年 12 月开始建设，经过近 10 年的发展，英国已成为全球拥有海上风力发电站最多、总装机容量最大的国家。目前英国陆、海风力发电站的电量足够供应 150 万个家庭使用。按计划，2009—2012 年，英国会投资 90 亿英镑用于发展海上风力发电，向 280 万个家庭供应电力。英国政府从政策和资金方面向可再生能源倾斜，确保英国在可再生能源发展方面处于世界领先地位。

德国 2004 年通过了可再生能源法，保证可再生能源的地位。确定了以下几个重点领域：① 大力发展风能，促进现有风力设备的更新换代。② 将清洁电能的使用率由 2004 年的 12%提高到 2020 年的 25%～30%，将热电年供的使用率提高 25%。③ 至 2020 年，建筑取暖中使用太阳能、生物燃气、地热等清洁能源的比例由 2004 年的 6%提高到 2020 年的 14%。目前，可再生能源工业正在德国迅速发展，可再生能源占整个德国能源消费的比重在逐年提高，已由 2003 年的 3.5%提高到 2008 年的 8.7%。发电行业中使用可再生能源所占的比重在 2008 年已达到 17%。

日本是世界上可再生能源发展最快的国家之一。2009 年 4 月，日本政府推出"日本版绿色新政"四大计划，其中对可再生能源的具体目标是：对可再生能源的利用规模要达到世界最高水平，即从 2005 年的 10.5%提高到 2020 年的 20%。日本在可再生能源方面注重发展地热、风能、生物能、太阳能，尤其以太阳能开发利用为核心，提出要强化太阳能的研制、开发与利用，计划太阳能发电 2020 年比现在增加 20 倍。为了实现这个目标，日本政府在积极推进技术开发降低太阳能发电系统成本的同时，进一步落实包括补助金在内的政府鼓励政策，强化太阳能利用居世界前列的位置。

12.2.3.4 运用经济手段刺激低碳经济发展

主要经济手段有碳税、财政补贴、税收优惠。

（1）碳税。开征碳税被发达国家认为是富有成效的政策手段。碳税是一种混合型税种，它的税率由该能源的含碳量和发热量决定，不同的能源由于含碳量和发热量不同，会有不同的税负，低碳能源的税负要低于高碳能源的税负。近几年，英国，美国、日本、德国、丹麦、挪威、瑞典等发达国家对燃烧产生的 CO_2 的化石燃料开征国家碳税，如英国对与政府签署自愿气候变化协议的企业，如果企业达到协议规定的能效或减排就可以减免 80%的碳税。

（2）财政补贴。政府对有利于低碳经济发展的生产者或经济行为给予补贴，是促进低碳经济发展的一项重要经济手段。英国对可再生能源的使用采取了一系列财政补贴措施。如英国的电力供应者被强制要求提供一定比例的可再生能源（从 2005—2006 年的 5.5%提高到 2015—2016 年的 15.4%）。与此相应，英国政府对电力供应者提供了一定补贴。丹麦在能源领域采取了一系列措施推动可再生能源进入市场，包括对"绿色"用电和近海风电的定价优惠，对生物质能发电采取财政补贴激励。加拿大自 2007 年起对环保汽车购买者提供 1 000～2 000 加元的用户补贴，鼓励本国消费者购买节能型汽车，减少 CO_2 排放。

（3）税收优惠。对低碳经济发展实施税收优惠政策是发达国家普遍采用的措施。美国政府规定可再生能源相关设备费用的 20%～30%可以用来抵税，可再生能源相关企业和个人还可享受 10%～40%额度不等的减税额度。欧盟及英国、丹麦等成员国规定对可再生能源不征收任何能源税，对个人投资的风电项目则免征所得税等。

总之，发达国家通过采取以上政策措施，在发展低碳经济方面的成效开始逐步体现。2006 年以来，几乎所有的斯堪的纳维亚国家（丹麦、挪威和瑞典）以及比利时、荷兰、瑞士和英国的单位 GDP 碳排放增长趋于下降。瑞典和荷兰的碳排放已保持稳定，而在很难控制的运输行业，瑞典和日本已经稳定住了碳排放。

12.3　我国发展低碳经济的政策和制度

12.3.1　能源战略及碳排放管制政策

12.3.1.1　我国的能源战略

长期以来，能源一直是我国经济发展中的热点和难点问题，也是中国国民经济发展的一个"瓶颈"问题，同时还是对中国和平崛起的严峻考验。所以，探索如何从低碳经济角度，深入研究能源发展问题，对我国国民经济和社会发展的持续健康成长有着极其重要的意义。

（1）长期坚持节能降耗，提高能源利用率的战略。随着经济的增长，各个国家都已经把节能降耗，提高能源的利用率作为能源发展的目标。我国能源的利用率比较低，能源浪费的现象比比皆是。因此，在我国实行节能降耗和提高能效有着巨大的潜力和可能。中国要以较少能源投入实现经济增长的目标，很大程度上取决于节能潜力的挖掘。因此，应将节能放在能源战略的首要地位，持之以恒地坚持节能降耗，提高能源利用率的战略。

（2）加速能源结构调整，大力发展清洁能源的战略。为了保护环境，实现能源、环境、经济的协调发展，世界各国都非常重视洁净能源的发展，以加速能源结构调整步伐。自 2005 年 2 月 16 日《京都议定书》正式生效实施后，二氧化碳减排额成为一种商品在世界流通。目前我国二氧化碳排放量已位居世界第二，其他温室气体排放量也居世界前列。如不加以控制，在将来受到具体减排指标约束时，很多行业会大受冲击，不得不花费大量资金向排放量较小的国家购买排放权。《京都议定书》在更深层次上推动了我国能源结构的变革，为新能源产业的发展提供了很好的机遇，能源结构调整将是我国 21 世纪能源战略的主题。

（3）积极开发和利用可再生能源的战略。随着技术和管理水平的不断提高、产业规模的不断扩大，可再生能源在保障能源供应、实现可持续发展等方面将发挥越来越重要的作用，而且越来越受到各国政府的重视。开发利用可再生能源已经成为世界能源可持续发展战略的重点，成为大多数发达国家和部分发展中国家 21 世纪能源发展战略的重要组成部分。国际能源机构预测，到 2020 年，可再生能源在全球能源消费中的比例将达到 30%。面对即将到来的可再生能源时代，各国正在迅速前进。丹麦的风电已达到总发电量的 18%，而德国 2002 年风力发电已经占世界风力发电量的 1/3。法国计划在 2025 年风电达到发电总量的 25%。我国具有丰富的水能、风能、太阳能等可再生资源，而且已经具备了一定的技术积累，在中长期战略上应做好大力发展可再生能源的部署。

12.3.1.2 碳排放管制政策

（1）改革碳排放行政管理体制。传统的行政模式强调利用管制的方法来管理市场主体并强行地推行其经济政策。但是低碳经济本身的理念决定了它必然与政府的做法相冲突，造成政府在行政上的成本大而效果差。当前，经济利导性的做法受到各国政府的重视，它主要是让政府置于市场之中，一方面强调与市场参与者的合作，达成行政合同，共同推进经济政策的实行。其中，必然有政策上的诱导，如财政支持、鼓励，税收优惠等正向规定，当然也不排除排污收费、环境税、许可证等限制性的举措。因而，在低碳经济推行的过程中。政府应该努力营造一个低碳市场而非自上而下的强制性行政手段。

（2）建立减排指标交易制度，用市场机制实现减排目标。在各国推动低碳经济的背景下，我国未来政策方向应该是大力发展低碳金融，以支持经济结构转型，通过完善的交易机制，让市场主体积极参与到市场交易中来，最终使金融资源合理配置到低碳产业中去，逐渐实现减排目标。

12.3.2 产业政策和贸易政策

12.3.2.1 低碳产业政策

加快产业结构调整，压缩高排放产业。作为一个高能耗国家，我们需要从节能减排、低碳发展的内在规律出发，加大对高排放产业的限制，对于低碳、环保的绿色朝阳行业要加大政策的扶持力度，优化产业结构，经济增长由依靠资源消耗型转变为依靠技术进步型。因此，我们要创新思维、改变观念，坚持体用结合，从全局观、系统论的角度出发，加快低碳经济发展。

12.3.2.2 碳交易制度

（1）加强碳金融建设。碳金融和碳交易的关系相辅相成，没有碳金融的支撑，中国不仅将失去碳交易的定价权，而且将又一次失去金融创新的机会。

（2）建立统一的碳交易平台。有助于为买卖双方提供充分的供求信息，降低交易成本，实现公平合理定价。

（3）完善本土的金融系统。国内商业银行以及第三方核准机构（DOE）等还处在非常初级的探索阶段。中国的碳减排额度往往是先出售给中介方（即 DOE，一般是拥有验证能力的、国外大型投资银行的碳金融管理机构），然后再由其出售给需要购买减排指标的企业。这样经中介方易手，必然会造成成交价和国际价格的脱节。

12.3.2.3 碳抵消制度

碳抵消是用购买"碳信用额度"的方法来抵消每个人在日常生活中生产的温室气体。换句话说，我们每天都在不停地制造温室气体（如汽车尾气），这些温室气体会破坏我们的环境。为了抵消我们自身行为对环境的不良影响，我们可以采取补偿方法，如种植树木。碳抵消计划的主要目的就是减少空气中有害的温室气体。

大体上来讲，碳抵消计划提供给个人与企业一个很好的机会，使大家可以更好地为环保事业作出积极贡献。如果一个企业在其生产过程中排放了许多碳污染物，那么理论上来讲，它就应当购买相应数量的"碳信用额度"用来中和自身的污染行为。销售"碳信用额度"的收入用来资助植树的费用或者其他改善环境的项目研究。购买碳信用额度十分容易并且非常有效。当您的"碳抵消"等于您自身的"碳排放"，那么您就做到"碳中和"，也就是对环境没有不良影响。

12.3.3 财政税收金融政策

12.3.3.1 促进低碳经济的财政税收政策

目前，我国能效标准及其审计制度、碳市场交易机制、低碳中介服务制度等配套机制还很不完善，严重制约了低碳财税政策效力的发挥。为使财政税收政策能够推动低碳经济的发展，我们应该做到以下几点：

（1）实施税制"绿色化"改革，增强税收的环境保护功能。尽快建立健全与资源节约、环境保护有关的"绿色"税收制度，研究开征碳税、能源税或类似税种的可行性。

（2）增设低碳预算支出项目，保障节能减排投入的稳定性。应将促进经济低碳化发展的政府财力支出纳入财政预算支出范畴，并增设相应的低碳预算支出科目。在条件成熟的情况下，以立法的形式确立低碳预算支出的规模与年均增长幅度，保证国家低碳经济发展战略的顺利实施，使财政在履行发展低碳经济职能时有法可依、有据可循。

（3）研究碳税问题与思路。我国已经对外宣布到2020年，单位GDP二氧化碳排放量要在2005年的基础上降低40%～45%。为了兑现这一承诺，迫切需要设计一套行之有效的税收体系。"十二五"期间，将开征碳税纳入议事日程。争取到"十三五"期间，将碳税覆盖到居民家庭。

12.3.3.2 促进低碳经济的金融政策

（1）开拓多类型的低碳融资渠道和方式，是当前低碳经济必须要配套的金融服务。由于低碳产业发展的历史比较短，商业模式也比较新，因此除了银行传统的金融融资以外，需要大力开拓多类型的融资渠道和融资方式，也建议各地政府能够牵头发起低碳的引导资金，来带动社会资金，包括PE、VC，以及一些信托资金等，投入到低碳产业。

（2）对于中小节能环保企业融资给予政策扶持。近年来，绿色产业当中一大批的中小企业快速发展，商业银行虽然已经充分地认识到这个领域的广阔前景，但是在判断他们的经营模式、项目技术的成熟度和经营可行性方面，还相对地欠缺。

（3）对商业银行开展低碳金融给予政策扶持。相对于传统产业，低碳产业中涉及了大量的新兴技术，商业模式也非常新颖和独特，银行在发展低碳金融的过程当中，必然会面临一定的风险。因此，建议监管部门能够提供商业银行来从事低碳金融的扶持政策。比如说对于银行开展低碳金融给予税收减免，在风险资产占有方面，给予一些倾斜政策。

12.3.4　统计计量制度

计量是经济社会发展的重要基础，是发展低碳经济的基础性工程。因此，我国要从以下几个方面围绕低碳经济大力推动统计计量制度的完善：扎实开展节能降耗计量服务活动，推动《节约能源法》的贯彻落实。引导企业加强计量数据统计分析，促进节能管理、提升节能效果。加快计量检定平台建设，提升能源计量技术支撑能力。加强能源计量执法监督，建立督促整改机制。积极推动重点用能企业加强计量检测能力建设，提高企业精细化管理水平。

第 **13** 章

绿色文明的草根行动——低碳社区

低碳社区是绿色文明建设的公民行动，需要通过加强低碳社区的能力建设和保障体系建设，为低碳社会实践提供可行途径，通过完善公民参与低碳社区建设的组织、内容、机制为绿色文明奠定社会基础。

13.1 低碳社区的内涵与建设经验

13.1.1 绿色文明的草根实践

绿色文明建设的主体及方式可以分为 3 种形式：政府推动、市场驱动和社会参与。政府推动、市场驱动是市场经济条件下绿色文明建设的主要形式，社会参与是公民自愿行动。其中自愿行动是随着绿色文明意识的提高，企业公民和社会公众主动参与绿色文明建设的重要形式，如"地球 1 小时"、"26 度空调行动"、企业自愿减排协议等。若要真正在全社会实践绿色文明，不能只局限于企业、公众、NGO 等社会主体参与绿色低碳文明建设，更应重视社区这个层面，关注社区作为一个组织参与绿色发展的重大意义。

每一个人都应对可持续发展承担责任与义务，但是并非每一个人都在以同样的方式来寻求可持续发展。不同领域、不同规模的可持续性措施往往会带来社会改革及技术创新。目前一些组织正在以全新的方案践行可持续发展，如一个社区自主提供的有机蔬菜产品与超市出售的有机产品在本质上就有不同，在社会、经济及环境方面可持续发展的衡量维度也完全不同；从事家具回收的社会组织到有机园艺合作社，降低房地产开发影响，农贸市场以及社区堆肥方案等。可持续发展的基层运动形式都有所不同。一些活动网络及组织为可持续发展而产生自下至上的新解决方案，这些解决方案是根据对当地情况和利益相关群体的兴趣、价值观所作出的。我们将这种不同于主流绿色商业模式的社会行动称为"草根创新"，它在全民社会领域进行运作，内容包含了对社会承诺进行社会创新的新尝试，以及使用更绿色环保的技术手段。

创新和社区运动是绿色发展最重要的两股力量。然而到目前为止他们彼此还没有被联结起来。社区运动这一极其重要的改革行动仍旧处于被忽视的状态。社区是居民生活集聚之地，是低碳生活的主要空间，也是广大居民举手投足践行低碳要求的活动场所。"积沙成塔，集腋成裘"。每一位居民在低碳生活中的点滴行为汇成生机勃勃的绿色海洋，而且来自社区层面的低碳行为既无政府推动的监管成本和执行成本，也无市场驱动利益纠葛和交易成本，它除了创造绿色生态环境之外，还向社会注入清新、温馨的和谐之风。研究表明，在以往"自上而下"的碳减排相关政策和措施的实施规划行动中，国家、区域与地方层面往往存在来自文化、行为、体制、财力和政治等因素的障碍，宏观层面上减碳措施有时会限制微观层面减碳措施的灵活性。地方政府应当从严格管理和服务提供者的角色转变成为一个有利于环境和可持续发展问题解决的引导者，形成一种"自下而上"的碳减排模式。这种基于地方政府和社区规模的碳减排具有以下四点优势：① 通过简化减碳活动的统计和实施步骤，真正实现碳减排数量的量化；② 更容易树立低碳技术和生活方式示范区；③ 本地化的行动更易于个人参与社区进行节能减碳，多个邻近社区之间更容易分享经验、协商解决有关气候减缓和适应需求的共同问题，并能够创造社区间对话和交流经验的平台；④ 未来碳减排计划中通过社区尺度的操作更容易实现民主化的决策，因为社区能更灵活地根据需求进行调整。

13.1.2　低碳社会的社区尺度

在面临生态危机的严峻挑战时，各国都基于市场机制发展绿色经济，倡导绿色商业模式创新。世界可持续发展工商理事会支持用"可持续创新""生态创业"以及生态效率等来描述绿色商业活动的关键要素。在绿色商业创新的同时，政府的主要目标是通过"市场改革"促进可持续消费以及发展更多的可持续的供市场选择的产品或服务。

英国作为低碳经济的发起国，开始探索社区是如何推动可持续发展的。英国前首相布莱尔曾经说过，"很多当地居民理解处理全球环境挑战的需要，以及创造更好生活空间这两者的联系……我想重振可持续发展基层行动"（HM Government，2005）。在英国一项首创的策略"社区运动 2020"得以实施，并且这个策略将成为"思考英国全球化和地方社区运动的催化剂"。这促进了地方食品方案、社区能源高效计划、回收项目以及公平贸易活动，甚至还加入了市场决策、志愿活动、创新能力培养、信息分享以及基层指导。政策越来越多地关注社会经济活动作为实现可持续性转变、调动居民参与、公共服务供给的资金来源，并关注可持续性治理、当地居民行动、生活方式的转变。这些政策主要关注"生活品质"，以及第一时间发现在繁荣过程中传统追求经济增长与生活品质所产生的偏离，政策还考虑到了社会结构。"我们需要理解更多有关于社会和文化的影响，他们构成了我们的消费选择，生活习惯以及影响"。[1]英国低碳社区实践发展推动绿色文明在全球范围的传播，促成社区在实践低碳发展中成为重要载体，丰富了低碳社会的多样化形态，拓宽了低碳城市建设途径和道路。

低碳城市包含以下 4 个方面的内容：① 低碳城市要求城市的能源消耗和二氧化碳的排放处于较低的水平，保持碳源小于碳汇（碳源是指向大气中释放二氧化碳的过程、活动或机制，碳汇是指清除二氧化碳的过程、活动或机制）。② 低碳城市要求城市居民形成一种低碳生活理念，保持一种低碳的生活方式。③ 低碳城市要求企业生产方式的低碳化，提高企业能源利用率，降低碳的排放量。④ 低碳城市要求政府以低碳社会为目标，将低碳城市政策化、制度化，为低碳城市建设提供制度上的保障。在发展低碳城市的过程中，需要政府、企业、金融机构、消费者等各部门的参与，是一个完整的体系，缺少一个环节都不能很好地运转。在并非重工业密集的城市地区，二氧化碳排放的压力主要来源于人口，而"社区"是承载人口最重要的基本单元。因此，建设"低碳社区"理所当然地成为建设低碳城市的重要抓

---

[1] HM Government：*Securing the Future：Delivering UK Sustainable Development Strategy*，Norwich：The Stationery Office，2005：29.

手之一。

低碳发展和低碳城市成为世界各国的战略选择，而社区（居住区）碳排放是城市碳排放的重要组成部分，低碳社区是实现低碳经济、建设低碳城市的重要空间载体和基本单元，其相关研究成为国内外的热点。

虽然许多气候变化的影响后果是全球性的，但是其实对于气候变化的原因却是在地方和社区尺度内的个人和家庭活动造成的（Ostrom，2009）。在我国，居民生活能源消费占终端能源消费的比例仅次于工业部门而位居第二。因此，社区尺度的碳减排研究对建设低碳城市具有重要意义。真正有效的气候战略应编制包含国际区域、国家、地方、社区和个人等多层次的技术解决方案，而社区尺度的碳减排则是其中的重要环节。

可持续社区是在可持续发展理论的背景下，考虑基层行动，并致力于解决与社区居民生活质量密切相关的经济、社会、环境问题，其根本任务是建立一个生态上合理、经济和社会上可行的社区决策运行机制，其目标包括尊重自然环境和以人为本，并提倡通过利用适当的技术手段去实现对自然的尊重和改善提高人类的生活水准。这种社区被描述为"人们现在和未来均愿意居住的地方"。社区的概念正在从传统的"居住、消费的地域共同体"回归到"占有资源的人们共同生产、生活的共同体"，每个社区都努力成为自我满足、自我完善的可持续社区将成为一种趋势。

低碳社区（low carbon community）指通过各种方式和途径实现降低总碳排放强度目的的社区，不仅求将社区所有活动所产生的碳排放降到最低，还希望通过生态绿化等措施，达到"零碳排放"的目标。它是以社区为基础，在可持续社区、生态社区、"一个地球生活"等概念的基础上发展起来的。

13.1.3　低碳社区建设的国外经验

"一个地球生活"作为建设低碳城市的新理念，把城市可持续发展变为具有操作性的目标，也为建设低碳生态城市的评价指标体系提供了理论和技术上的借鉴和依据。英国、瑞典、德国等欧盟国家把这一理念贯彻到社区建设之中，为低碳发展奠定坚实的社会基础。所谓"一个地球生活"是指通过生产、生活方式的改变，把人类的生态足迹调整到地球能够承载的限度内，从而实现人类社会的可持续发展。这个理念得到联合国环境规划署署长的高度肯定。他认为"一个地球生活"使可持续的居住方式在全世界变得易行、有吸引力，从而有利于在合理利用资源的基础上建造一个和谐健康的世界。英国的贝丁顿、德国的弗班、瑞典的韦克舍都是低碳社区典范，是"一个地球生活"理念的坚定实践者。

英国不仅是在世界上第一个为温室气体减排立法的国家，还是世界上第一个提出低碳经济概念并积极倡导低碳经济的国家。英国率先提出了"后碳时代"城市的目标，把建设"零碳城市"作为应对气候变化、发展低碳经济的重点。"一个地球生活"的首倡者——百瑞诺公司一方面组织实施贝丁顿生态社区试验，另一方面开展贝丁顿生态社区试验示范坚持的新理念和目标。贝丁顿零能源消耗社区是人类"未来之家"，使用者也能获得相当的满意度，彻底落实了"一个地球生活"的十大可持续原则，成为碳平衡值趋近于零的社区。因为技术层面与可持续观念的成熟使得可持续生活可以是简单的、负担得起的、具有吸引力的。

德国是世界上第一个为循环经济立法的国家，并且是可再生能源利用最成功的国家。这些宏大的经济战略都体现在千千万万的低碳社区之中。弗班是德国可持续社区的标杆，弗莱堡享有"欧洲太阳能之都"及"欧洲环境之都"的美誉。由"弗班论坛"所策动的广泛民众积极参与的各项活动，推动了"弗班可持续模式"计划，以合作参与方式、可持续社区理念来实践可持续发展理念。"学习型规划"结合民众参与和共同治理的精神，让市区规划能够有最大的弹性，同时也让市民能够进入决策过程。

瑞典也是实现经济增长与二氧化碳排放脱钩、可持续发展成效最显著的国家之一。韦克舍是瑞典的绿色城市。其市政愿景是希望让所有市民享有休闲、富裕且不需化石燃料的好生活。其主要做法有建造节能建筑、利用新能源、优化社区结构、采用环保材料、倡导绿色交通、倡导公众参与。

上述低碳社区实践得出的启示是：① 需要建立社会、经济与环境目标复合的规划目标体系，并将低碳社区规划理念和目标具体化、指标化，更易于实施和监控；② 充分动员和组织当地居民进行碳减排行动，培养和教导居民形成低碳生活方式的意识，必要时可以结合财政奖励和优惠政策支持。

13.2 低碳社区建设的途径与方式

13.2.1 低碳社区建设的基本要求与途径

低碳社区建设的基本要求：规划设计低碳化、建筑材料低碳化、社区环境低碳化、能源系统低碳化、资源利用低碳化和生活方式低碳化。主要策略集中表现在转变规划目标、优化社区结构、倡导低碳交通、利用新技术新能源、增加绿地碳汇、增强低碳管理和倡导低碳生活方式等方面。低碳社区建设的主要途径：加强宣传教育、增强科技创新、培育低碳文化、倡导公众参与和强化组织领导。

表 13-1 低碳社区规划建设的主要策略及具体实现措施

主要策略	具体措施
规划目标	（1）从传统社会经济目标转向社会、经济、环境三位一体目标； （2）明确提出"零碳排放"或低碳排放目标，并将目标指标化； （3）蔓延式发展转向内向填充式发展
社区结构	（1）公共服务、居住、就业等功能混合的土地利用规划方式； （2）多元化、多层次房屋类型规划，促进不同类型人群混合居住； （3）空间布局、道路系统与自然条件结合，营造微气候的空间结构
低碳交通	（1）提供快捷高品质的公共交通和轨道交通； （2）优先修建低碳交通设施如自行车道、步行道系统等； （3）限制小汽车停放场地或通行能力，降低小汽车使用； （4）通过无车社区、"零容忍"停车、组建汽车俱乐部促进轿车共享
新技术、新能源	（1）使用环境友好型能源系统，提高能源效率，使用可再生能源； （2）推行节能建筑和节能材料； （3）市政（雨水、污水、垃圾系统等）新技术与再利用
绿地碳汇	（1）保留多样化植被及自然生态系统，增强水系与绿地神态交融； （2）地面、屋顶、天台多层次立体空间绿化与立体复层植物群落种植规划相结合增加绿量，增加碳中和能力
低碳管理	（1）环境评估工具用于检查、评价和监督社区碳减排效果； （2）确定减排指标，建立资源管理及碳排放体系，动态检查和评价
低碳生活	（1）社区公众参与，形成低碳行动方案和策略； （2）社区内部宣传，倡导低碳生活方式，形成低碳消费观和价值观； （3）社区之间建立信息交流和共享平台，扩大低碳社区影响力

13.2.2 低碳社区的能力建设

低碳社区的能力建设是以"社区生态责任"为核心的能力体系，该责任由作为集体的社区和构成社区的个人依据其拥有的行动"能力"来承担。能力包括文化、组织、基础设施和个人参与社区活动四项具体内容，它们共同对社区及其成员为自己的生态足迹承担责任产生影响。其中，个人能力是指参与社区的个人所持有的资源，它既包括个人对可持续性议题的理解，也包括他们的行动意愿和行动技能；基础设施能力是指由社区内特定设施提供的社区可持续居住的能力；组织能力是指那些积极参与社区活动的正式组织所持有的与可持续发展观相一致的价值观，以及通过这些组织激励的社区变化而获得的资源和支持；文化能力则是指在社区历史和价值观的基础上而建立的社区可持续发展目标的合法性。

13.2.3 低碳社区的保障体系建设

实现低碳社区需要多方面措施的综合运用，包括经济、制度、技术、规划和教育等多种手段，并需要这些手段之间的协同作用。低碳社区的保障体系建设可以设计低碳社区的行动指南和综合政策包来实现（表 13-2）。

表 13-2　低碳社区行动指南和综合政策包的设计

政策与行动指南		减碳目标				
		创新住宅技术	推广可再生能源	形成紧凑型城市	公交导向的交通方式	低碳生活方式
经济手段	征收排放生态税	○	●			○
	增加环境财政	●	○		●	○
	增加低碳交通的投资		○	○	●	○
规章制度	制定效能和证书标准	●				○
	制定土地利用和建筑控制规范	○		●	●	
城市规划	内向填充式开发			●	●	○
	短通勤的紧凑区域	○	○	●	○	○
	混合利用的邻里分区			●		○
	步行、自行车网络优先					●

政策与行动指南		减碳目标				
		创新住宅技术	推广可再生能源	形成紧凑型城市	公交导向的交通方式	低碳生活方式
城市规划	建立与人口密度匹配的交通容量			○	●	○
	通过停车和道路规划控制小汽车			○	○	○
社区建设和参与	建设低碳示范区	●	●	●	●	●
	环境意识的教育		○		○	●
	促进社区个人参与	○	○		○	●
	增加社区交流平台	○	○		○	●

注：● —直接有效；○ —间接有效。

13.2.4 低碳社区建设的创新模式

低碳社区建设的创新模式有市场驱动的绿色商业创新模式和自愿行动的低碳草根创新模式。两种创新模式的特点比较见表 13-3。

表 13-3 市场驱动的绿色商业创新模式和自愿行动的低碳草根创新模式特点比较

	市场驱动的绿色商业创新模式	自愿行动的低碳草根创新模式
背景	市场经济	社会经济系统
推动力	利润：熊彼特的租金	社会需求、思想信念
生态位（市场立基）	市场规则不同：税收与补贴暂时性庇护新兴市场力量	价值观不同：社会文化表现形式差异使得能内在应用细分原则
组织形式	企业	各种不同的组织类型：自愿协会、合作社、非正式的社会团体
资金来源	商业活动的收入	补助资金，自愿投资，互相交流，有限的商业活动

资料来源：Gill Seyfang, Adrian Smith, "Grassroots Innovations for Sustainable Development: Towards a New Research and Policy Agenda", *Environmental Politics*, Vol. 16, No. 4, pp.584-603, August 2007。

13.3 低碳社区建设的公众参与

13.3.1 公众参与的主体与组织机构

在全球变暖和生态恶化的背景下，低碳文明建设不仅要求自上而下的政府发动，同时也需要自下而上的社会参与，即需要"全球性思考，草根性行动"。基于这种思考，社区作为"家"的组合，是易于引导人们产生家园意识和归属感，进而将自身保护和改善本地区环境的行动与社区的发展结合起来的地方。来自社区以及与之联系的公众及组织对社区的生态环境感触最深、体会最切，低碳行动就会更具体、更有针对性。在低碳住宅的体验、使用和管理中，居民是主要的参与者；在低碳社区开发建设过程，政府、专业人员与公众都将扮演重要的角色；在低碳文明宣传教育、低碳知识普及方面，社区公共机构和学校应担当重任；在社区规划建设和社区生态环境营造方面，社区规划师应发挥专业技术优势，引导社区民众参与建设过程。社区中间组织包括各类 NGO（如业主委员会、社区委员会、村委会）、NPO，社区志愿组织则由来自规划、建筑、大学、媒体等部门的专家和学者组成。

13.3.2 公众参与的内容与形式

公众参与的内容和形式主要有弗班社区、可持续发展社区、Vauban 论坛和全面禁止机动车的政策。

有远见的"学习型规划"和市民参与"学习型规划"奠定了弗班社区成功发展的基础，它结合民众参与和共同治理的精神，让市区规划能够有最大的弹性，同时也让市民能够进入决策过程。由"沃邦论坛"所策动的广泛民众积极参与的各项活动，推动了"沃邦可持续模式"计划，以合作参与方式、可持续社区理念来实践可持续发展理念。

"可持续发展社区"的运作基本上由三大组织所构成：最上面的是市府执行单位（Project Group Vauban），最下面的是社区居民所组成的 Vauban 论坛，而介于市政府与社区居民之间，负责信息交换、讨论与决策准备的平台，则是专属的市议会。

Vauban 论坛是成立于 1994 年的 NGO 组织，它类似于社区发展协会。主要功能是组织居民、教育居民（他们成功地将环境意识与节能概念纳入当地中小学课程中）、开展居民参与的活动、对社区开发进行监督、收集整理并传播有关可持续发展的信息等。论坛的活动，除了定期开会讨论外，凭借互联网发达的优势，居民们还可以在网络平台上进行沟通，论坛还定期发行免费季刊，或不定期举办旅游参访活动与其他社区互访学习（适当收费）。

全面禁止机动车的政策目前正在部分区域试行中。全社区取消了街边停车位和车库，并且在街道上设置路障禁止车辆进入，只保留了通往弗莱堡市区的有轨电车以及通往周边社区的道路。禁车令赢得了居民的广泛支持。目前，弗班社区 70%的市民已经不再使用私家车，还有 57%的周边社区居民得知这一消息后，主动卖掉自己的汽车搬到该社区。

13.3.3 公众参与机制的构建

社区公众参与低碳行动需要具备一定的条件和平台。公众参与机制将以专业 NGO 为主导，构建公共参与的组织机制，该机制将积极发挥社区公共机构的动员功能，主动塑造公民参与的平台。

为使低碳社区建设常态化，须构建公众参与机制。至少包括如下几点：

（1）预案参与机制。预案参与是指公众在社区规划制定过程中和开发建设项目实施之前的参与，是一种高层次的环境参与。主要通过设立审议机构、健全听证会制度、依据民意调查制定政策等措施，使公众能够在方案、计划等的制订过程中及重大环境治理行动之前发表自己的见解，并影响决策过程和结果。其中，听证会是传递民间环保组织的声音的一个制度化渠道。听证会是决策之前召开的一种正式会议，让利益相关的各方陈述自己的利益和立场，给最终的决策提供参考，是决策民主化的一种体现，也是促使信息公开的有效方式。听证会是在一定的制度约束下开展的，它可以让不同利益和主张的人享有按照既定程序平等地在决策者面前陈述自己的意见，保护他们的合法权利。

（2）过程参与机制。过程参与是指公众在规划、计划及建设开发项目实施过程中的参与，是公众参与低碳社区建设的关键，是一种监督性的参与。在各项决策的实施过程中，要随时听取公众意见、接受舆论监督，可采用环境信箱、热线电话、新闻曝光等方式，充分发挥公众作用。同时，定期召开公开的信息发布会，一方面保证公众的知情权，另一方面使广大公众明白、理解、支持环保工作，以保证环境、经济行为的全过程符合人民群众的利益和意愿。

（3）末端参与机制。末端参与是公众参与环保的保障，它与过程参与并无严格的界限，也属于一种监督性的参与。目前我国关于公众参与的规定，基本上是对环境污染和生态破坏发生之后的参与，即末端参与。例如，《环境保护法》第6条规定"一切单位和个人都有保护环境的义务。"

（4）行为参与机制。行为参与是公众参与环保的根本，是一种自觉性的参与。环保 NGO 最为积极的参与方式就是通过实际行动制止环境破坏行为。但是，当环境破坏行为涉及地方政府利益的时候，环保 NGO 的行动有可能受到地方政府的打压。

13.3.4 当前低碳社区公众参与的支持性措施

13.3.4.1 培养社区居民的社区意识和社群意识

培养居民群众的社区归属感和社区认同感，强化社区群众的社区意识，调动社区居民群众参与社区建设的热情和积极性，培养社区居民的主人翁精神；加强社区内不同的社会群体、组织和个人的社区意识培养，增强共建意识。

13.3.4.2 提供社区专职干部队伍的低碳文明素养

社区专职干部队伍包括社区的"两委"成员，即社区党支部委员会和社区居委会成员。要优化社区专职干部队伍结构，增强社区基层组织的生机和活力；要提高社区专职干部待遇，增强社区岗位的吸引力；要强化培训，提高社区专职干部队伍的生态文明素质。

13.3.4.3 积极培育和发展社区的中介组织

中介组织是市场经济在社区建设管理的体现形成的产物；是介于政府、企业、居民三者之间的，为提高市场运行效率而从事沟通、协调、公证、评价、监督、咨询等服务活动的机构。要正确处理城市基层政权、居民自治组织与中介组织的关系；要明确城市基层政权、居民自治组织与中介组织的权责职能；要加强制度建设，为中介组织参与社区建设活动提供良好的制度保证，使之逐步走上专业化、制度化的轨道。

13.3.4.4　改变社区治理结构，积极推进社区自治

社区自治是生态社区建设过程中社区管理体制改革的必然产物，是社区公民自治精神的体现。要理顺政府有关部门、街道办事处与社区的关系；要加强社区居民委员会的自身建设，逐步实现社区居民自我管理、自我教育、自我服务、自我监督，提高社区自治管理水平。

参考文献

[1] 奥尔多·利奥波德. 沙乡年鉴[M]. 侯文惠, 译. 长春：吉林人民出版社, 1997.

[2] 白木, 子萌. 毁于生态灾难的古文明[J]. 河南林业, 2003（3）：28-29.

[3] 蔡永海. 低碳时代中国生态文明建设新路径的探索[J]. 山西大学学报：哲学社会科学版, 2010, 33（2）：109-111.

[4] 曹光辉, 齐建国. 循环经济的技术经济范式与政策研究[J]. 数量经济技术经济研究, 2006, 23（5）：112-121.

[5] 陈翠芳. 科技异化问题研究[D]. 武汉：武汉大学, 2007.

[6] 陈惠雄. 婚姻、道德与社会等级：基于分工的社会演化分析[J]. 社会科学战线, 2005（1）：206-214.

[7] 陈丽鸿, 孙大勇. 中国生态文明教育理论与实践[M]. 北京：中央编译出版社, 2009.

[8] 程秀波. 生态伦理与生态文明建设[J]. 中州学刊, 2003（4）：173-176.

[9] 戴斯·贾丁斯. 环境伦理学[J]. 林官明, 杨爱民, 译. 北京：北京大学出版社, 2002.

[10] 德内拉·梅多斯, 乔根·兰德斯, 丹尼斯·梅多斯. 增长的极限[M]. 李涛, 王智勇, 译. 北京：机械工业出版社, 2013.

[11] 杜受祜. 从贝丁顿到汉莫比——英国、瑞典建设低碳社区的新探索[J]. 成都发展改革研究, 2010（4）：37-39.

[12] 方时姣. 绿色经济视野下的低碳经济发展新论[J]. 中国人口·资源与环境, 2010（4）：8-11.

[13] 封孝伦. 生命与生命美学[J]. 学术月刊, 2014（9）：9-12.

[14] 冯之浚. 循环经济的范式研究[J]. 中国软科学, 2006（8）：9-21.

[15] 付晓, 吴钢, 刘阳. 生态学研究中的㶲分析与能值分析理论[J]. 生态学报, 2004（11）：2621-2626.

[16] 傅华. 西方生态伦理学研究概况（上）[J]. 北京行政大学学报, 2001（3）：86-89.

[17] 葛永林. 生态复杂性研究中能值理论的哲学意义[J]. 系统科学学报, 2008（1）：82-86.

[18] 郭宁月. 建设美丽中国的生态伦理路径研究[D]. 河北大学, 2014.

[19] 郭永龙, 武强. 绿色社区的理念及其创建[J]. 环境保护, 2002（9）：37-38.

[20] 韩民青. 从人类中心主义到大自然主义[J]. 东岳论丛, 2010（17）：33-35.

[21] 韩全永. 什么是可持续社区[J]. 社区，2004（17）：32.

[22] 姬振海. 生态文明论[M]. 北京：人民出版社，2007.

[23] 贾文涛，张中帆. 德国土地整理借鉴[J]. 资源·产业，2005（2）：77-79.

[24] 蒋涤非，宋杰. 城市生态可持续性的内涵及其支持系统评价指标体系研究[J]. 生态环境学报，2012（2）：273-278.

[25] 杰里米·里夫金，特德·霍华德. 熵，一种新的世界观[M]. 吕明，袁舟，译. 上海：上海译文出版社，1981.

[26] 金碚. 论民生的经济学性质[J]. 中国工业经济，2011（1）：5-14

[27] 雷根. 关于动物权利的激进的平等主义观点[J]. 杨通进，译. 哲学译丛，1999（4）：23-31.

[28] 雷鹏. 低碳经济发展模式论[M]. 上海：上海交通大学出版社，2011.

[29] 蕾切尔·卡森. 寂静的春天[M]. 吕瑞兰，李长生，译. 上海：上海译文出版社，2008.

[30] 李冬. 科学发展观的生态伦理意蕴研究[D]. 渤海大学，2013.

[31] 李康平. 德育发展论[M]. 北京：中国社会科学出版社，2004.

[32] 林红梅. 生态伦理学概论[M]. 北京：首都师范大学出版社，2010.

[33] 林毅夫，苏剑. 论我国经济增长方式的转换[J]. 管理世界，2007（11）：5-13.

[34] 刘长明. 和谐正义论[J]. 北京大学学报，2005（6）.

[35] 刘成玉. 论生态文明的组织构架与建设路径[J]. 西南民族大学学报：人文社科版，2009（12）：230-233.

[36] 刘东国. 全球绿色政治的历史谱系[J]. 文化纵横，2009（5）.

[37] 刘思华. 生态马克思主义经济学原理[M]. 修订版. 北京：人民出版社，2014.

[38] 刘思华. 生态文明与绿色低碳经济发展总论[M]. 北京：中国财政经济出版社，2011.

[39] 刘玉萍. 生态伦理：践行社会主义核心价值体系的新路径[J]. 中共福建省委学报，2014（2）：9-13.

[40] 刘宗超，等. 生态文明与全球资源共享[M]. 北京：经济科学出版社，2000.

[41] 卢艳玲. 绿色还是低碳——生态文明建设的策略性选择[J]. 南京林业大学学报：人文社会科学版，2014，14（1）：87-94，101.

[42] 麻勇恒，曾羽. 经济的本质——基于生态能量的研究视角[J]. 生态经济，2010（9）：33-41.

[43] 苗启明. 熵理思维方式与可持续发展[J]. 学术月刊，1998（11）：51-55.

[44] 倪瑞华. 英国生态学马克思主义研究[M]. 北京：人民出版社，2011.

[45] 牛凤瑞. 生态观光农业建设的重要意义[J]. 人民论坛，2013（15）：76.

[46] 潘家华，等. 低碳经济的核心辨识及概念要素分析[J]. 国际经济评论，2010（4）：88-101.

[47] 彭立勋. 从中西比较看中国园林艺术的审美特点及生态美学价值[J]. 艺术百家，2012（6）：74-79.

[48] 齐建国，等. 现代循环经济理论与运行机制[M]. 北京：新华出版社，2006.

[49] 沈满洪. 生态经济学[M]. 北京：中国环境科学出版社，2008.

[50] 沈满洪. 生态文明的内涵及其地位[N]. 浙江日报，2010-05-17.

[51] 生态环境的破坏导致苏美尔文明的灭亡[N]. 光明日报，2000-08-11.

[52] 孙志高，等. 环境经济系统分类及协调发展的熵研究[J]. 华中师范大学学报：自然科学版，2004（4）：533-538.

[53] 汪国风. 西方文明的起源与特质[J]. 西安联合大学学报，2004，7（1）：38-41.

[54] 王芳. 生态责任、草根行动与低碳社区的能力建设——英美案例及其启示[J]. 江苏行政学院学报，2011（6）:61-66.

[55] 王国聘. 中国传统文化中的生态伦理智慧[J]. 科学技术辩证法，1999（1）：33-37.

[56] 王谨. "生态学马克思主义"和"生态社会主义"——评介绿色运动引发的两种思潮[J]. 教学与研究，1986（6）.

[57] 王克强，等. 资源与环境经济学[M]. 上海：上海财经大学出版社，2007.

[58] 王如松，杨建新. 从褐色工业到绿色文明——产业生态学[M]. 上海：上海科学技术出版社，2003.

[59] 王苏春，徐峰. 气候正义：何以可能，何种原则[J]. 江海月刊，2011（3）：130-135.

[60] 王素萍. 熵理文明：低碳经济的生存论向度解析[J]. 大连理工大学学报：社会科学版，2011（1）：87-90.

[61] 王文军. 低碳经济发展的技术经济范式与路径思考[J]. 云南社会科学，2009（4）：114-117.

[62] 王献溥，于顺利. 论生态发展文明时代的形成发展、基本特点和要求[J]. 北京农业，2008（21）：66-70.

[63] 王紫零. "生态文明"建设的内涵及生态发展方式[J]. 广西社会主义学报，2013（1）：16-21.

[64] 卫兴华，侯为民. 中国经济增长方式的选择与转换途径[J]. 经济研究，2007（7）：15-22.

[65] 魏佳坤. 我国生态文明法制建设问题探析[D]. 长春：东北师范大学，2013.

[66] 吴辉. 低碳经济背景下的新能源技术经济范式研究[J]. 四川理工学院学报：社会科学版，2011（3）：101-105.

[67] 吴神保. 循环经济建设初探[M]. 北京：中国环境科学出版社，2005.

[68] 吴巍，王红英. 城市化进程中景观生态设计的理论探讨[J]. 生态经济，2011（2）：163-165.

[69] 吴雪会. 科学发展观与建构生态文明[J]. 人民论坛，2009（18）.

[70] 吴宇虹. 生态环境的破坏和苏美尔文明的灭亡[J]. 世界历史，2001（3）：114-116.

[71] 吴智刚，缪磊磊，周素红. 生态城市化的演进与生态社区的构建[J]. 规划师，2002（6）：80-83.

[72] 项安波. 全球主要金属矿产资源市场的基本特征和一般规律[EB]. 国务院发展研究中心信息网，2010-07-14.

[73] 谢来辉. 碳锁定、"解锁"与低碳经济之路[J]. 开放导报，2009（5）：8-16.

[74] 谢统胜. 德国弗莱堡 Vauban 社区：以人为本的可持续发展模式[J]. 社区，2007（5）：30-31.

[75] 谢晓娟. 社会主义核心价值体系的文化建构[J]. 辽宁大学学报：哲学社会科学版，2013（2）：57-61.

[76] 辛章平，张银太. 低碳社区及其实践[J]. 城市问题，2008（10）：91-95.

[77] 邢继俊，黄栋，赵刚. 低碳经济报告[M]. 北京：电子工业出版社，2010.

[78] 熊焰. 低碳转型路线图：国际经验、中国选择与地方实践[M]. 北京：中国经济出版社，2011.

[79] 徐碧辉. 自然美·社会美·生态美——从实践美学看生态美学之二.[J]. 郑州大学学报：哲学社会科学版，2012（6）：101-105.

[80] 徐承红. 低碳经济与中国经济发展之路[J]. 管理世界，2010（7）：171-172.

[81] 徐奉臻. 论作为新型现代化诉求的"低熵化发展模式"[J]. 自然辩证法研究，2006（12）：52-56.

[82] 薛建明. 低碳经济与生态文明：耦合逻辑与现实机制[J]. 江海学刊，2011（6）.

[83] 杨多贵. 绿色发展道路的理论解析[J]. 科学管理研究，2006，24（5）：20-23.

[84] 杨雪锋，等. 循环经济学[M]. 北京：首都经贸大学出版社，2009.

[85] 杨雪锋. 循环经济：学理基础与促进机制[M]. 北京：化学工业出版社，2012.

[86] 余诗跃，阮如舫. 国际低碳社区民众参与经验借鉴[J]. 北京规划建设，2011（5）：74-76.

[87] 余振国. 浅谈生态文明建设的内涵、源流与核心[J]. 中国土地资源经济学，2013（3）：119-22.

[88] 袁媛，林太志，骆逸玲. 城市生态社区的多空间评价体系与应用初探：以广州为例[J]. 国际城市规划，2012（2）：1673-9493.

[89] 袁媛，吴缚龙. 基于剥夺理论的城市社会空间评价与应用[J]. 城市规划学刊，2010（1）：

71-77.

[90] 曾志浩. 生态资本主义的哲学批判[J]. 北华大学学报：社会科学版，2012（6）：118-121.

[91] 张庆彩，吴椒军，李莉. 中国生态文明建设的理论与实践[J]. 发展研究，2011（10）：2-5.

[92] 赵志凌，黄贤金，赵荣钦，等. 低碳经济发展战略研究进展[J]. 生态学报，2010，30（16）：4493-4502.

[93] 郑俊敏. 生态社区建设思路、模式及对策研究——以广州市为例[J]. 生态环境学报，2012（12）：2050-2056.

[94] 中国人民大学气候变化与低碳经济研究所. 低碳经济：中国用行动告诉哥本哈根[M]. 北京：石油工业出版社，2010.

[95] 中野尊正，等. 城市生态学[M]. 孟德政，等，译. 北京：科学出版社，1986.

[96] 钟学富. 物理社会学[M]. 北京：中国社会科学出版社，2002.

[97] 朱雪梅，等. 国外低碳社区最新研究进展及启示[C]//转型与重构——2011 中国城市规划年会论文集. 2011：3400-3409.

[98] 诸大建. 循环经济的思想实质[J]. 创新科技，2005（12）：6.

[99] Freddi D. The Integration of Old and New Technological Paradigms in Low-and Medium-tech Sectors：The Case of Mechatronics[J]. Research Policy，2009（38）：548-558.

[100] Gill Seyfang，Drian Smith. Grassroots Innovations for Sustainable Development：Towards a New Research and Policy Agenda[J]. Environmental Politics，2007，16（4）：584-603.

[101] Gregory C Unruh，Javier Carrillo-Hermosilla. Globalizing Carbon Lock-in[J]. Energy Policy，2006，34（10）：1185-1197.

[102] Gregory C Unruh. Escaping Carbon Lock-in[J]. Energy Policy，2002，30（4）：317-325.

[103] Gregory C Unruh. Understanding Carbon Lock-in[J]. Energy Policy，2000，28（12）：817-830.

[104] H M Government. Securing the Future：Delivering UK Sustainable Development Strategy[EB]. Norwich：The Stationery Office，2005：29.

[105] Holdren J P，Ehrlich P R. Human Population and the Global Environment[J]. American Science，1974，62（3）：282-92.

[106] Jrgensen S E，Nielsen S N，Mejer H. Emergy，Environ，Exergy and Ecological Modeling. Ecological Modeling，1995（77）：99-109.

[107] Kenneth Boulding. The Economics of the Coming Spaceship Earth[M]//H Jarret（ed.）Environmental Quality in a Growing Economy，Resources for the Future，Hohns Hopkins

Press，1996：3-14.

[108] Michael Zimmerman，et al. Environmental Philosophy：From Animal Rights to Radical Ecology [M]. Prentice-Hall，1993.

[109] Middlemiss L K. Sustainable Consumption and Responsibility，Putting Individual Sustainability in Context[D]. SRI Papers，2008.

[110] North D C. Institutional Change and Economic Growth[J]. The Journal of Economic History，1971，31（1）：118-125.

[111] Ostrom E. A Polycentric Approach for Coping with Climate Change，Background Report to the 2010 World Development Report[R]. World Bank，2009.

[112] Sarah Burch. In Pursuit of Resilient，Low Carbon Communities：An Examination of Barriers to Action in Three Canadian Cities[J]. Energy Policy，2010（38）：7575-7585.

[113] Stefan Seuring. Industrial Ecology，Life Cycles，Supply Chains：Differences and Interrelations[J]. Business Strategy and the Environment，2004（13）：306-319.

[114] UNEP. 全球绿色新政—政策简报[EB]. 2009.

后　记

　　本书立意于 2007 年浙江省社科联的一项生态文明研究课题，经过多年研究形成初稿，2012 年受到著名生态经济学家刘思华教授领衔的"国家重点图书出版规划项目"——"绿色经济与绿色发展丛书"资助，使粗糙的初稿得以系统化。期间得到刘教授和高红贵教授的诸多指导和帮助。由于事务缠身和期间大半年的赴美访学，导致书稿延迟交付。重点图书办公室工作人员给予了很多帮助，对他们的辛劳表示谢忱。书中大量引用了学术界现有成果，并在书后的参考文献中列出。对所有成果的贡献者一并致谢。因时间紧，条件有限，书中恐有不足，敬请批评指正。

　　本书还是浙江财经大学"农林经济管理"重点学科和"城市管理"硕士点学科的研究成果。本书由杨雪锋主笔，未来参与了第 1、第 12 章，孙震参与了第 2、第 7 章，章天成参与了第 5、第 8 章，张锋参与了第 9、第 10 章的撰写和校对工作。

笔　者